数据技术和人工智能技能型人才培养产教融合系列教材

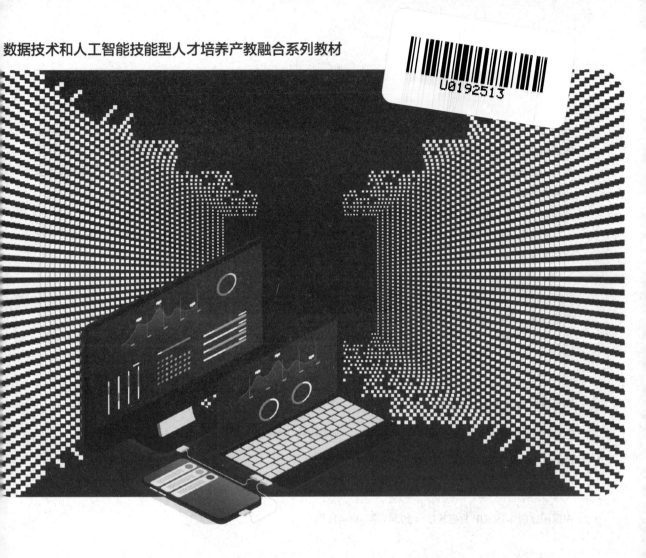

数据仓库 Hive 应用实战

▶▶▶▶ 王海霞 崔曙光 刘 璟 主编

刘洪亮 郭 俊 副主编

向 磊 李 卓 洪亚玲 参编

吴振峰 主审

電子工業出版社.

Publishing House of Electronics Industry

北京 · BEIJING

内 容 简 介

本书包括 9 个模块，分别为部署数据仓库环境、创建数据仓库文件、管理仓库表中的数据、管理分区表中的数据、分析和导出仓库数据、应用函数统计分析、迁移平台数据方法、调优数据仓库性能、数据仓库应用实战。编者秉持"以提升学生能力为本"的编写理念，基于工作过程导向重构课程体系，采用情景导入式和问题导入式教学模式，联合企业遴选 4 个不同应用场景的大数据分析项目，设计 24 个循序渐进的任务，按照"学习目标→任务分析→技术准备→任务实施→任务小结→模块总结→实践创新→检测反馈"结构编写，引导学生"照样做""模仿做""独立做""创新做"。

本书既可作为高校大数据及相关专业的教材，又可作为培训机构的教学用书，还可作为大数据技术行业技术人员的参考用书。

图书在版编目（CIP）数据

数据仓库 Hive 应用实战 / 王海霞，崔曙光，刘璟主编. —北京：电子工业出版社，2023.12

ISBN 978-7-121-46987-9

Ⅰ. ① 数… Ⅱ. ① 王… ② 崔… ③ 刘… Ⅲ. ① 数据库系统－程序设计 Ⅳ. ① TP311.13

中国国家版本馆 CIP 数据核字（2024）第 004421 号

责任编辑：章海涛　　　　　　　文字编辑：纪　林
印　　刷：北京市大天乐投资管理有限公司
装　　订：北京市大天乐投资管理有限公司
出版发行：电子工业出版社
　　　　　北京市海淀区万寿路 173 信箱　　　邮编：100036
开　　本：787×1092　　1/16　　印张：18.5　　字数：474 千字
版　　次：2023 年 12 月第 1 版
印　　次：2024 年 8 月第 2 次印刷
定　　价：49.90 元

凡所购买电子工业出版社图书有缺损问题，请向购买书店调换。若书店售缺，请与本社发行部联系，联系及邮购电话：（010）88254888，88258888。

质量投诉请发邮件至 zlts@phei.com.cn，盗版侵权举报请发邮件至 dbqq@phei.com.cn。

本书咨询联系方式：192910558（QQ 群）。

∷ 编委会 ∷

主任委员

罗 娟	湖南大学
盛鸿宇	全国人工智能职教联盟
邱钦伦	中国软件行业协会

委 员（按姓氏笔画，排名不分先后）

马 庆	湖南软件职业技术大学
王世峰	湖南工业职业技术学院
王建平	长沙环境保护职业技术学院
尹 刚	湖南智擎科技有限公司
冯琳玲	湖南高速铁路职业技术学院
皮 卫	湖南商务职业技术学院
成奋华	湖南科技职业学院
朱 岱	深度计算（长沙）信息技术有限公司
向 磊	湖南汽车工程职业学院
刘罗仁	娄底职业技术学院
刘声峰	电子工业出版社
刘桂林	湖南工程职业技术学院
江 文	湖南科技职业学院
许 彪	湖南科技职业学院
李 平	湖南机电职业技术学院

李　娜	天津电子信息职业技术学院
李崇鞅	湖南邮电职业技术学院
李辉熠	湖南大众传媒职业技术学院
杨晓峰	湖南现代物流职业技术学院
吴振峰	湖南大众传媒职业技术学院
吴海波	湖南铁道职业技术学院
陈　彦	永州职业技术学院
陈海涛	湖南省人工智能协会
欧阳广	湖南化工职业技术学院
周化祥	长沙商贸旅游职业技术学院
周　玲	湖南民族职业学院
姚　跃	长沙职业技术学院
高　登	湖南科技职业学院
黄　达	岳阳职业技术学院
黄　毅	湖南科技职业学院
曹虎山	湖南生物机电职业技术学院
彭顺生	湖南信息职业技术学院
曾文权	广东科学技术职业学院
谢　军	湖南交通职业技术学院
褚　杰	三一职院
谭见君	湖南科技职业学院
谭　阳	湖南网络工程职业技术学院

∷∷ 总 序 ∷∷

从社会经济的宏观视角，当今世界正在经历着一场源于信息技术的快速发展和广泛应用而引发的大范围、深层次的变革，数字经济作为继农业经济、工业经济之后的新型经济形态应运而生，数字化转型已成为人类社会发展的必然选择。考察既往社会经济发展的周期律，人类社会的这次转型也将是一个较长时期的过程，再保守估算，这个转型期也将可能长达数十年。

信息技术是这场变革的核心驱动力！从 20 世纪 40 年代第一台电子计算机发明算起，现代信息技术的发展不到 80 年，然而对人类社会带来的变化却是如此巨大而深刻。特别是始于 20 世纪 90 年代中期的互联网大规模商用，历经近 30 年的发展，给人类社会带来了一场无论在广度、深度和速度上均是空前的社会经济"革命"，正在开启人类的数字文明时代。

从信息化发展的视角，当前我们正处于信息化的第三波浪潮，在经历了发轫于 20 世纪 80 年代，随着个人计算机进入千家万户而带来的以单机应用为主要特征的数字化阶段，以及始于 20 世纪 90 年代中期随互联网开始大规模商用而开启的以联网应用为主要特征的网络化阶段，我们正在进入以数据的深度挖掘和融合应用为主要特征的智能化阶段。在这第三波的信息化浪潮中，互联网向人类社会和物理世界全方位延伸，一个万物互联的人机物（人类社会、信息系统、物理空间）三元融合泛在计算的时代正在开启，其基本特征将是软件定义一切、万物均需互联、一切皆可编程、人机物自然交互。数据将是这个时代最重要的资源，而人工智能将是各类信息化应用的基本表征和标准配置。

当前的人工智能应用本质上仍属于数据驱动，无数据、不智能。数据和智能呈现"体"和"用"的关系，犹如"燃料"与"火焰"，燃料越多，火焰越旺，燃料越纯，火焰越漂亮。因此，大数据（以数据换智能）、大系统（以算力拼智能）、大模型（模型参数达数百甚至数千亿）被称为当前人工智能应用成功的三大要素。

我们也应看到，在大数据应用和人工智能应用成功的背后，仍然存在不少问题和挑战。从大数据应用层次看，描述性、预测性应用仍占多数，指导性应用逐步增多；从数据分析技术看，基于统计学习的应用较多，基于知识推理的应用逐步增长，基于关联分析的应用较多，基于因果分析的应用仍然较少；从数据源看，基于单一数据源的应用较多，综合多源多态数据的应用正在逐步增多。可以看出，大数据应用正走出初级阶段，进入新的应用增长阶段。从人工智能能力看，当前深度学习主导的人工智能应用，普遍存在低效、不通用、不透明、鲁棒性差等问题，离"低熵、安全、进化"的理想人工智能形态还有较长的路要走。

无论是从大数据和人工智能的基础研究与技术研发，还是从其产业发展与行业应用看，人才培养无疑都应该是第一重要事务，这是一项事业得以生生不息、不断发展的源头活水。数字化转型的时代，信息技术和各行各业需要深度融合，这对人才培养体系提出了许多新要求。数字时代需要的不仅仅是信息技术类人才，更需要能将设计思维、业务场景、经营方法和信息技术等能力有机结合的复合型创新人才；需要的不仅是研究型、工程型人才，更需要能够将技术应用到各行业领域的应用型、技能型人才。因此，我们需要构建适应数字经济发展需求的人才培养体系，其中职业教育体系是不可或缺的构成成分，更是时代刚需。

党中央高度重视职业教育创新发展，党的二十大报告指出，"统筹职业教育、高等教育、继续教育协同创新，推进职普融通、产教融合、科教融汇，优化职业教育类型定位"，为我国职业教育事业的发展指明了方向。我理解，要把党中央擘画的职业教育规划落到实处，建设产教深度融合的新形态实践型教材体系亟需先行。

我很高兴看到"大数据技术和人工智能技能型人才培养产教融合系列教材"第一批成果的出版。该系列教材在中国软件行业协会智能应用服务分会和全国人工智能职业教育集团的指导下，由湖南省人工智能职业教育教学指导委员会和湖南省人工智能学会高职 AI 教育专委会联合国内 30 多所高校的骨干教师、十多家企业的资深行业和技术专家，按照"共建、共享、共赢"的原则，进行教材调研、产教综合、总体设计、联合编撰、专业审核、分批出版。我以为，这种教材编写的组织模式本身就是一种宝贵的创新和实践：一是可以系统化地设计系列教材体系框架，解决好课程之间的衔接问题；二是通过实行"行、校、企"多元合作开发机制，走出了产教深度融合创新的新路；三是有利于重构新形态课程教学模式与实践教学资源，促进职业教育本身的数字化转型。

目前，国内外大数据和人工智能方向的教材品类繁多，但是鲜有面向职业教育的体系化与实战化兼顾的教材系列。该系列教材采用"岗位需求导向、项目案例驱动、教学做用结合"的课程开发思路，将"真环境、真项目、真实战、真应用"与职业能力递进教学规律有机结合，以产业界主流编程语言和大数据及人工智能软件平台为实践载体，提供了类型丰富、产教融合、理实一体的配套教学资源。这套教材的出版十分及时，有助于加速推动我国职业院校大数据和人工智能专业建设，深化校、企、出版社、行业机构的可持续合作，为我国信息技术领域高素质技能型人才培养做出新贡献！

谨以此代序。

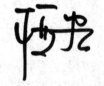

梅宏（中国科学院院士）

癸卯年仲夏于北京

⣿ 前 言 ⣿

一、本书结构

本书设计为 64 学时。按照工作过程导向对课程内容进行系统重构,本书分为 9 个模块,包含 24 个任务,以通俗易懂的语言、循序渐进的任务、规范标准的代码,系统地介绍了部署数据仓库环境、创建数据仓库文件、管理仓库表中的数据、管理分区表中的数据、分析和导出仓库数据、应用函数统计分析、迁移平台数据方法、调优数据仓库性能、数据仓库应用实战。

二、本书特色

◆ 以能力为本位,率先重构课程体系。

编者调研和走访了大量一线大数据企业,研读了大数据工程技术人员国家职业技术技能标准,并结合多年积累的大数据技术专业的教学经验,基于工作过程导向率先重构课程体系,有针对性地调整教学内容。为了使教与学更贴近大数据工程技术人员的工作,编者将数据导入/导出分解到"管理仓库表中的数据""管理分区表中的数据""分析和导出仓库数据"3 个模块中,将数据查询语言中的函数部分独立成"应用函数统计分析"模块,将数据表管理中的分区表部分独立成"管理分区表中的数据"模块。

◆ 依托校企融合,项目虚实结合,创建有效的教学情境。

编者为本书设计了 4 个项目,包括"学生信息系统"项目、"大数据商业智能选址"项目、"大数据智慧旅游"项目、"联通运营商大数据分析"项目。其中,"学生信息系统"项目根据承载的知识点由编者设计数据并拟定数据分析需求;另外 3 个项目均源自北京东方国信科技股份有限公司真实的企业项目,选取学生比较熟悉的商业智能选址、智慧旅游、通信运营三大业务情境,项目虚实结合,有效助力学生掌握大数据仓库技能。

◆ 以项目任务为导向,思政无声渗透,引导学生从"照样做"到"模仿做"到"独立做"再到"创新做",突显以学生能力提升为本的职业教育特色。

本书的前 8 个模块以"学生信息系统"项目、"大数据商业智能选址"项目和"大数据智慧旅游"项目为载体,第 9 个模块为完整的"联通运营商大数据分析"综合实战项目。前8 个模块对应大数据 Hive 分析工程师工作过程的 8 个阶段,每个模块划分为多个关联任务,按照"学习目标→任务分析→技术准备→任务实施→任务小结→模块总结→实践创新→检测反馈"结构组织教学内容,将学习目标融入循序渐进的任务中。

其中,"学习目标"明确了本阶段的知识技能目标;"任务分析"采用问题导入模式,将应用场景搬入课堂,激发学生的学习兴趣;"技术准备"以学生熟知的应用场景"学生信息系统"为教学载体,帮助学生在"照样做"中落实学习目标;"任务实施"以真实的商业应用场景"大数据商业智能选址"项目和"联通运营商大数据分析"项目为载体,帮助学生在

"模仿做""独立做"中夯实学习目标，塑造精益求精的工匠精神；"实践创新"以贴近生活应用场景的"大数据智慧旅游"项目为实践载体，帮助学生在项目解读、项目规划、项目构建、项目分析中"创新做"，引导学生逐步建立自主学、独立学、创新学、终身学的意识；"模块总结"以笔记形式清晰地呈现知识点；"检测反馈"以帮助学生巩固内容为目标，并通过计算机领域的新闻事件设置开放式思考题，引导学生坚定科技强国理念，培养学生的爱国情怀，助力学生成为大数据工程技术岗位上的社会主义现代化建设者。

三、本书配套数字课程

编者在"学银在线"平台上线了配套的数字课程"数据仓库 Hive 应用"（数字课程教学资源不仅涵盖纸质教材的内容，还补充了拓展项目等，弥补了纸质教材的局限，学生可访问课程相关网页）。在"头歌"实训平台，配套教材包含任务实践操作及测试平台（课程实训请访问"头歌"实训平台相关网页）。

（1）本书配有知识点微课、操作手册、操作视频、教学课件、授课计划、课程标准、实践工单和拓展任务工单等。

（2）本书配有项目介绍、项目数据、项目源代码。

（3）本书配有相关配置文件。

（4）本书配有检测反馈习题答案。

相关平台

四、致谢

本书由湖南汽车工程职业学院大数据技术专业教学团队，联合北京东方国信科技股份有限公司和湖南智擎科技有限公司共同开发。

本书由王海霞重构课程内容框架、设计编写思路及体例，统稿、统筹教材配套资源制作与建设，由王海霞编写模块 1 和模块 3，由刘洪亮编写模块 2，由李卓编写模块 4，由崔曙光编写模块 5，由向磊编写模块 6，由郭俊编写模块 7，由洪亚玲编写模块 8，由刘璟编写模块 9，由王海霞编写实践创新任务工单。湖南汽车工程职业学院大数据技术专业的教材编写团队与具有丰富大数据仓库实战应用经验的企业技术人员进行了深入研讨，在此感谢北京东方国信科技股份有限公司的李明涛工程师团队在真实企业项目提供、企业项目开发标准流程等方面给予的大力支持与无私帮助，感谢湖南智擎科技有限公司提供教材配套"头歌"实训平台，其课程研发团队尹刚等工程师协助教材实验资源修订并上线"头歌"实训平台。最后，特别感谢湖南大众传媒职业技术学院的吴振峰教授对本书编写的指导。

五、反馈

由于大数据仓库知识与技术涉及面广，加之编者水平有限，因此书中难免存在不足之处，敬请广大读者提出宝贵的意见和建议（E-mail：wanghxyi@163.com）。

作　者

2023 年 12 月

本书微课视频清单

续表

目 录

部署数据仓库环境

数据仓库 Hive 是由 Facebook 开发的,运行在大数据平台 Hadoop 集群之上,利用 Hadoop 计算框架 MapReduce 对存储在 HDFS 中的数据开展数据查询和统计。

Hadoop 采用的存储系统为 HDFS,计算框架为 MapReduce。由于 MapReduce 计算框架是使用 Java 语言实现的,因此在 Hadoop 中计算或访问数据时必须通过编写 Java 代码来实现相应的 MapReduce 程序才能完成任务。此时,Facebook 意识到,无法雇用足够的 Java 开发人员来编写大量 MapReduce 程序,以充分利用存储在 HDFS 中的海量数据。为了推广 Hadoop,使非 Java 程序员也能便捷地使用 Hadoop,Facebook 研发出 Hive,将 MapReduce 的复杂性抽象出来,使用更加通俗易懂的类 SQL 访问并计算 HDFS 中的海量数据。2008 年,Facebook 将 Hive 项目贡献给 Apache,由此 Hive 就成为开源项目。

数据仓库 Hive 采用的类 SQL 被称为 HiveQL,其语法与 SQL 的语法极为相似。Hive 将 HiveQL 转译成 MapReduce 程序,充分利用 MapReduce 的并行计算处理能力,对存储在 HDFS 中的结构化数据进行访问和计算。

本书以"学生信息系统"项目、"大数据商业智能选址"项目、"大数据智慧旅游"项目和"联通运营商大数据分析"项目为实操载体,采用由简到难、先分层再汇总的方式讲解 Hive 的应用。

本模块以"学生信息系统"项目为实操载体,介绍"部署 Hive 系统"任务和"操作 Hive CLI"任务,帮助读者完成熟练部署数据仓库环境的目标。

学习任务

任务1.1 部署Hive系统

任务1.2 操作Hive CLI

学习目标:
- 了解Hive的系统架构及工作原理
- 理解Hive与传统数据库的区别
- 能理解Hadoop、Hive中各常用配置属性的含义
- 能阐述清Hive元数据的概念
- 能熟练安装、配置Hadoop
- 能熟练安装、配置Hive
- 能熟练安装MySQL，并配置MySQL存储Hive元数据
- 能熟练运用Hive CLI的常用操作

任务 1.1　部署 Hive 系统

任务分析

　　数据仓库 Hive 运行在大数据平台 Hadoop 集群之上，即必须先部署好 Hadoop 集群，再在 Hadoop 集群中安装 Hive。为了使读者摆脱相对复杂的完全分布式 Hadoop 集群，只着重于 Hive 本身，本任务将基于更加轻便快捷的单节点伪分布式 Hadoop 集群部署 Hive 数据仓库。

　　本任务主要介绍部署单节点伪分布式 Hadoop 集群、安装和配置 Hive、配置 MySQL 存储 Hive 元数据等。

技术准备

　　为了使读者在安装和配置 Hive，尤其在配置 Hive 的相关参数时，能更好地理解 Hive 与 Hadoop 之间的依存关系，下面先介绍 Hive 的系统架构和工作原理，以及 Hive 和传统数据库的区别。

1.1.1　Hive 的系统架构

1. 什么是 Hive

　　Hive 是基于 Hadoop 的数据仓库，提供了一系列的工具，能够对存储在 HDFS 中的数据进行提取、转化和加载（ETL）。因此，Hive 是一种可以存储、查询和分析存储在 Hadoop 中的大规模数据的工具。

Hive 定义了简单的类 SQL,不仅允许熟悉 SQL 的用户查询数据,还允许熟悉 MapReduce 的开发者通过开发自定义的 mapper 和 reducer 来处理内建的 mapper 和 reducer 无法完成的复杂数据分析工作。通过提供的命令行工具和 JDBC 驱动程序连接到 Hive,使用类 SQL 可以快速实现简单的 MapReduce 统计,而不必开发专门的 MapReduce 程序,学习成本低,十分适合数据仓库的统计分析。

2. Hive 架构

Hive 是底层封装了 Hadoop 的数据仓库处理工具,运行在 Hadoop 集群之上。Hive 架构主要包含 4 部分,分别是用户接口、跨语言服务、驱动程序和元数据存储系统,具体如图 1-1 所示。

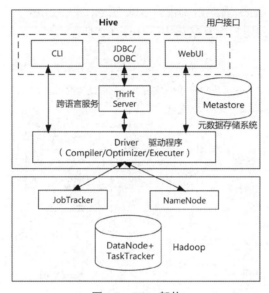

图 1-1　Hive 架构

如果用户接口不同,那么在操作 Hive 时的流程会有所不同。当使用 CLI(命令行工具)或 WebUI(浏览器)操作 Hive 时,Hive 直接将用户输入的 HiveQL 语句发送给驱动程序(Driver)处理并生成执行计划,并且将生成的执行计划交由 NameNode 存储到 HDFS 中,同时将生成的执行计划交由 JobTracker 调用 MapReduce 任务;当使用 JDBC/ODBC(客户端程序)操作 Hive 时,需要先通过跨语言服务(Thrift Server)将客户端程序使用的语言转换为 Hive 可以解析的语言,再发送给驱动程序处理并生成执行计划。下面针对 Hive 架构的组成部分进行讲解。

(1)用户接口:主要指的是 CLI、JDBC/ODBC 和 WebUI。CLI 是指 Hive 自带的命令行工具;JDBC/ODBC 是指客户端工具,如 Beeline 远程客户端工具,以及使用 Java 语言编写的应用程序等;WebUI 是指通过浏览器访问 Hive。

(2)跨语言服务:Thrift 是由 Facebook 开发的一个软件框架,可以用来提供可扩展且跨语言的服务。由于 Hive 集成了该服务,因此不同的编程语言可以调用 Hive 的接口。

(3)驱动程序:主要包含 Compiler(编译器)、Optimizer(优化器)和 Executer(执行器),用于完成 HiveQL 查询语句从词法分析、语法分析、编译、优化到查询计划的生成。

生成的查询计划存储在 HDFS 中，并且在随后由 MapReduce 调用执行。

（4）元数据存储系统（Metastore）：Hive 中的元数据通常包含表、列、分区和表数据所在目录的位置信息等相关属性，Metastore 默认存在自带的 Derby 中。由于 Derby 不适合多用户操作，并且数据存储目录不固定、不方便管理，因此通常将元数据存储在 MySQL 中。

1.1.2　Hive 的工作原理

Hive 通过为用户提供的一系列交互接口来接收 HiveQL 查询语句。Hive 的 Driver 会结合元数据对查询语句进行解释、优化，生成查询计划；之后查询计划被转化为 MapReduce 任务提交到 Hadoop 中执行（有些查询没有 MR 任务，如 SELECT * FROM TABLE）；最终将执行返回的结果输出到用户交互接口中，如图 1-2 所示。

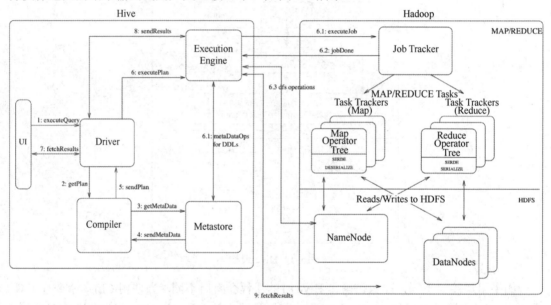

图 1-2　Hive 工作原理

（1）executeQuery：用户通过 Hive 界面（CLI/WebUI）将查询语句发送到 Driver（如 JDBC、ODBC 等）上执行。

（2）getPlan：Driver 根据 Compiler 解析查询语句，以及验证查询语句的语法、查询计划、查询条件。

（3）getMetaData：Compiler 将元数据请求发送给 Metastore。

（4）sendMetaData：Metastore 将元数据作为响应发送给 Compiler。

（5）sendPlan：Compiler 检查要求和重新发送 Driver 的计划。至此，查询的解析和编译完成。

（6）executePlan：Driver 将执行计划（executePlan）发送给 Execution Engine。Execution Engine 执行计划的过程如下：根据执行计划向 Metastore 请求并获取元数据信息；向 Hadoop 的 MapReduce 主服务（Job Tracker）提交任务，任务在执行过程中直接通过 Hadoop 的 HDFS 主服务（NameNode）执行文件操作，包括数据文件和临时文件的操作。

（7）fetchResults：用户接口向 Driver 发起获取结果集的请求。

（8）sendResults：Driver 向 Execution Engine 发起获取结果集的请求，之后 Execution Engine 将结果集返回给 Driver。

（9）fetchResults：Execution Engine 通过 Hadoop 的 HDFS 从服务（DataNode）获取结果集，之后将结果集返回给 Execution Engine。

1.1.3　Hive 和传统数据库的区别

由于 Hive 采用了类 SQL 的查询语言，因此容易被理解为数据库。其实，从结构上来看，Hive 和数据库除了具有类似的查询语言，再无类似之处。接下来以传统数据库 MySQL 和 Hive 的对比为例展开介绍。Hive 和传统数据库 MySQL 的区别如表 1-1 所示。

微课

表 1-1　Hive 和传统数据库 MySQL 的区别

序号	对比项	Hive	MySQL
1	查询语言	HiveQL	SQL
2	数据存储位置	HDFS	块设备、本地文件系统
3	数据格式	用户定义	系统决定
4	数据更新	INSERT OVERWRITE\INTO TABLE（不建议更新）	UPDATE/INSERT/DELETE 支持
5	索引	不支持	支持
6	执行	大多数查询由 MapReduce 执行	由执行引擎执行
7	执行延迟	高	低
8	可扩展性	高	低
9	数据规模	大	小

Hive 不适合用于联机事务处理（OnLine Transaction Processing，OLTP），也不提供实时查询功能。Hive 适合应用在基于大量不可变数据的批处理作业中。

Hive 的优点包括如下几点。

（1）操作简单，容易上手，提供了类 SQL 的查询语言。

（2）可以为超大数据集设计计算/扩展能力（MapReduce 作为计算引擎，HDFS 作为存储系统），在一般情况下不需要重启服务就可以自由地扩展集群的规模。

（3）可以提供统一的元数据管理。

（4）具有延展性。Hive 支持用户自定义函数，即用户可以根据自己的需求定义函数。

（5）具有良好的容错性，即使节点出现问题仍可执行完 SQL 语句。

Hive 的缺点包括如下几点。

（1）Hive 的 HiveQL 表达能力有限：无法表达迭代式算法，如 PageRank；不擅长数据挖掘，如 k-Means。

（2）Hive 的效率比较低：Hive 自动生成的 MapReduce 程序通常不够智能化；Hive 调优比较困难，粒度比较粗；Hive 的可控性比较差。

下面依次介绍安装虚拟机并配置基础环境、安装和配置 JDK、安装和配置 Hadoop、安装和配置 Hive、安装 MySQL、配置 Hive 元数据存储等，最终实现在 Hadoop 集群之上成功运行 Hive。

1.1.4　部署及配置 Hadoop

1. 安装虚拟机并配置基础环境

1）创建 Hive 虚拟机

在 VMware Workstation 中创建一台 Hive 虚拟机，并挂载 CentOS-7-x86_64-DVD- 1810.iso 镜像。

2）安装 CentOS 操作系统

安装 CentOS 操作系统的详细步骤可参考随书"学银在线"平台数字课程手册资料。

3）配置 Hive 虚拟机的网络

使用的用户名为 root，密码为 000000，登录操作系统，并设置好 IP 地址。对应的命令及结果如下所示。

```
[root@localhost ~]#vi /etc/sysconfig/network-scripts/ifcfg-ens33
......
IPADDR=192.168.16.10
PREFIX=24
GATEWAY=192.168.16.2
DNS1=114.114.114.114
```

4）配置虚拟机基础环境

在安装 Hadoop 前需要做好基础环境配置工作，主要包括设置主机名、配置 hosts 映射文件、创建普通用户 hadoop 和设置集群间免密登录 4 项内容。

（1）设置虚拟机的主机名为 hive，并执行如下命令。

```
[root@localhost ~]# hostnamectl set-hostname hive
```

（2）配置/etc/hosts 映射文件，并执行如下命令。

```
[root@hive ~]# vi /etc/hosts
```

在 hosts 映射文件中添加如下内容。

```
192.168.16.10 hive
```

（3）先创建普通用户 hadoop 并设置密码，再依次执行如下命令。

```
[root@hive ~]# useradd -m hadoop -s /bin/bash
[root@hive ~]# passwd hadoop
更改用户 hadoop 的密码 。
新的 密码:
无效的密码： 密码是一个回文
```

重新输入新的 密码：

passwd: 所有的身份验证令牌已经成功更新。

为了授权普通用户 hadoop 能使用 sudo 以系统管理员的身份执行命令，不仅需要将普通用户 hadoop 添加到 sudoers 中，还需要在/etc/sudoers 文件中大约第 100 行的下面添加如下信息。

```
[root@hive ~]# vi /etc/sudoers
hadoop      ALL=(ALL)        ALL        #此行为需要添加内容
```

/etc/sudoers 文件中的此行命令用于设置允许普通用户以 root 用户的身份执行各种各样的命令，而不需要 root 用户的密码。

（4）设置集群间免密登录。

切换至新创建的普通用户 hadoop，并实现集群间免密。

```
[root@hive ~]# su hadoop
```

第 1 步：生成密钥。切换到普通用户 hadoop 的家目录/home/hadoop/下，通过执行 ssh-keygen -t rsa 命令，连续按 3 次 Enter 键将在家目录下生成.ssh 目录，并保存生成的公/私密钥对，命令执行如下所示。

```
[hadoop@hive ~]$ ssh-keygen -t rsa
[hadoop@hive .ssh]$ ll /home/hadoop/.ssh
-rw-------. 1 hadoop hadoop 1675 2 月   28 02:43 id_rsa
-rw-r--r--. 1 hadoop hadoop  393 2 月   28 02:43 id_rsa.pub
```

其中，id_rsa 为私钥文件，id_rsa.pub 为公钥文件。

第 2 步：分发密钥。通过执行 ssh-copy-id 命令将公钥复制到服务器 hive 中，如下所示。

```
[hadoop@hive .ssh]$ ssh-copy-id hive
```

第 3 步：验证集群间免密登录。通过 ssh 命令登录服务器 hive 时，不再需要输入密码，如下所示。

```
[hadoop@hive root]$ ssh hive
Last login: Fri Feb 28 03:33:04 2020
[hadoop@hive ~]$ exit
登出
Connection to hive closed.
```

2. 安装和配置 JDK

由于 Hadoop 是使用 Java 语言开发的，Hadoop 集群的使用需要依赖 Java 环境，因此在安装 Hadoop 集群之前，需要先安装并配置好 JDK。

使用 SecureCRT 工具连接虚拟机，用户名为 hadoop，密码为 000000。

1）安装 JDK

在教学环境中，由于可能设置学生机不能连接外网，或者当同时访问外网的人数太多导致网络不稳定等原因，因此先将本书需要使用的软件包下载到 Windows 宿主机上，再通过 SecureFX 工具上传到虚拟机上。

第 1 步：下载 JDK 1.8。

第 2 步：在家目录下创建 software 和 server 两个目录。

```
[hadoop@hive ~]$ mkdir software server
```

第 3 步：使用 SecureFX 工具将下载的 JDK 文件 jdk-8u11-linux-x64.tar.gz 上传到 hive 虚拟机中的/home/hadoop/software 目录下，如图 1-3 所示。

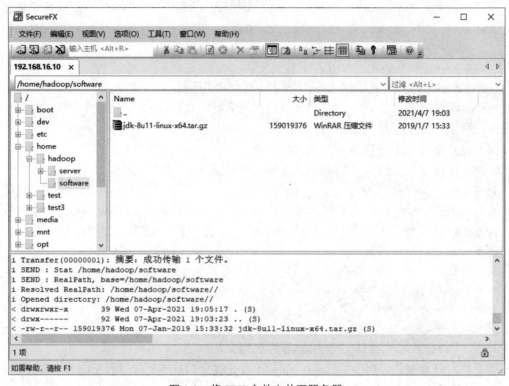

图 1-3　将 JDK 文件上传至服务器

第 4 步：使用 tar 命令将 JDK 文件解压缩到 server 目录下。

[hadoop@hive software]$ tar -zxvf jdk-8u11-linux-x64.tar.gz -C ~/server/

[hadoop@hive server]$ ll ~/server/

drwxr-xr-x. 8 hadoop hadoop 255 6 月　17 2014 jdk1.8.0_11

2）配置 Java 环境变量

第 1 步：在/etc/profile 文件中配置环境变量 JAVA_HOME 和 PATH。

[hadoop@hive ~]$ sudo vi /etc/profile

export JAVA_HOME=/home/hadoop/server/jdk1.8.0_11

export PATH=$PATH:$JAVA_HOME/bin

第 2 步：使环境变量的配置临时生效。

[hadoop@hive ~]$ source /etc/profile

3）验证 JDK 是否安装成功

通过查询 Java 的版本信息可以验证 JDK 的安装是否成功。

[hadoop@hive ~]$ java -version

java version "1.8.0_11"

Java(TM) SE Runtime Environment (build 1.8.0_11-b12)

Java HotSpot(TM) 64-Bit Server VM (build 25.11-b03, mixed mode)

至此，JDK 安装成功。

3. 安装和配置 Hadoop

1）安装 Hadoop

安装 Hadoop 的步骤如下。

第 1 步：下载 hadoop-2.9.2。

第 2 步：使用 SecureFX 工具将下载的 Hadoop 文件 hadoop-2.9.2.tar.gz 上传到 hive 服务器的 hadoop 用户家目录下的 software 中。

```
[hadoop@hive ~]$ ll /home/hadoop/software/ |grep hadoop-
-rw-r--r--. 1 root     root    366447449 1 月     7 2019 hadoop-2.9.2.tar.gz
```

第 3 步：使用 tar 命令将 hadoop-2.9.2.tar.gz 解压缩到家目录下的 server 中。

```
[hadoop@hive ~]$ tar -zxvf software/hadoop-2.9.2.tar.gz -C server/
```

第 4 步：在/etc/profile 文件中设置 Hadoop 环境变量并且使其生效。

```
[hadoop@hive ~]$ sudo vi /etc/profile
export HADOOP_HOME=/home/hadoop/server/hadoop-2.9.2
export PATH=$PATH:$HADOOP_HOME/sbin:$HADOOP_HOME/bin
[hadoop@hive ~]$ source /etc/profile
```

第 5 步：验证 Hadoop 是否安装成功。执行以下命令在安装成功时会显示 Hadoop 的版本信息，若未显示版本信息则说明 Hadoop 安装失败。

```
[hadoop@hive ~]$ hadoop version
Hadoop 2.9.2
......
```

2）配置伪分布式 Hadoop

本书将 Hadoop 配置为伪分布式模式来介绍 Hive，读者可以参考其他资源进行本地模式和分布式模式的配置。Hadoop 所有的配置文件在$HADOOP_HOME/etc/hadoop 目录下，要搭建伪分布式 Hadoop，需要修改该目录下的配置文件 hadoop-env.sh、core-site.xml、hdfs-site.xml、mapred-site.xml、yarn-site.xml 和 slaves 中的部分信息。

第 1 步：配置 hadoop-env.sh 文件。

将此文件中约第 25 行中的 JAVA_HOME 变量设置为 Java 真实的安装位置。

```
[hadoop@hive hadoop]$ vi hadoop-env.sh
export JAVA_HOME=/home/hadoop/server/jdk1.8.0_11
```

第 2 步：配置 core-site.xml 文件。

在标签<configuration></configuration>之间添加如下属性。

```
<configuration>
    <property>
        <name>fs.defaultFS</name>
        <value>hdfs://hive:9000</value>
    </property>
    <property>
        <name>hadoop.tmp.dir</name>
        <value>/home/hadoop/hadoopdata/tmp</value>
    </property>
</configuration>
```

fs.defaultFS 参数表示默认文件系统名称，通常用来指定 NameNode 的 URI 地址，包括主机名和端口。hadoop.tmp.dir 参数用来指定 Hadoop 运行时生成的文件的存储目录。

第 3 步：配置 hdfs-site.xml 文件。

使用 vi 命令打开 hdfs-site.xml 文件，并在此文件中的标签<configuration></configuration>之间添加如下属性。

```
[hadoop@hive hadoop]$ vi hdfs-site.xml
<configuration>
    <property>
        <name>dfs.replication</name>
        <value>1</value>
    </property>
    <property>
        <name>dfs.name.dir</name>
        <value>/home/hadoop/hadoopdata/namenode</value>
    </property>
    <property>
        <name>dfs.data.dir</name>
        <value>/home/hadoop/hadoopdata/datanode</value >
    </property>
</configuration>
```

需要注意的是，在 hdfs-site.xml 文件中，所有属性的值是用户定义的，也就是说，用户可以根据自己的 Hadoop 基础架构进行更改，并且目录/home/hadoop/hadoopdata/namenode 和 /home/hadoop/hadoopdata/datanode 不需要先创建，在随后执行 start-dfs.sh 文件时会自动创建这两个目录。

dfs.replication 参数表示副本数。

dfs.name.dir 参数表示 HDFS 中 NameNode 元数据信息保存路径，如果该参数设置为多个目录，那么这些目录下都保存元数据信息的多个备份。

dfs.data.dir 参数表示 HDFS 中真正的 DataNode 元数据保存路径。

第 4 步：配置 mapred-site.xml 文件。

mapred-site.xml 文件用于指定正在使用的 MapReduce 框架。在默认情况下，mapred-site.xml 文件是不存在的，但提供了 mapred-site.xml.template 模板文件。

首先，使用 cp 命令将 mapred-site.xml.template 模板文件复制为 mapred-site.xml，如下所示。

```
[hadoop@hive hadoop]$ cp mapred-site.xml.template mapred-site.xml
```

然后，在 mapred-site.xml 文件中的标签<configuration></configuration>之间添加如下属性。

```
[hadoop@hive hadoop]$ vi mapred-site.xml
<configuration>
    <property>
        <name>mapreduce.framework.name</name>
        <value>yarn</value>
```

```
        </property>
    </configuration>
```

mapreduce.framework.name 参数表示执行 MapReduce Jobs 的运行时框架。

第 5 步：配置 yarn-site.xml 文件。

yarn-site.xml 文件用于将 yarn 配置到 Hadoop 中。在此文件中的标签之间添加如下属性。

```
[hadoop@hive hadoop]$ vi yarn-site.xml
<configuration>
    <property>
        <name>yarn.nodemanager.aux-services</name>
        <value>mapreduce_shuffle</value>
    </property>
</configuration>
```

yarn.nodemanager.aux-services 参数表示用户自定义服务，如此处定义了 MapReduce 的
shuffle 功能。

第 6 步：配置 slaves 文件。将内容修改为 hive，如下所示。

```
[hadoop@hive hadoop]$ vi slaves
 hive
```

3）验证 Hadoop

第 1 步：格式化 HDFS。使用 hdfs namenode -format 命令格式化并创建新的 HDFS。

```
[hadoop@hive ~]$ hdfs namenode -format
......
20/02/14 18:00:17 INFO namenode.NNStorageRetentionManager: Going to retain 1 images with txid >= 0
20/02/14 18:00:17 INFO namenode.NameNode: SHUTDOWN_MSG:
/************************************************************
SHUTDOWN_MSG: Shutting down NameNode at hive/192.168.16.10
************************************************************/
```

在执行格式化之后会自动创建分别由 hadoop.tmp.dir 参数、dfs.name.dir 参数和 dfs.data.dir
参数指定的目录/home/hadoop/hadoopdata/tmp、/home/hadoop/hadoopdata/namenode 和/home/
hadoop/hadoopdata/datanode。需要注意的是，只需要执行一次格式化命令，多次格式化将会
出错。

提示：如果需要再次格式化 HDFS，就需要先停止 Hadoop 的所有进程，并且删除分别
由 hadoop.tmp.dir 参数、dfs.name.dir 参数和 dfs.data.dir 参数指定的目录，再执行格式化命令
hdfs namenode -format。

第 2 步：启动 HDFS 并验证 HDFS 是否启动成功。

执行 start-dfs.sh 命令启动 HDFS。

```
[hadoop@hive ~]$ start-dfs.sh
```

使用 jps 命令验证 HDFS 的启动是否成功，若成功，则出现 NameNode 进程、
SecondaryNameNode 进程和 DataNode 进程。

```
[hadoop@hive ~]$ jps
7168 DataNode
```

```
7345 SecondaryNameNode
6774 NameNode
7482 Jps
```

第 3 步：启动 yarn 并验证 yarn 是否启动成功。

执行 start-yarn.sh 命令启动 yarn。

```
[hadoop@hive ~]$ start-yarn.sh
```

使用 jps 命令验证 yarn 的启动是否成功，若成功，则新增 NodeManager 进程和 ResourceManager 进程。

```
[hadoop@hive ~]$ jps
7168 DataNode
7345 SecondaryNameNode
8034 Jps
7716 NodeManager
6774 NameNode
7612 ResourceManager
```

第 4 步：通过浏览器访问 Hadoop。

在通过浏览器访问 Hadoop 之前，请确定是否已关闭 firewalld 防火墙。如果未关闭，那么先执行 systemctl stop firewalld 命令，再执行 systemctl disable firewalld 命令。

Hadoop 默认访问的端口为 50070，使用 http://192.168.16.10:50070/可以访问 Hadoop，如图 1-4 所示。

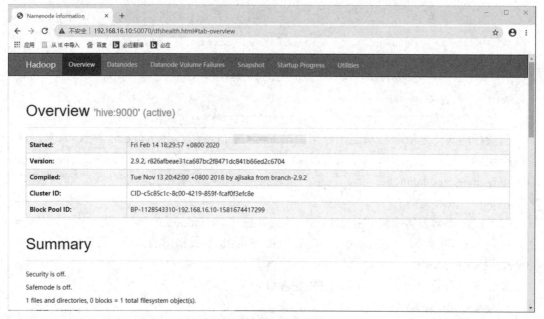

图 1-4　使用 IP 地址访问 Hadoop

如果需要使用 hive 主机名访问，就需要修改 Windows 操作系统下的映射，即在 C:\Windows\System32\drivers\etc 目录下的 hosts 映射文件中添加 IP 地址与域名间的映射。

第 5 步：验证集群中的所有应用程序。集群中的所有应用程序默认访问 8088 端口。使用 http://192.168.16.10:8088/访问集群中的应用，如图 1-5 所示。

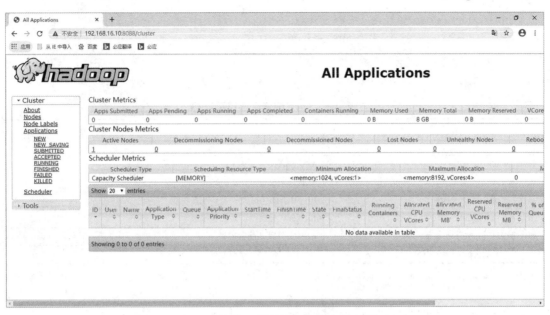

图 1-5　使用 IP 地址访问集群中的应用

1.1.5　安装和配置 Hive

1. 安装 Hive

第 1 步：下载 hive-2.3.4。

第 2 步：使用 SecureFX 工具将下载的 apache-hive-2.3.4-bin.tar.gz 文件上传到 hive 虚拟机的/home/hadoop/software 目录下。

```
[hadoop@hive ~]$ ll /home/hadoop/software/ |grep hive
-rw-r--r--. 1 root    root    232234292 1 月    7 2019 apache-hive-2.3.4-bin.tar.gz
```

第 3 步：使用 tar 命令将 apache-hive-2.3.4-bin.tar.gz 文件解压缩到/home/hadoop/server 目录下。

```
[hadoop@hive software]$ tar -zxvf apache-hive-2.3.4-bin.tar.gz -C /home/hadoop/server/
```

解压缩后的 apache-hive-2.3.4-bin 的结构如下所示。

```
[root@hive apache-hive-2.3.4-bin]# ll
总用量 56
drwxr-xr-x. 3 root root     133 2 月    14 19:06 bin
drwxr-xr-x. 2 root root    4096 2 月    14 19:06 binary-package-licenses
drwxr-xr-x. 2 root root    4096 2 月    14 19:06 conf
drwxr-xr-x. 4 root root      34 2 月    14 19:06 examples
drwxr-xr-x. 7 root root      68 2 月    14 19:06 hcatalog
drwxr-xr-x. 2 root root      44 2 月    14 19:06 jdbc
drwxr-xr-x. 4 root root   12288 2 月    14 19:06 lib
-rw-r--r--. 1 root root   20798  11 月    1 2018 LICENSE
```

```
-rw-r--r--. 1 root root    230 11 月   1 2018 NOTICE
-rw-r--r--. 1 root root    313 11 月   1 2018 RELEASE_NOTES.txt
drwxr-xr-x. 4 root root     35 2 月    14 19:06 scripts
```

Hive 配置文件的目录为$HIVE_HOME/conf，该目录下的文件说明如表 1-2 所示。

表 1-2　Hive 配置文件目录详解

文件名	文件说明
hive-site.xml	用户自定义配置文件（无）
hive-default.xml	默认配置文件（无）
hive-env.sh	运行环境文件（无）
hive-default.xml.template	hive-default.xml 文件默认配置模板
hive-env.sh.template	hive-env.sh 文件默认配置模板
hive-exec-log4j.properties.template	exec 文件默认配置模板
hive-log4j2.properties.template	log 文件默认配置模板

2. 配置 Hive 环境变量

第 1 步：通过 sudo 配置 Hive 环境变量。

```
[hadoop@hive ~]$ sudo vi /etc/profile
export HIVE_HOME=/home/hadoop/server/apache-hive-2.3.4-bin
export PATH=$PATH:$HIVE_HOME/bin
```

第 2 步：使环境变量的配置临时生效。

```
[hadoop@hive ~]$ source /etc/profile
```

3. 配置并验证 Hive

Hive 的所有配置文件在$HIVE_HOME/conf 目录下。配置 Hive 用于 Hadoop 环境中需要编辑 hive-env.sh 文件，由于该文件是不存在的，因此需要将配置文件目录 conf 下的 hive-env.sh.template 模板文件复制为 hive-env.sh 文件，并放置在$HIVE_HOME/conf 目录下。下面的命令用来复制模板文件 hive-env.sh.template 生成配置文件 hive-env.sh。

```
[hadoop@hive conf]$ cp hive-env.sh.template hive-env.sh
```

编辑 hive-env.sh 文件并添加如下内容，以指定 Hadoop 路径和 Hive 配置文件路径。

```
[hadoop@hive conf]$vi hive-env.sh
export HADOOP_HOME=/home/hadoop/server/hadoop-2.9.2
export HIVE_CONF_DIR=/home/hadoop/server/apache-hive-2.3.4-bin/conf/
```

通过执行 hive 命令即可进入 Hive 交互式命令行。

```
[hadoop@hive conf]$ hive
......
hive> SHOW DATABASES;
FAILED: SemanticException org.apache.hadoop.hive.ql.metadata.HiveException: java.lang.RuntimeException: Unable to
instantiate org.apache.hadoop.hive.ql.metadata.SessionHiveMetaStoreClient
hive>
```

此时，虽然能进入 Hive 交互式命令行，但是由于没有配置元数据库，因此在使用 SHOW DATABASES 语句查询 Hive 中的数据库时失败。

1.1.6　配置 MySQL 存储 Hive 元数据

1. 认识 Hive 元数据

Hive 中有两类数据，分别为真实数据和元数据。与关系型数据库一样，可以将元数据看作描述数据的数据，包括 Hive 中的数据库名、表名、表所属的数据库、表的拥有者、表类型、表数据所在目录、列字段名称与类型、分区字段与类型等。用户在执行 CREATE TABLE student 或 ALTER TABLE student 等语句时会指定这些元数据信息。

Hive 将元数据存储在 RDBMS 中。可以使用以下 3 种模式连接数据库。

- Single User Mode：单用户模式，使用内置数据库 Derby，也称为内嵌 Derby 模式。
- Multi User Mode：多用户模式，使用本地数据库 MySQL，也称为本地模式。
- Remote Server Mode：远程服务模式，使用远程元数据服务访问数据库，也称为远程模式。

按元数据的存储位置进行划分，单用户模式与多用户模式属于本地存储，远程服务模式属于远端存储。无论使用哪种模式，Hive 客户端都必须先连接 Metastore 服务，再由 Metastore 服务访问数据库以完成元数据的存取。

任何一个使用 JDBC 进行连接的数据库都可以用作元数据存储。Hive 自身内置了 Derby，并且默认的安装方式是将元数据存储在 Derby 中。Derby 只能允许一个会话连接，因此只适用于简单的测试。因为多用户和系统可能需要并发访问元数据，所以默认的内置数据库并不适用于生产环境。在实践中，大多数的 Hive 使用 MySQL 存储元数据，因此本书也采用 MySQL 存储元数据。

2. 安装 MySQL

在 root 用户下安装 MySQL 的主要步骤如下。

第 1 步：使用 yum 命令安装 wget。

```
[root@hive ~]# yum -y install wget
```

第 2 步：通过 wget 在线下载 MySQL 的 rpm 软件包。

```
[root@hive ~]# wget http://dev.mysql.com/get/mysql57-community-release-el7-10.noarch.rpm
```

第 3 步：导入 MySQL 的最新公钥。

```
[root@hive ~]# rpm --import https://repo.mysql.com/RPM-GPG-KEY-mysql-2022
```

第 4 步：安装 MySQL 5.7 的 yum 资源库。

```
[root@hive ~]# yum install -y mysql57-community-release-el7-10.noarch.rpm
```

第 5 步：安装 MySQL 5.7 的服务。

```
[root@hive ~]# yum install -y mysql-community-server
```

第 6 步：先启动 MySQL，再检查 MySQL 是否已经启动成功。

```
[root@hive ~]# systemctl start mysqld.service
[root@hive ~]# systemctl status mysqld.service
```

第 7 步：获取 root 用户的临时密码，MySQL 默认在日志文件中生成一个临时密码。

```
[root@hive ~]# grep 'temporary password' /var/log/mysqld.log
```

```
2023-02-27T01:17:49.477466Z 1 [Note] A temporary password is generated for root@localhost: P&=mi<rk7J-l
```

第 8 步：使用 root 用户的临时密码登录 MySQL，修改密码规则。

```
[root@hive ~]# mysql -uroot -p
......
mysql> set global validate_password_policy=0;
mysql> set global validate_password_length=6;
```

第 9 步：修改 root 用户的密码。

```
mysql> alter user 'root'@'localhost' identified by '000000';
```

3. 配置 Hive 元数据存储

1）创建元数据库 hivedb

在 MySQL 中创建 Hive 的元数据库 hivedb，并赋予 hadoop 用户操作元数据库 hivedb 的所有权限。通过如下命令依次执行登录 MySQL、创建元数据库 hivedb、授予 hadoop 用户权限、刷新系统权限表的操作。

```
[root@hive ~]# mysql -uroot -p000000
MariaDB [(none)]> CREATE DATABASE hivedb;
MariaDB [(none)]> grant all privileges on hivedb.* to 'hadoop'@'%' identified by '000000';
MariaDB [(none)]> grant all privileges on hivedb.* to 'hadoop'@'localhost' identified by '000000';
MariaDB [(none)]> flush privileges;
```

2）配置元数据库属性

第 1 步：修改配置文件。

$HIVE_HOME/conf 目录下的 hive-default.xml.template 文件中的内容是 Hive 的关键配置，通常不直接修改其中的配置信息。因此，先将 hive-default.xml.template 重命名为 hive-default.xml，再新建 hive-site.xml 文件，将需要修改的配置信息输入 hive-site.xml 文件中。Hive 在启动时默认先加载 hive-default.xml.template 文件，之后如果发现有 hive-site.xml 文件，就加载 hive-site.xml 文件，配置文件 hive-default.xml 和 hive-site.xml 中如果出现相同的配置项，那么 hive-site.xml 文件中的配置会覆盖 hive-default.xml 文件中的默认配置。

使用 mv 命令将 hive-default.xml.template 重命名为 hive-default.xml。

```
[hadoop@hive conf]$ mv hive-default.xml.template hive-default.xml
```

使用 vi 编辑器新建配置文件 hive-site.xml，并添加以下 4 项配置信息，以配置 MySQL 中的 hivedb 作为 Hive 的元数据存储。

```
[hadoop@hive conf]$ vi hive-site.xml
<?xml version="1.0" encoding="UTF-8" standalone="no"?>
<?xml-stylesheet type="text/xsl" href="configuration.xsl"?>
<configuration>
    <property>
        <name>javax.jdo.option.ConnectionDriverName</name>
        <value>com.mysql.jdbc.Driver</value>
        <!--表示 MySQL JDBC 驱动类-->
    </property>
    <property>
        <name>javax.jdo.option.ConnectionURL</name>
```

```
<value>jdbc:mysql://hive:3306/hivedb?characterEncoding=UTF-8&amp;createDatabaseIfNotExist=TRUE</value>
        <!--表示服务运行在名为 hive 的服务器的 3306 端口上，元数据存储数据库为 hivedb-->
    </property>
    <property>
        <name>javax.jdo.option.ConnectionUserName</name>
        <value>hadoop</value>
        <!--表示连接 MySQL 的用户名为 hadoop-->
    </property>
    <property>
        <name>javax.jdo.option.ConnectionPassword</name>
        <value>000000</value>
        <!--表示连接 MySQL 的密码为 000000-->
    </property>
</configuration>
```

在输入 XML 配置文件时需要注意两点：第一，URL 中的符号"&"需要转义成"&amp"；第二，标签<value></value>中的内容必须在同一行且不能有空格，即不能包含换行符和空格，否则会出错。

Hive 配置元数据的属性如表 1-3 所示。

表 1-3　Hive 配置元数据的属性

属性名	描述
javax.jdo.option.ConnectionDriverName	JDBC 驱动类
javax.jdo.option.ConnectionURL	包含元数据的数据存储的 JDBC 连接字符串
javax.jdo.option.ConnectionUserName	连接数据库的用户名
javax.jdo.option.ConnectionPassword	连接数据库的密码

第 2 步：上传 JDBC 驱动包。

javax.jdo.option.ConnectionURL 属性的值的前缀是 jdbc:mysql。为了使 Hive 能够连接 MySQL，需要将 JDBC 驱动放置在$HIVE_HOME/lib/类路径下。将下载的 mysql-connector-java-5.1.46-bin.jar 文件复制到$HIVE_HOME/lib/类路径下，如下所示。

```
[hadoop@hive lib]$ pwd
/home/hadoop/server/apache-hive-2.3.4-bin/lib
[hadoop@hive lib]$ ll |grep mysql-connector
-rw-r--r--. 1 hadoop hadoop   1004840 4 月    27 21:13 mysql-connector-java-5.1.46-bin.jar
```

第 3 步：初始化 Schema 库。初始化完成后将在 MySQL 的元数据库 hivedb 中自动创建 57 个表。

```
[hadoop@hive ~]$ schematool -initSchema -dbType mysql
```

需要注意的是，如果初始化一次后出现故障，就需要再次进行初始化，必须先删除 MySQL 中的元数据库 hivedb，否则会出现初始化错误的报错信息，即 Error: Duplicate key name 'PCS_STATS_IDX'。

3）在 Hive 中创建测试表 test

启动 Hive Shell，创建测试表 test，命令如下所示。

```
[hadoop@hive ~]$ hive
```

在 Hive 中创建表并查看，命令如下所示。

```
CREATE TABLE test(id INT,name STRING);
SHOW TABLES;
```

运行结果如图 1-6 所示。

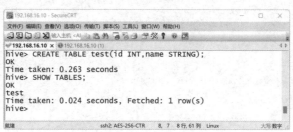

图 1-6　在 Hive 中创建表并查看

4）验证 Hive 元数据库的配置

使用 hadoop 用户（该用户的密码为 000000），登录 MySQL 中的元数据库 hivedb 可以看
到相应的元数据信息，命令如下所示。

```
MariaDB [(none)]> SELECT * FROM hivedb.TBLS;
```

运行结果如图 1-7 所示。

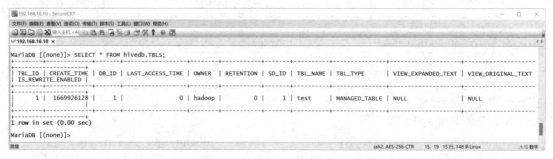

图 1-7　相应的元数据库信息

至此，配置 MySQL 作为 Hive 元数据存储成功，Hive 会将元数据信息存储到 MySQL
的元数据库 hivedb 中。

任务小结

通过学习本任务，读者可以基于 Hadoop 集群部署好数据仓库 Hive。在部署 Hadoop 集
群时应该使用普通用户而不是 root 用户，一定要安装并配置 MySQL 作为 Hive 元数据存储，
而不是使用 Hive 自带的元数据存储。建议学有余力的读者通过本模块的"实践创新"部分
完成基于完全分布式 Hadoop 平台部署 Hive，在独立实践探索中创新并磨炼出精益求精的
技能。

任务 1.2　操作 Hive CLI

任务分析

Hive 命令行接口即 Hive CLI，是与 Hive 交互最常用的方式。本书将通过 Hive CLI 完成 Hive 所有模块的介绍。如果能够熟练操作 Hive CLI，在后续执行创建数据仓库和数据表、查询数据、统计分析数据等任务时就会更加便捷。

本任务主要介绍 Hive CLI 的自动补全功能、Hive CLI 中操作 HDFS、Hive CLI 中的变量和属性、在 Hive 中执行-e/-f 命令、Hive 默认配置文件等。

技术准备

在 Linux 命令行中执行$HIVE_HOME/bin/hive 命令即可启用 Hive CLI。通过 Hive CLI，用户可以执行设置参数、创建和管理数据仓库、创建和管理数据表、分析仓库中的数据、导入/导出仓库中的数据等操作。本书中的大部分操作都是在 Hive CLI 中完成的。熟练掌握 Hive CLI 的常用操作对于后续执行各 HiveQL 命令有很大的帮助。

1.2.1　Hive CLI 的自动补全功能

Hive CLI 支持自动补全功能。如果用户在输入过程中按 Tab 键，那么 Hive CLI 会自动补全可能的关键字或函数名。例如，当用户输入"SELE"并按 Tab 键时，Hive CLI 将自动补全这个词为 SELECT。如果用户在提示符后面直接按 Tab 键，就可以看到如图 1-8 所示的回复。

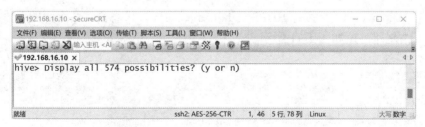

图 1-8　在 Hive CLI 中按 Tab 键后显示的内容

1.2.2　Hive CLI 中命令的格式

用户不需要退出 Hive CLI 就可以执行 Linux 操作系统中简单的 bash shell 命令。只要在命令前面加上"!"，并且以";"结尾即可，如图 1-9 所示。使用 echo 命令可以输出信息，使用 pwd 命令可以查看当前所在目录。

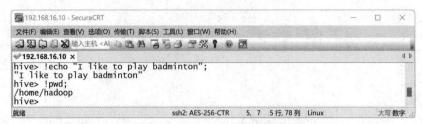

图 1-9　在 Hive CLI 中执行 bash shell 命令

在 Hive CLI 中不能使用需要用户输入的交互式命令。另外，Hive CLI 不支持 bash shell 命令的"管道"功能和文件名的自动补全功能。例如，!ls*.hql;命令表示查找文件名为*.hql;的文件，而不是显示以.hql 结尾的所有文件。

【例 1-1】　在 Hive CLI 中查看 Linux 操作系统的/root 目录下的所有文件。

运行结果如图 1-10 所示。

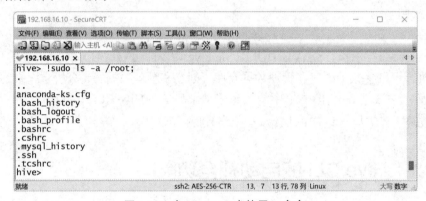

图 1-10　在 Hive CLI 中使用 ls 命令

1.2.3　在 Hive CLI 中执行 Hadoop 的 dfs 命令

用户可以在 Hive CLI 中执行 HDFS 的 hdfs dfs...命令，只需要将命令中的关键字 hdfs 去掉并以";"结尾即可，如图 1-11 所示。

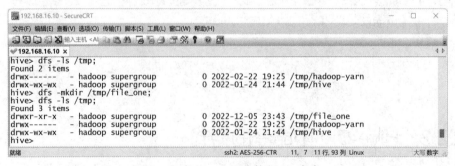

图 1-11　在 Hive CLI 中执行 dfs 命令

这种使用 HDFS 命令的方式比与其等价的在 bash shell 中执行 hdfs dfs...命令更高效。因为后者每次都需要启动一个新的 JVM 实例,而 Hive 会在同一个进程中执行这些命令。

用户可以通过 dfs -help;命令查看所有功能选项列表。

【例 1-2】 将/home/hadoop 目录下的文件.bashrc 上传到 HDFS 中的/tmp/file_one 目录下。运行结果如图 1-12 所示。

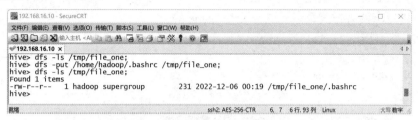

图 1-12　实现 HDFS 中的文件上传

1.2.4　Hive CLI 中的变量和属性

1. 定义自定义变量

--define key=value 和--hivevar key=value 实际上是等价的,都可以让用户在命令行自定义变量以便在 Hive 脚本中引用,从而满足不同情况的执行。

当用户使用这项功能时,Hive 会将这些键-值对放到 hivevar 命名空间中,这样就可以和其他 3 种内置命名空间(也就是 hiveconf、system 和 env)进行区分。Hive 中的命名空间如表 1-4 所示。

表 1-4　Hive 中的命名空间

命名空间	使用权限	描述
hivevar	可读/可写	用户自定义变量
hiveconf	可读/可写	Hive 相关的配置属性
system	可读/可写	Java 定义的配置属性
env	只可读	Shell 环境(如 bash)定义的环境变量

使用--define 将变量 name 的值定义为 whx,命令如下所示。

```
$ hive --define name=whx
```

上述命令等同于使用--hivevar 将变量 name 的值定义为 whx。

```
$ hive --hivevar name=whx
```

运行结果如图 1-13 所示。

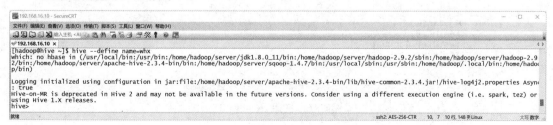

图 1-13　使用--define 定义变量 name 的值

2. 显示和修改自定义变量

在 Hive CLI 中，set 命令以键-值对的方式显示或修改变量的值。需要注意的是，若在 Hive 命令行中执行 set 命令，则当前会话有效；若在 Hive 脚本中配置 set 命令，则当前机器有效。

1）使用 set 命令显示自定义变量的值

可以使用以下两种方式显示自定义变量 name 的值。

```
set name;
set hivevar:name;
```

运行结果如图 1-14 所示。

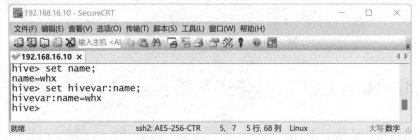

图 1-14　使用 set 命令显示自定义变量 name 的值

直接使用 set 命令可以显示并打印出命名空间 hivevar、hiveconf、system 和 env 中 4 种内置变量的所有值，如图 1-15 所示。

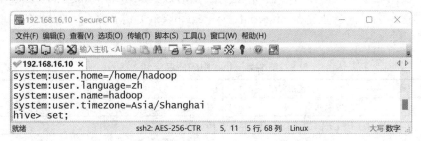

图 1-15　使用 set 命令

使用 set 命令并添加标记-v，不仅可以打印出 4 种内置变量的所有值，还可以打印 Hadoop 中定义的所有属性，如控制 HDFS 和 MapReduce 的属性等。图 1-16 中显示的是返回的部分信息。

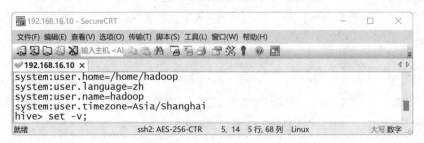

图 1-16　使用 set -v;命令

2）使用 set 命令修改自定义变量的值

方式 1：将自定义变量 name 的值修改为 Miss Wang 并查看，如图 1-17 所示。

```
set name=Miss Wang;
```

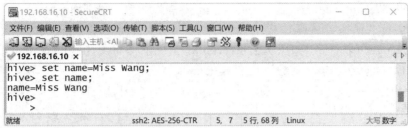

图 1-17　使用 set 命令修改自定义变量 name 的值

方式 2：使用 hivevar:将自定义变量 name 的值修改为 Mr. Wang 并查看，如图 1-18 所示。

```
set hivevar:name=Mr. Wang;
```

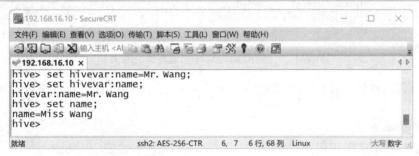

图 1-18　使用 hivevar:修改自定义变量 name 的值

由上述返回结果可知，虽然前缀 hivevar:是可选的，但是修改的是不同的 name。

【例 1-3】　先定义自定义变量 dbname，并为其赋予 ods_school 的值，再使用该变量创建数据库。

```
$ hive -S --define dbname=ods_school
CREATE DATABASE ${dbname};
```

运行结果如图 1-19 所示。

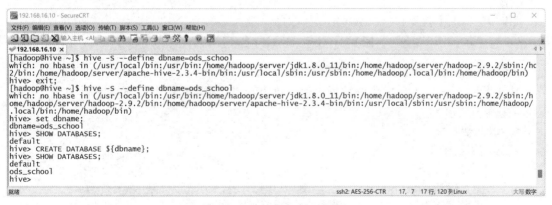

图 1-19　使用自定义变量

3）--hiveconf 选项

--hiveconf 选项用于配置 Hive 行为的所有属性。例如，通过--hiveconf 选项指定 hive.cli.print.current.db 属性,开启该属性可以在 CLI 提示符前显示出当前所在的数据仓库名,默认的数据仓库名为 default。hive.cli.print.current.db 属性的默认值是 FALSE。

使用前缀 hiveconf:显示 hive.cli.print.current.db 属性的值,如下所示。

```
set hiveconf:hive.cli.print.current.db;
```

前缀 hiveconf:可以省略,如在默认 hiveconf:的情况下将 hive.cli.print.current.db 属性的值修改为 TRUE,可以显示出当前数据仓库名 default。

```
set hive.cli.print.current.db=TRUE;
```

运行结果如图 1-20 所示。

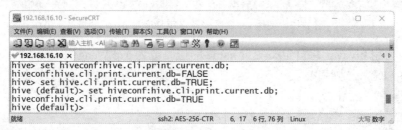

图 1-20   使用 set hiveconf:设置属性的值

使用--hiveconf 选项还可以增加新的 hiveconf 属性,如添加 age 属性并将该属性的值设置为 18。

```
$ hive --hiveconf age=18;
```

运行结果如图 1-21 所示。

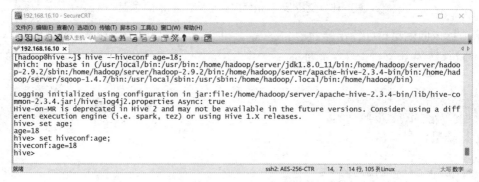

图 1-21   使用--hiveconf 选项新增属性

4)system 命名空间和 env 命名空间

先查看 system 命名空间中的配置属性,再查看 env 命名空间中的环境变量。

```
set system:user.name;
```
```
set env:HOME;
```

运行结果如图 1-22 所示。

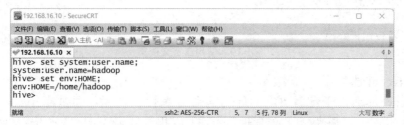

图 1-22   查看 system 命名空间和 env 命名空间中的属性

修改 system 命名空间中的配置属性，并显示修改后的命名空间中的配置属性，如图 1-23 所示。

```
set system:user.name=wang;
```

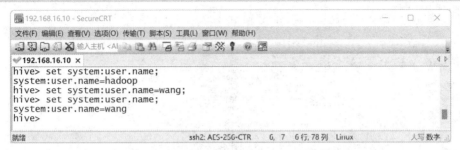

图 1-23　修改 system 命名空间中的配置属性

尝试修改 env 命名空间中的属性失败。

```
set env:HOME;
```

运行结果如图 1-24 所示。

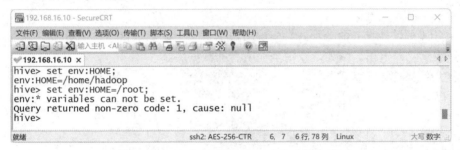

图 1-24　修改 env 命名空间中的属性失败

上述运行结果显示，Java 系统属性对 system 命名空间中的内容具有可读/可写的权限，但对 env 命名空间中的环境变量只具有可读权限。

与 hivevar 变量不同，必须使用前缀 system:和 env:来指定系统属性和环境变量。env 命名空间可作为向 Hive 传递变量的一种可选方式。

```
$URL=hive -e"SELECT * FROM mytable WHERE url=${env:HADOOP_HOME}";
```

在上述语句中，查询处理器会在 WHERE 子句中查到实际的变量值/home/hadoop/server/hadoop-2.9.2。

Hive 所有的内置属性都在 $HIVE_HOME/conf/hivedefault.xml.template "样例" 配置文件中列举出来，并且对属性的默认值做了说明。

 任务实施

使用 hive --help --service cli 命令可以显示 CLI 服务提供的选项列表。

```
$ hive --help --service cli
```

运行结果如图 1-25 所示。

数据仓库 Hive 应用实战

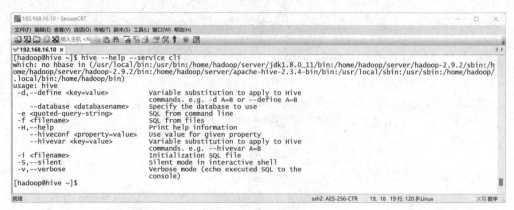

图 1-25　Hive 帮助命令

hive --help --service cli 命令的简化形式是 hive -H。

1.2.5　使用 Hive 中的-e（一次使用）命令

Hive CLI 可以接收-e 命令形式，实现用户执行一个或多个查询（使用"；"分隔），并且在执行结束后立即退出。例如，查询当前所有的数据库。

```
$ hive -S -e"SHOW DATABASES;"
```

运行结果如图 1-26 所示。

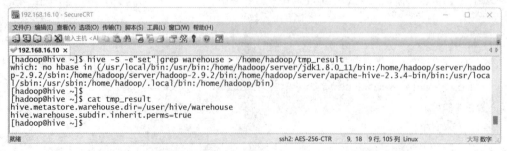

图 1-26　使用 hive -e 命令查询数据库

上述命令中的选项-S 表示开启静默模式，因此在输出结果中不显示"OK"和"Time taken"等行，以及其他一些无关紧要的输出信息。

【例 1-4】　查询 Hive 的命名空间中所有包含关键字 warehouse 的属性。

```
$ hive -S -e"set"|grep warehouse > /home/hadoop/tmp_result
```

运行结果如图 1-27 所示。

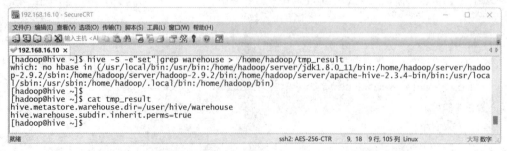

图 1-27　将 hive -e 命令的执行结果重定向输出到本地文件系统中

由上述结果可知，可以采用模糊查询方式获取包含关键字 warehouse 的属性名，无须通过滚动 set 命令的输出结果进行查找。利用-e 命令可以将查询结果重定向保存到文件中，并且 Hive 是将输出保存到标准输出中，因此例 1-4 中的 shell 命令将输出重定向到本地文件系统中，而不是重定向到 HDFS 中。

【例 1-5】 使用-e 命令创建数据库 dwd_school，并查看数据库列表。

```
$ hive -S -e"SHOW DATABASES;CREATE DATABASE dwd_school;SHOW DATABASES;"
```

运行结果如图 1-28 所示。

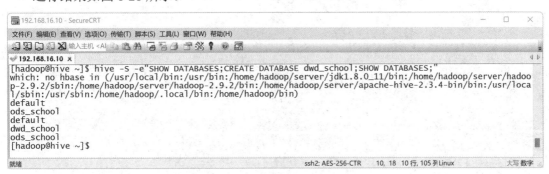

图 1-28 以-e 形式执行多条命令

1.2.6 使用 Hive 中的-f 命令执行脚本

在 Hive 中可以使用-f 后接文件名的方式执行该文件中的一条或多条查询语句。按照惯例，通常把这些 Hive 查询文件保存为具有后缀名.q 或.hql 的文件。下面采用-f 命令执行 demo.hql 脚本。

创建的 demo.hql 脚本中的内容如下所示。

```
[hadoop@hive ~]$ cat /home/hadoop/demo.hql
--Editor Whx.
--Editor time 2022.11.25
SHOW TABLES;
SELECT CURRENT_TIMESTAMP();
CREATE TABLE student(id INT,name STRING);
CREATE TABLE teacher(id INT,name STRING);
SHOW TABLES;
SELECT CURRENT_TIMESTAMP();
```

上述 demo.hql 脚本中使用以"--"开头的字符串添加注释，Hive CLI 不会解析注释行。其中，demo.hql 脚本中的前两行为注释行。

使用 hive -f 命令执行 demo.hql 脚本，如下所示。

```
[hadoop@hive ~]$ hive -S -f demo.hql
```

运行结果如图 1-29 所示。

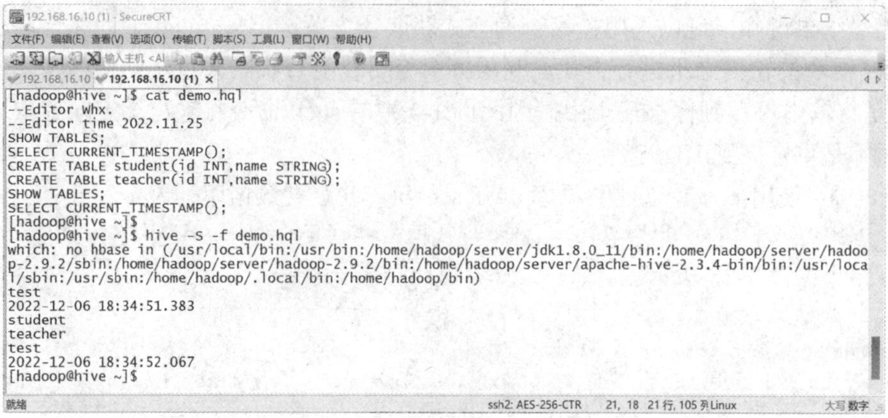

图 1-29　使用 hive -f 命令执行 demo.hql 脚本

创建的 demo2.hql 脚本中的内容如下所示。

```
[hadoop@hive ~]$ cat /home/hadoop/demo2.hql
--Editor Whx.
--Editor time 2022.11.25
SHOW TABLES;
SELECT CURRENT_TIMESTAMP();
CREATE TABLE class(c_id INT,c_name STRING);
DROP TABLE IF EXISTS student;
SHOW TABLES;
SELECT CURRENT_TIMESTAMP();
```

在 Hive CLI 中使用 source 命令执行 demo2.hql 脚本，如图 1-30 所示。

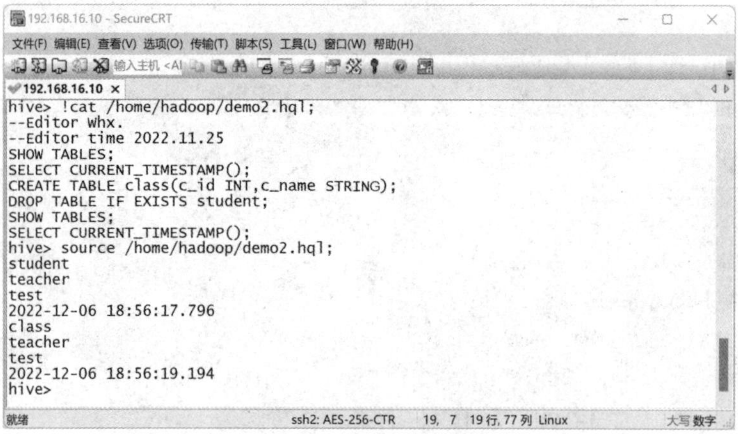

图 1-30　在 Hive CLI 中使用 source 命令执行 demo2.hql 脚本

1.2.7　设置.hiverc 默认配置文件

在 Hive CLI 中，选项-i 的后面是文件名，由此允许用户指定一个文件，当 Hive CLI 启动时，在提示符出现前先执行该文件。

实际上，在启动 Hive CLI 时，会自动在当前 Linux 用户的 HOME 目录下寻找名为.hiverc

的隐藏文件，并且自动执行该文件中的命令（如果文件中有）。因此，可以在.hiverc 文件中配置一些常用的参数，尤其对于用户需要频繁执行的命令，配置在.hiverc 文件中是非常方便的。

也可以在 Hive 的配置文件目录下创建.hiverc 文件。如果当前实验环境就是 /home/hadoop/server/apache-hive-2.3.4-bin/conf目录，那么默认所有用户都可以使用这个配置。

如果要显示/home/hadoop/.hiverc 文件中的内容，那么可以使用如下命令。

```
set hive.cli.print.current.db=TRUE;
set hive.exec.mode.local.auto=TRUE;
```

在上述命令中，第 1 行表示在修改 Hive CLI 提示符前显示当前所在的工作数据库，第 2 行表示"鼓励"Hive 如果可以使用本地模式执行就在本地执行，这样可以加快小数据集的数据查询速度。初学者在编写.hiverc 文件时经常忘记在每行的结尾添加 ";"，如果忘记添加，那么该属性将包含后面几行所有的文字，直到发现下一个 ";"。

1.2.8 查看操作命令历史

用户可以使用上、下方向键滚动查看之前的命令。每行的输入都单独显示，Hive CLI 不会将一条多行命令作为单独的历史命令。如果用户想再次执行之前执行过的某条命令，那么只需要将鼠标指针移动到那条命令上并按 Enter 键即可。如果用户需要先修改某行记录再执行，那么可以使用左、右方向键将鼠标指针移动到需要修改的位置（或者按住快捷键 Ctrl+A 将鼠标指针移动到行首，或者按住快捷键 Ctrl＋E 将鼠标指针移动到行尾）重新编辑修改即可，修改后直接按 Enter 键提交该命令而不是切换到命令尾部。

Hive 还会将最近执行的 10 000 行命令记录到$HOME/.hivehistory 文件中。

任务小结

通过学习本任务，读者不仅能熟练地操作 Hive CLI，还可以了解使用 set 命令设置变量与使用.hiverc 配置文件设置变量的区别。需要注意的是，在 Hive 中直接使用 dfs 命令操作 HDFS 效率更高。Hive CLI 的操作无处不在，读者要敢于操作，并且多操作才能熟能生巧。

 模块总结

通过学习本模块，读者可以理解 Hive 的系统架构及工作原理，在此理论指导下完成数据仓库 Hive 的部署，并且能熟练地使用 Hive 常用交互工具 Hive CLI。本模块包含的知识点和技能点如下。

（1）认识 Hive：包括 Hive 的系统架构、Hive 与传统数据库的区别、Hive 的优点和缺点等内容。Hive 操作简单，容易上手，可扩展，可以提供统一的元数据管理，具有延展性、容错性等优点。

（2）安装和配置虚拟机：重点是配置好虚拟机的网络、主机名、主机映射，以及创建普通用户、设置集群间免密登录。

（3）安装和配置 Hadoop 伪分布式集群：先安装和配置 JDK，再安装和配置 Hadoop。尤其要配置好 $HADOOP_HOME/etc/hadoop 目录下的 hadoop-env.sh、core-site.xml、hdfs-site.xml、yarn-site.xml、mapred-site.xml 和 slaves 6 个配置文件的部分信息。

（4）安装和配置 Hive：先安装 Hive，再配置$HIVE_HOME/conf 目录下的 hive-env.sh 文件。

（5）安装和配置 MySQL 作为 Hive 元数据存储：重点是安装 MySQL、配置 $HIVE_HOME/conf 目录下的 hive-default.xml 文件、上传 JDBC 驱动包、初始化 Schema 库。

（6）操作 Hive CLI：重点是 Hive CLI 的自动补全功能、在 Hive CLI 中执行 Hadoop 的 dfs 命令、Hive CLI 中的变量和属性、使用 Hive 中的-e（一次使用）命令、使用 Hive 中的-f 命令执行脚本、设置.hiverc 默认配置文件。

 ## 实践创新

实践工单 1　基于完全分布式 Hadoop 集群部署 Hive

班级：_____　　　姓名：_____　　　实践用时：_____

一、实践描述

在真实工作中面对的是多节点完全分布式 Hadoop 集群，请利用 VMware Workstation 部署至少包含 3 个节点的完全分布式 Hadoop 集群，在此 Hadoop 集群上不翻阅安装手册盲搭和部署 Hive，并配置 MySQL 作为其元数据存储。

二、实践目标

本次实践的目标是基于多节点完全分布式 Hadoop 集群独立盲搭 Hive，并配置 MySQL 作为其元数据存储。

请独立完成本实践工单。

三、实践内容

1. 根据前面介绍的技能完成多节点完全分布式 Hadoop 集群的安装和部署。

　　（1）是否完成完全分布式 Hadoop 集群的部署。

　　□ 完成　　　　　□ 未完成，遇到困难_____

　　（2）完全分布式 Hadoop 集群节点的个数：_____

　　（3）完全分布式 Hadoop 集群各节点的 IP 地址：_____

2. 不翻阅安装手册盲搭并部署好 Hive。

　　是否盲搭并部署好 Hive。

　　□ 已盲搭完成　　□ 翻阅安装手册完成部署　□ 未完成，遇到困难_____

3. 在任意集群节点或 VMware Workstation 上新建节点并部署 MySQL。

　　（1）是否完成了 MySQL 的部署。

　　□ 完成　　　　　□ 未完成，遇到困难_____

　　（2）部署 MySQL 节点的 IP 地址：_____

4. 配置 MySQL 作为 Hive 的元数据存储。

　　是否完成配置 MySQL 作为 Hive 的元数据存储。

　　□ 完成　　　　　□ 未完成，遇到困难_____

四、出错记录

请将你在独立实践过程中出现的错误及其解决方法记录在下表中。

序号	出现的错误	错误提示	解决方法
1			
2			

五、实践评价

请对你的实践做出星级评价。

□ ★★★★★　　　□ ★★★★　　　□ ★★★　　　□ ★★　　　□ ★

检测反馈

一、填空题

1．Linux 操作系统中修改主机名的命令是_____。

2．使用_____命令能测试 Java 是否已安装成功。

3．_____是使用 Hive 的最常用交互方式。

4．将_____加入环境变量 PATH 中，只需要输入"hive"即可执行 CLI 命令。

5．Hive 的_____用来监听来自其他进程的 Thrift 连接的一个守护进程。

二、判断题

1．在默认情况下，Hive 元数据保存在内嵌的 Derby 中，只允许一个会话连接，并且只适合简单的测试。为了支持多用户多会话，通常配置 MySQL 作为元数据库。　　（　　）

2．Hive 是一种独立的工具，不需要依赖其他组件。　　（　　）

3．使用 Hive CLI 的 set 命令只能显示变量的值。　　（　　）

4．在 Hive CLI 中，可以使用上、下方向键滚动查看之前的命令。　　（　　）

三、单选题

1．Hive 配置文件的目录为 $HIVE_HOME/conf，下列选项中不属于其配置文件的是（　　）。

　　A．hive-site.xml　　　　　　　　B．hdfs-site.xml

　　C．hive-default.xml　　　　　　　D．hive-env.sh

2．在配置 MySQL 存储 Hive 元数据时需要将 MySQL 的 JDBC 驱动包复制到 Hive 的（　　）目录下。

　　A．bin　　　　　B．conf　　　　　C．jdbc　　　　　D．lib

3．当执行 hive --help 命令时，返回结果中不会出现在 Service List 后面的服务是（　　）。

　　A．cli　　　　　B．hive　　　　　C．hiveserver　　　　D．hwi

4．Hive CLI 通过键盘的（　　）键支持自动补全功能。

　　A．Enter　　　　B．Ctrl　　　　　C．Tab　　　　　D．Shift

5．Hive 脚本使用（　　　）符号添加注释。

    A．#　　　　　　　　B．<!-- -->　　　　　　C．--　　　　　　　　D．//

四、简答题

1．在 Linux 操作系统中创建一个新用户 test，并为该用户赋予 root 权限，应该如何操作？

2．简述设置集群间免密登录的步骤。

3．简述 Hive 的安装步骤。

4．简述使用 Derby 和 MySQL 作为 Hive 元数据存储的区别。

五、实操题

1．先在 Hive 中定义变量 dbname，并为其赋予 ods_school 的值，再创建一个名为 dbname 变量的数据库。

2．使用 Hive 中的-e 命令执行 CREATE DATABASE dwd_school;SHOW DATABASES;操作，并删除 dwd_school 数据库。

3．在家目录下创建 hql 目录，编写.hql 脚本，并使用 Hive 中的-f 命令执行脚本。在脚本中先创建 dm_school 数据库，再在该数据库中创建包含 class_id 字段和 class_name 字段的 t_class 表。

六、思考题

2017 年 12 月 3 日，在乌镇举行的世界互联网大会领先科技成果发布活动上，由来自全球互联网领域的 43 位知名专家组成的"世界互联网领先科技成果委员会"评选出了本年度顶尖、最能代表互联网发展前沿的科技领先成果，其中，滴滴出行的"基于大数据的新一代移动出行平台"获得年度全球互联网领域领先科技成果奖。

滴滴出行的"基于大数据的新一代移动出行平台"已为超过 4.4 亿个用户提供过全面的出行服务，该平台利用大数据智能处理与决策技术、强大的计算能力和通信设施，研究和开发移动出行服务。该平台可以实时获取交通数据、路网特征、公众出行特征等交通信息，为公众出行、企业服务、政府管理和决策等提供高效率服务，促进了"开放、高效、可持续"移动出行生态的建设，产生了巨大的经济效益和社会效益。"滴滴大脑"作为平台的决策中心，是为平台制定大数据决策的智能系统。通过大数据、机器学习和云计算等技术，最大限度地利用交通运力并做出最优决策，可以提高城市通行效率。

滴滴出行平台就在你我身边，在了解了大数据技术在滴滴出行中可以发挥强大的作用后，你对于大数据技术专业有什么感想呢？

创建数据仓库文件

创建数据仓库的目的是建立一种体系化的数据存储环境，将分析决策所需的大量数据从传统的操作环境中分离出来，并将分散的、不一致的操作数据转换成集成的、统一的信息。这样，政府、行业或企业内不同单位的成员就可以在统一的环境之下，通过运用其中的数据与信息，发现全新的视野和新的问题、新的分析与想法，进而发展出制度化的决策系统，并获取更多决策与经营效益。

数据仓库是面向主题的、集成的、不可更新的、随着时间不断变化的数据集合，是一种专业的大数据管理文件，用来支持经营管理中的决策制定过程。作为大数据平台 Hadoop 之上的主流应用，企业通常将 Hive 作为公司的数据仓库处理工具，将结构化的数据文件映射为数据仓库表，实现数据的统计分析功能，并提供简单的 HiveQL 查询功能，允许熟悉 HiveQL 的用户查询数据。

在大数据应用项目的开发设计、数据分析和管理决策实施过程中，首先需要根据项目需求处理和存储数据的数量级，为数据处理对象创建一个专业的大数据仓库，其次需要对数据仓库进行管理和维护，有效地存储、查看、修改、删除和管理数据仓库中的内容。

本模块以"学生信息系统"项目、"大数据商业智能选址"项目和"大数据智慧旅游"项目为实操载体，介绍"创建数据仓库"、"查询和管理数据仓库"及"修改和删除数据仓库" 3 个任务，帮助读者熟练操作数据仓库文件。

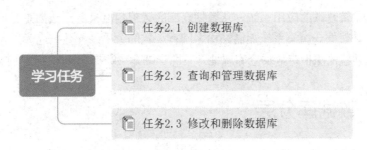

学习目标

- 了解数据仓库分层
- 理解数据库文件的存储路径
- 理解并熟记操作数据库的语法
- 能熟练创建数据库
- 能熟练查询和切换数据库
- 能熟练修改和删除数据库
- 理解并初步建立数据仓库安全规范意识

任务 2.1 创建数据库

任务分析

随着科技的进步和产业的升级发展，各行各业的竞争越来越激烈。某些行业（如银行网点、5G 基站网点等）的商业选址，不仅决定了企业潜在市场的位置，还将直接影响企业的服务质量、服务效率和服务成本，进而影响企业的商业利润和竞争优势。进行科学的智能选址需要大量的商业实时性数据，如人口密度、消费潜力、商圈热点和竞争对手等，而采用大数据分析方法深层次挖掘数据中蕴藏的商业价值，并根据大数据进行分析，可以实现最有利于企业发展的智能选址。

"大数据商业智能选址"项目涉及数据的采集、预处理、存储、加工、查询和可视化分析等数据处理全流程的各种操作。

本任务以"学生信息系统"项目和"大数据商业智能选址"项目为实操载体，帮助读者完成规划设计数据仓库、创建数据仓库等学习目标。

技术准备

数据仓库是比较复杂的应用系统。从数据仓库的管理角度来看，数据是分层次的；从数据存储的角度来看，数据仓库与系统存储结构之间有一定的关系；从数据仓库的创建来看，可以根据数据仓库的创建语法指定数据仓库属性。下面详细介绍数据仓库分层及数据仓库的创建。

2.1.1 数据库分层

数据的规划者都希望数据能够有秩序地流转，数据的整个生命周期能够清晰明确地被设计者和使用者感知到。但是，在大多数情况下，数据体系是复杂的，层级是混乱的。因此，需要一套行之有效的数据组织和管理方法使数据体系更有序，这就是数据仓库分层。

数据仓库分层的好处是可以使数据结构清晰、问题描述简单化、数据处理更高效、数据维护更方便。

数据仓库通常分为 3 层，即数据运营层、数据仓库层和数据应用层，如图 2-1 所示。

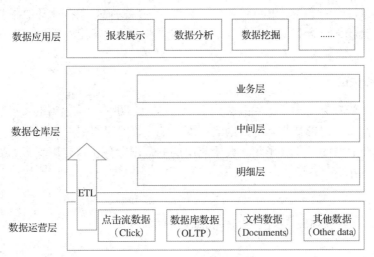

图 2-1　数据仓库分层

首先，数据运营层采集并存储的数据来源于不同的数据源，如点击流数据、数据仓库数据及文档数据等；然后，通过 ETL（Extract—Transform—Load，抽取—转换—加载）将清洗和转换后的数据装载到数据仓库层；最终，数据应用层根据实际的业务需求获取数据仓库层的数据，并实现报表展示、数据分析或数据挖掘等。下面针对数据仓库分层架构中的各个分层展开介绍。

1. 数据运营层

运营层数据仓库（Operational Data Store）的简称为 ODS 层数据仓库，存储的数据量是最大的，存储的是最原始、最真实且未经过太多处理的数据，是最接近数据源中数据的一层。数据运营层的数据大多是按照源头业务系统分类的，原始数据通常在经过去噪、去重、字段命名规范、格式错误丢弃、关键信息丢失过滤等操作后存入数据运营层，数据运营层的数据最终流入数据仓库层。

在企业开发中，大多数企业的数据运营层不会做太多数据过滤处理，数据过滤通常在明细层进行，但有的企业会在数据运营层做数据相对精细化的过滤。关于上述操作并没有明确的规定，企业可以根据自身的技术规范决定。

2. 数据仓库层

数据仓库层保存的是对运营层数据进行清洗和转换处理后的数据，并且是一致的、准确的、干净的数据。数据仓库层可以细分为明细层（DWD）、中间层（DWM）和业务层（DWS）。

（1）明细层：用于存储明细数据，此数据是最细粒度的事实数据。该层一般保持和数据运营层一样的数据粒度，并且提供一定的数据质量保证。为了提高数据的易用性，明细层会采用一些维度退化手法，将维度退化到事实表中，以减少事实表和维度表的关联。

（2）中间层：用于存储中间数据，是为统计数据创建的中间表。中间层一般是对多个维度数据进行聚合，此层数据通常来源于明细层。

（3）业务层：用于存储宽表数据，此层数据是针对某个业务领域的聚合数据。数据应用层的数据通常来源于业务层，这主要是为了数据应用层的需要。在业务层将与业务相关的所有数据统一汇集起来进行存储，有利于数据应用层获取。业务层的数据通常来源于明细层和中间层。

3. 数据应用层

数据应用层的数据是为了满足具体的分析需求而构建的。从数据的粒度来说，数据应用层中保存的是高度汇总的数据；从数据的广度来说，数据应用层并不一定会覆盖所有业务数据，而是数据仓库层的一个真子集。数据应用层的数据服务于特定的场景，如报表展示、数据分析及数据挖掘等。

2.1.2 数据库文件的存储路径

在使用 HiveQL 语句创建数据库并且未指定路径时，会在 HDFS 中生成对应的数据库目录，目录名为"库名.db"。如果创建名为 db_test 的数据库，就会在 HDFS 的默认仓库路径/user/hive/warehouse/下生成 db_test.db 的目录，即产生/user/hive/warehouse/db_test.db 目录。

微课

在使用 HiveQL 语句创建表时，会在 HDFS 的该数据库目录下生成对应的表目录，目录名为"表名"。如果在 db_test 数据库下创建 t_test 表，就会在/user/hive/warehouse/db_test.db 目录下生成 t_test 目录，即产生/user/hive/warehouse/db_test.db/t_test 目录。

使用 hdfs dfs -put 命令或 HiveQL 的 load 命令将符合 t_test 表所定义的文件加载到/user/hive/warehouse/db_test.db/t_test 目录下，就可以通过 HiveQL 对整个目录下所有文件中的数据进行管理、查询和分析。因此，也可以理解为 Hive 是将 HDFS 中的文件映射成表。

2.1.3 数据库的创建

Hive 提供了用于定义数据库对象和数据表结构的语言，称为数据定义语言（Data Definition Language，DDL），包括创建数据库、修改数据库、删除数据库、创建表、删除表及修改表等。下面使用 HiveQL 中的数据定义语言完成数据库的创建。

1. 默认数据库

当 Hive 安装完成并初始化元数据之后，会自动产生一个默认的数据库 default。当用户没有显示指定数据库时，将使用默认的数据库 default。

通过 SHOW DATABASES 语句查询默认的数据库 default，如图 2-2 所示。

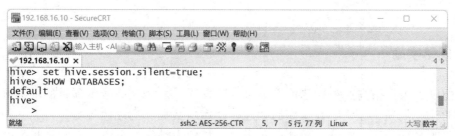

图 2-2　查询默认的数据库 default

Hive 虽然自动生成了默认的数据库 default，但在实践生产环境中，通常会根据实际需求创建数据库。

2．创建数据库

在 Hive 中创建数据库，与在关系型数据库中创建数据库的语法类似，都是使用 CREATE DATABASE 语句，具体如下。

```
CREATE (DATABASE|SCHEMA) [IF NOT EXISTS] database_name
    [COMMENT database_comment]
    [LOCATION hdfs_path]
    [WITH DBPROPERTIES (property_name=property_value, ...)];
```

其中，"[]"中的所有内容都是可选项。创建数据库语句的语法解释如表 2-1 所示。

表 2-1　创建数据库语句的语法解释

关键字	语法解释
CREATE	用于创建数据库的关键字
(DATABASE|SCHEMA)	DATABASE 与 SCHEMA 可相互替换，两者是等价的
IF NOT EXISTS	可选子句，用于通知用户是否存在相同名称的数据库。当使用该子句时，若存在相同的数据库名，则忽略后面的语句，不再创建该数据库；当不使用该子句时，若 database_name 数据库已经存在，则抛出错误信息
COMMENT	可选子句，用于添加数据库注释
LOCATION	可选子句，用于指定数据库的 HDFS 存储路径，若不指定，则数据库将存储在默认的仓库路径下
WITH DBPROPERTIES	可选子句，可以为数据库设置键-值对格式的数据库属性，键可以自定义

【例 2-1】　创建名为 coursedb 的数据库。

```
CREATE DATABASE coursedb;
```

验证创建 coursedb 数据库是否成功，如图 2-3 所示。

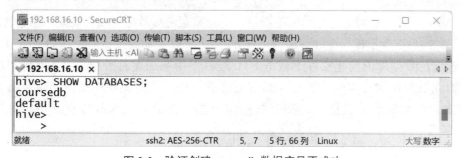

图 2-3　验证创建 coursedb 数据库是否成功

任务实施

下面以"大数据商业智能选址"项目为实操载体，依次完成本项目的项目解读、大数据库的设计规划、运营层数据库的创建、仓库层数据库的创建等操作，尤其需要规划好数据库的名称和存储目录、设置好实用的数据库属性等，最终合理设计规划并创建好数据库。

2.1.4 设计"大数据商业智能选址"项目的数据库

商业选址是企业经营管理的常规性问题，并且决定了各企业潜在市场的位置。商业选址会直接影响服务方式、服务质量、服务效率和服务成本，进而影响企业的利润和竞争优势。

小到便利店，大到购物中心、电影院的选址等都属于商业选址范畴。商业选址是一项长期性投资项目。相对于其他经营因素来说，商业选址具有长期性和固定性。当外部环境发生变化时，其他经营因素都可以随之进行相应的调整，但选址一经确定就难以发生变动，所以位置选择得好，企业可以长期受益。企业在制定经营目标和经营战略时需要考虑很多因素，其中包括对选址进行研究，从而为企业制定经营目标提供依据，并在此基础上按照顾客构成及需求特点确定促销战略。

大数据商业智能选址需要基于大量实时性的数据，如人口密度、消费潜力、商圈热点、竞争对手等。通过大数据分析手段深层次挖掘数据中蕴藏的价值，根据大数据的分析结果，可以实现最有利于企业发展的智能选址。

大数据商业智能选址流程通常包括以下 4 个步骤。

第 1 步：选址基础准备。准备选址区域内的基站信息包括基站的基础属性和评价指标数据。

第 2 步：过滤选址范围。在备选的基站信息中，剔除不可建址和已建址银行覆盖范围内的基站。

第 3 步：确定选址位置。在备选的基站信息中，循环选取分值最高的基站作为选址圆心，并剔除选定圆心两倍半径内的基站，直到没有基站可选为止。

第 4 步：计算选址得分。对选址范围内的评价要素进行数据标准化处理、极值处理，在进行正态变换后结合指标权重计算选址点评分。

智能选址数据库的构建实际上就是 ETL 过程，用来描述将数据从来源端经过提取、转换和加载过程传到目的端的过程，通俗来说就是用户从数据源中抽取出所需的数据，经过数据清洗，最终按照预先定义的数据库模型，将数据加载到数据库中，如图 2-4 所示。

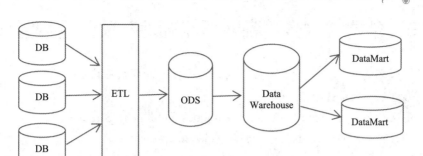

图 2-4　数据中心整体架构

"大数据商业智能选址"项目以运营商的通信数据为基础，完成中国工商银行营业厅的选址。表 2-2 所示为"大数据商业智能选址"项目的基础数据信息。

表 2-2　"大数据商业智能选址"项目的基础数据信息

基础数据信息	文件名
基站常住人口	resident_pop.txt
基站流动人口	floating_pop.txt
消费信息	consumption.txt
银行 App 明细	bank_app.txt
基站对应行业信息	bts_industry.txt
基站明细信息	bts_info.txt
基站分数	bts_score.txt
行业信息码表	code_industry_category.txt
行业信息明细	industry_info.txt

构建"大数据商业智能选址"项目的数据库的流程图如图 2-5 所示。也就是说，在 Hive 中创建运营层数据库和明细层数据库，运营层数据库中包含 9 个基础数据表，用来加载原始数据。明细层数据库中包含 3 个按主题划分汇聚的数据表，用作后续加工计算，最终得出数据库中的选址结果表。

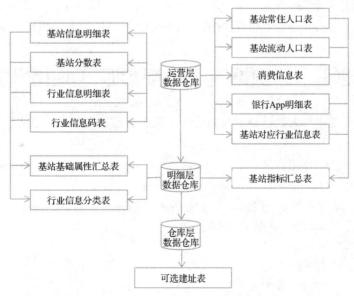

图 2-5　构建"大数据商业智能选址"项目的数据库的流程图

2.1.5 创建"大数据商业智能选址"项目运营层数据库

按照以下规划创建"大数据商业智能选址"项目运营层数据库。

（1）数据库名：ods_site。

（2）自定义数据库存储目录：/project/warehouse/intelligent_site/ods_site.db。

（3）添加注释：Business intelligence site selection project。

（4）添加仓库属性：'Project Leader'='Ms. Wang','Editor'='Mr. Liu',Date'='2022-01-10'。

具体的实施步骤如下。

在 HDFS 中创建目录/project/warehouse/intelligent_site，用于存储该项目的文件。

```
hive>dfs -mkdir -p /project/warehouse/intelligent_site;
```

创建 ods_site 数据库的代码如下所示。

```
CREATE DATABASE ods_site
COMMENT 'Business intelligence site selection project'
LOCATION '/project/warehouse/intelligent_site/ods_site.db'
WITH DBPROPERTIES ('Project Leader'='Ms. Wang','Editor'='Mr. Liu','Date'='2022-01-10');
```

查看新创建的 ods_site 数据库，如图 2-6 所示。

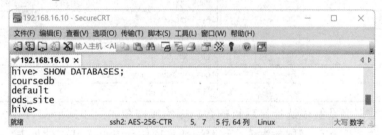

图 2-6　查看新创建的 ods_site 数据库

上面在创建数据库时，通过 COMMENT 关键字为 ods_site 数据库添加相关注释，通过 LOCATION 关键字指定 ods_site 数据库的 HDFS 存储路径为 /project/warehouse/intelligent_site/ods_site.db，通过 WITH DBPROPERTIES 关键字为数据库添加 3 个属性。

2.1.6 创建"大数据商业智能选址"项目仓库层数据库

按照以下规划创建"大数据商业智能选址"项目仓库层数据库。

（1）数据库名：dwd_site。

（2）自定义数据库存储目录：/project/warehouse/intelligent_site/dwd_site.db。

（3）添加注释：Business intelligence site selection project。

（4）添加仓库属性：'Project Leader'='Ms. Wang','Editor'='Mr. Liu',Date'='2022-01-10'。

创建 dwd_site 数据库的代码如下所示。

```
CREATE DATABASE dwd_site
COMMENT 'Business intelligence site selection project'
LOCATION '/project/warehouse/intelligent_site/dwd_site.db'
WITH DBPROPERTIES ('Project Leader'='Ms. Wang','Editor'='Mr. Liu','Date'='2022-01-10');
```

查看新创建的 dwd_site 数据库，如图 2-7 所示。

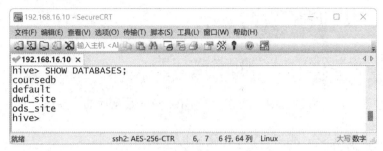

图 2-7 查看新创建的 dwd_site 数据库

 任务小结

首先，设计规划并创建数据库；然后，通过绘制设计图全局规划数据库，明确数据库的存储目录，养成通过数据库属性设定项目名称、数据库创建者、数据库创建日期等项目信息，以备在项目运行全周期中可以查询；最后，通过本模块的"实践创新"部分了解"大数据智慧旅游"项目文档、绘制构建"大数据智慧旅游"项目的数据库的流程图、创建"大数据智慧旅游"项目的数据库，在独立实践探索中创新并磨炼出精益求精的技能。

任务 2.2 查询和管理数据库

任务分析

当大数据库创建好之后，在项目运行全周期中需要不断操作数据库，如在众多数据库中找到指定的数据库、切换到目标数据库、查看数据库的数据存储路径等。

本任务以"学生信息系统"项目和"大数据商业智能选址"项目为实操载体，帮助读者完成理顺数据库与 HDFS 之间的关系、查询数据库、切换数据库、查看数据库等学习目标。

技术准备

在创建好数据库之后，为了查验数据库是否已创建成功，可以通过 SHOW DATABASES 语句查看数据库列表。当未指定数据库时，将对默认的 default 数据库进行操作。因此，在管理数据库之前，通常使用 USE 语句指定要操作的数据库。使用 DESC 语句可以查看指定数据库的详细属性、HDFS 的存储位置等信息。

数据仓库 Hive 应用实战

2.2.1　数据库的查询

在 Hive 中，查询数据库的基本语法格式如下所示。

SHOW DATABASES [LIKE ...];

LIKE 为可选子句，后接正则表达式。当 Hive 中的数据库非常多时，使用 LIKE 子句可以快速匹配筛选出所需的数据库。

【例 2-2】　查询以字母"c"开头的所有数据库。

SHOW DATABASES LIKE 'c*';

运行结果如图 2-8 所示。

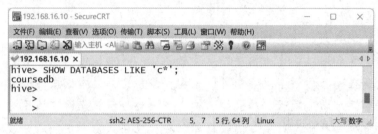

图 2-8　查询以字母"c"开头的所有数据库

2.2.2　数据库的切换

在 Hive 中，切换数据库的基本语法格式如下所示。

USE database_name;

【例 2-3】　切换至 coursedb 数据库。

USE coursedb;

运行结果如图 2-9 所示。

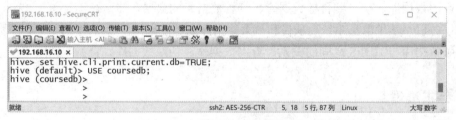

图 2-9　切换至 coursedb 数据库

通过 set 命令将参数 hive.cli.print.current.db 的值设置为 TRUE 可以显示出当前使用的数据库。需要注意的是，使用 set 命令修改配置文件参数仅在本次会话中有效，会话结束后将失效。为了使参数设置长期有效，可以将参数写入 Linux 操作系统当前用户目录下名为.hiverc 的隐藏文件中，因为当 Hive 启动时，自动在当前用户目录下加载.hiverc 文件。参数设置操作如下所示。

[hadoop@hive ~]$ vi .hiverc

set hive.cli.print.current.db=TRUE;　　　　　#在/home/hadoop 目录下的隐藏文件.hiverc 中添加该条语句

当退出 Hive CLI 后再次进入 Hive 时，即可显示当前数据库的名称。

在 Hive 中，没有命令供用户查看当前所在的是哪个数据库。但是由于 Hive 中没有嵌套数据库的概念，因此可以重复使用 USE 语句来切换当前工作的数据库。

2.2.3　数据库的查看

在 Hive 中，查看数据库详情的基本语法格式如下所示。

```
(DESCRIBE|DESC) (DATABASE|SCHEMA) [EXTENDED] database_name;
```

其中，"[]" 中的内容都是可选项。查看数据库的语法解释如表 2-3 所示。

表 2-3　查看数据库的语法解释

关键字	语法解释
(DESCRIBE|DESC)	用于描述数据库的关键字
(DATABASE|SCHEMA)	DATABASE 与 SCHEMA 可相互替换，两者是等价的
EXTENDED	可选项，使用后会输出更详细的库信息

当使用 DESC DATABASE 语句查看数据库实例时，能看到定义数据库时的 COMMENT 子句定义的描述信息和数据库存储对应的 HDFS 的文件目录路径信息。

【例 2-4】　使用 DESC 语句查看默认数据库 default 的信息。

```
DESC DATABASE default;
```

运行结果如图 2-10 所示。

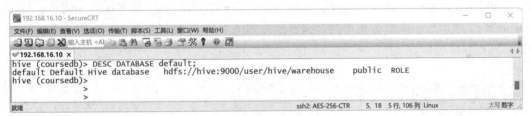

图 2-10　查看默认数据库 default 的信息

2.2.4　数据库的存储位置

1. 配置参数的 3 种方式

参数的配置通常有 3 种方式：一是 set 声明参数方式；二是命令行参数方式，即当启动 Hive 时，在命令行中添加-hiveconf param=value 设定参数；三是配置文件方式。

关于配置文件方式的案例请参考 1.1.6 节在 hive-site.xml 文件中配置 MySQL 作为 Hive 元数据存储的参数写法。Hive 中默认的配置文件是 hive-default.xml，用户自定义配置文件是 hive-site.xml，用户自定义配置会覆盖默认配置。另外，由于 Hive 是作为 Hadoop 的客户端启动的，因此 Hive 会读取 Hadoop 的配置。配置文件中的参数设定对本地主机启动的所有 Hive 进程有效。

上述 3 种配置参数的方式的优先级为配置文件方式的优先级<命令行参数方式的优先级<set 声明参数方式的优先级。

2. 查看数据库默认存储位置

Hive 会为每个数据库创建一个目录，数据库中的所有表将以其目录的子目录形式存储。但默认的 default 数据库中的表是例外，因为 default 数据库本身没有自己的目录。

数据库存储所在目录的顶层目录在配置文件 hive-default.xml 的参数 hive.metastore.warehouse.dir 中已经指定，该默认存储参数值为/user/hive/warehouse 目录，如下所示。

```
<property>
    <name>hive.metastore.warehouse.dir</name>
    <value>/user/hive/warehouse</value>
    <description>location of default database for the warehouse</description>
</property>
```

也可以通过 set 命令查看该参数的值，如下所示。

```
hive> set hive.metastore.warehouse.dir;
hive.metastore.warehouse.dir=/user/hive/warehouse
```

3. 指定数据库存储位置

指定数据库存储位置有两种方式：一是设置 hive.metastore.warehouse.dir 参数；二是在建库时通过 LOCATION 关键字指定数据库存储位置。

1）设置 hive.metastore.warehouse.dir 参数

如果用户使用 hive.metastore.warehouse.dir 参数的默认配置，并且在创建数据库时没有通过 LOCATION 关键字指定新的存储路径，那么在创建 coursedb 数据库时，Hive 将在默认的 /user/hive/warehouse 目录下创建一个 coursedb.db 子目录，即将/user/hive/warehouse/coursedb.db 作为 coursedb 数据库的存储目录，如图 2-11 所示。需要注意的是，数据库文件目录名以.db 结尾。

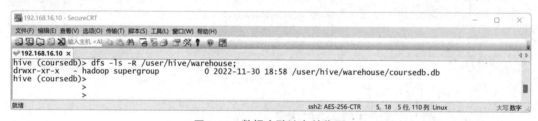

图 2-11　数据库默认存储位置

【例 2-5】　通过 set 命令配置数据库默认存储位置为/hadoop/warehouse/，并创建数据库 testdb。

```
set hive.metastore.warehouse.dir=/hadoop/warehouse/;
CREATE DATABASE testdb;
```

运行结果如图 2-12 所示。

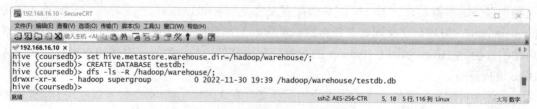

图 2-12　修改数据库默认存储位置

例 2-5 表明，在新配置的/hadoop/warehouse 存储目录下可以为 testdb 数据库生成 testdb.db 的存储目录。

2）在建库时通过 LOCATION 关键字指定数据库存储位置

在创建数据库时，可以通过 LOCATION 关键字指定新的存储路径，如上面在创建 ods_site 数据库和 dwd_site 数据库时，Hive 将 LOCATION 关键字指定的存储路径作为数据库的存储目录。ods_site 数据库和 dwd_site 数据库的 HDFS 存储路径如图 2-13 所示。

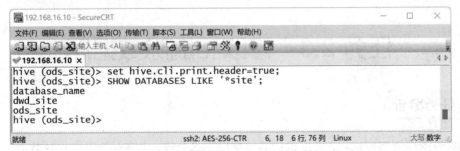

图 2-13 ods_site 数据库和 dwd_site 数据库的 HDFS 存储路径

 任务实施

前面已经创建了"大数据商业智能选址"项目的数据库，接下来需要验证该数据库是否创建成功，查看数据库列表中的"大数据商业智能选址"项目的数据库是否存在，以及查看"大数据商业智能选址"项目的数据库的相关属性及数据库存储位置等详细信息。这些均是进行数据库维护与管理的常用操作。

2.2.5 查询"大数据商业智能选址"项目的数据库的列表

使用模糊查询方式从众多数据库中筛选出"大数据商业智能选址"项目的数据库，查询操作如下所示。

```
SHOW DATABASES LIKE '*site';
```

运行结果如图 2-14 所示。

图 2-14 筛选出"大数据商业智能选址"项目的数据库

2.2.6 查询"大数据商业智能选址"项目的数据库的详细信息

使用 DESC DATABASE 语句必须添加 EXTENDED 关键字才能查询到 WITH DBPROPERTIES 子句所定义的键–值对格式的数据库属性。

```
DESC DATABASE EXTENDED ods_site;
DESC DATABASE EXTENDED dwd_site;
```

运行结果如图 2-15 所示。

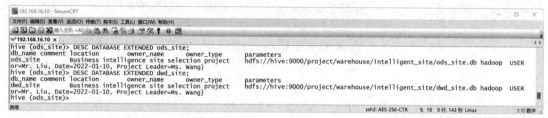

图 2-15 查询 ods_site 数据库和 dwd_site 数据库的详细信息

图 2-15 中显示的 location 信息的 URI 格式是"hdfs","hive:9000"代表 URI 权限,即由 HDFS 中主节点的"服务器名:可选端口号"构成。其中,主节点就是 Hadoop 集群中运行 NameNode 服务的服务器。本书中采用的是伪分布式模式,NameNode 主节点就是服务器 hive,如"hive:9000",也是配置项 fs.default.name 的配置值,通过 set 命令可以查看该配置值。

任务小结

通过学习本任务读者可以完成如下几个目标:一是能娴熟地管理已经创建好的数据库;二是可以采用多种方式查看数据库的详细信息,但根据需求合理选择 HiveQL 能使操作更高效;三是可以以"实践创新"部分中的"大数据智慧旅游"项目的数据库为实操载体管理智慧旅游数据库,在独立实践探索中创新并磨炼出精益求精的技能。

任务 2.3 修改和删除数据库

**任务分析**

在大数据库创建完成后,发现设计的数据库不尽合理,尤其是新手在设计数据库时往往会因为考虑不周全而存在各种不足之处,如需要添加或修改仓库属性、修改数据库的所有者、删除数据库重新创建等。

本任务以"学生信息系统"项目和"大数据商业智能选址"项目为实操载体,帮助读者完成修改数据库属性、修改数据库属主、删除空数据库和删除含表数据库等学习目标。

 **技术准备**

在创建好数据库之后,可能会由于各种原因需要对已创建好的数据库执行修改或删除操作。在 Hive 中,通过 HiveQL 可以修改数据库的属性和属主,也可以直接删除空数据库,但删除非空数据库需要添加 CASCADE 关键字。不是所有数据库信息都能修改,如数据库名和数据库所在的目录位置是不能修改的。

2.3.1　数据库的修改

1. 修改数据库的属性

在 Hive 中修改数据库的属性的基本语法格式如下所示。

```
ALTER (DATABASE|SCHEMA) database_name
SET DBPROPERTIES (property_name=property_value, ...);
```

用户可以通过 ALTER DATABASE 语句修改或添加数据库的 DBPROPERTIES 键-值对属性值,来描述这个数据库的属性信息。

【例 2-6】　先创建 studentdb 数据库,再修改该数据库。为 studentdb 数据库先添加 Date 属性,其值为 2022-11-20,再添加 Edit-by 属性,其值为 Mr. Cui,并查看该数据库的信息。

```
CREATE DATABASE studentdb;
ALTER DATABASE studentdb SET DBPROPERTIES ('Date'='2022-11-20','Edit-by'='Mr. Cui');
```

运行结果如图 2-16 所示。

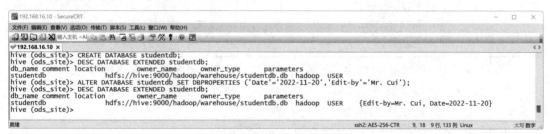

图 2-16　修改 studentdb 数据库

需要注意的是,数据库的名称所在的目录位置是不能修改的,如果需要更换数据库的名称,就只能以新的数据库名称创建一个新的仓库。

2. 修改数据库的属主

使用 HDFS 超级用户创建数据库后,该数据库在 HDFS 上的存储路径的属主为超级用户。如果数据库是由某个或某些用户使用的,就需要修改其路径属主,或者在 Hive 中进行授权。

修改数据库的属主的语法格式如下所示。

ALTER (DATABASE|SCHEMA) database_name SET OWNER [USER|ROLE] user_or_role;

【例 2-7】 将 coursedb 数据库的属主修改为 public。

ALTER DATABASE coursedb SET OWNER USER public;

运行结果如图 2-17 所示。

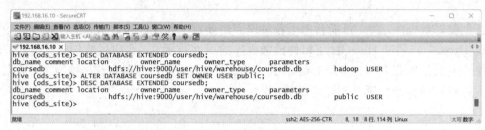

图 2-17　修改 coursedb 数据库的属主

2.3.2　数据库的删除

在 Hive 中删除数据库的语法格式如下所示。

DROP (DATABASE|SCHEMA) [IF EXISTS] database_name [RESTRICT|CASCADE];

其中，"[]" 中的内容都是可选项。删除数据库语句的语法解释如表 2-4 所示。

表 2-4　删除数据库语句的语法解释

关键字	语法解释
DROP	用于删除数据库的关键字
(DATABASE|SCHEMA)	可以使用 SCHEMA 关键字代替 DATABASE 关键字
IF EXISTS	可选项，用于通知用户是否存在名称相同的数据库。当使用 IF EXISTS 关键字时，若存在该数据库，则删除该数据库；当不使用 IF EXISTS 关键字时，若不存在该数据库，则抛出错误信息
[RESTRICT|CASCADE]	RESTRICT 为默认情况，表示不能删除包含表的数据库；CASCADE 表示能删除包含表的数据库

在默认情况下，Hive 不允许用户删除包含表的数据库。要删除包含表的数据库有两种方式：第一种，用户可以先逐一删除数据库中的表，再删除数据库；第二种，在删除命令的最后面加上关键字 CASCADE 就能删除包含表的数据库。

【例 2-8】 删除前面创建的不包含表的 testdb 数据库。

DROP DATABASE testdb;

运行结果如图 2-18 所示。

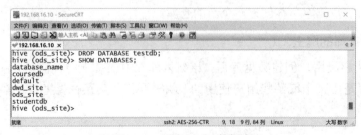

图 2-18　删除 testdb 数据库

 **任务实施**

任务 2.1 已经创建好"大数据商业智能选址"项目的 ods_site 数据库和 dwd_site 数据库，但是由于在创建时规划设计不足，现在需要修改 ods_site 数据库和 dwd_site 数据库原有的部分属性，添加部分新的数据库属性并验证，以及删除非空数据库 coursedb。下面依次完成这些操作。

2.3.3　修改"大数据商业智能选址"项目运营层数据库的属性

将 ods_site 数据库的 Editor 属性的值修改为 Mr. Deng，Date 属性的值修改为 2022-11-10，添加属性 Project duration，并且该属性的值为 Three month。

```
ALTER DATABASE ods_site
SET DBPROPERTIES ('Editor'='Mr. Deng','Date'='2022-11-10','Project duration'='Three month');
```

运行结果如图 2-19 所示。

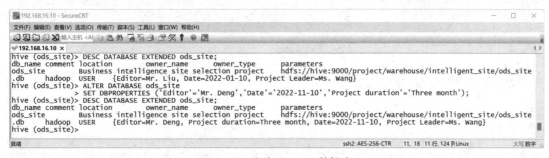

图 2-19　修改 ods_site 数据库

2.3.4　修改"大数据商业智能选址"项目仓库层数据库的属性

将 dwd_site 数据库的 Date 属性的值修改为 2022-11-10，添加 Project duration 属性，并且该属性的值为 Three month。

```
ALTER DATABASE dwd_site
SET DBPROPERTIES ('Date'='2022-11-10','Project duration'='Three month');
```

运行结果如图 2-20 所示。

数据仓库 Hive 应用实战

```
192.168.16.10 - SecureCRT                                                          —  □  ×
文件(F) 编辑(E) 查看(V) 选项(O) 传输(T) 脚本(S) 工具(L) 窗口(W) 帮助(H)
输入主机 <Al                                                          ◁ ▷
192.168.16.10 ×
hive (ods_site)> DESC DATABASE EXTENDED dwd_site;
db_name comment location          owner_name      owner_type      parameters
dwd_site        Business intelligence site selection project    hdfs://hive:9000/project/warehouse/intelligent_site/dwd_site
.db     hadoop  USER    {Editor=Mr. Liu, Date=2022-01-10, Project Leader=Ms. Wang}
hive (ods_site)> ALTER DATABASE dwd_site
              > SET DBPROPERTIES ('Date'='2022-11-10','Project duration'='Three month');
hive (ods_site)> DESC DATABASE EXTENDED dwd_site;
db_name comment location          owner_name      owner_type      parameters
dwd_site        Business intelligence site selection project    hdfs://hive:9000/project/warehouse/intelligent_site/dwd_site
.db     hadoop  USER    {Editor=Mr. Liu, Project duration=Three month, Date=2022-11-10, Project Leader=Ms. Wang}
hive (ods_site)>
就绪                                               ssh2: AES-256-CTR   11, 18  11行, 124列 Linux        大写 数字
```

图 2-20   修改 dwd_site 数据库

2.3.5   删除 coursedb 数据库

在 coursedb 数据库中创建 t_test 表，之后使用关键字 CASCADE 删除该数据库。

```
USE coursedb;
CREATE TABLE t_test(id INT,name STRING);
DROP DATABASE coursedb CASCADE;
```

运行结果如图 2-21 所示。

```
192.168.16.10 - SecureCRT                                                          —  □  ×
文件(F) 编辑(E) 查看(V) 选项(O) 传输(T) 脚本(S) 工具(L) 窗口(W) 帮助(H)
输入主机 <Al                                                          ◁ ▷
192.168.16.10 ×
hive (ods_site)> USE coursedb;
hive (coursedb)> CREATE TABLE t_test(id INT,name STRING);
hive (coursedb)> SHOW TABLES;
tab_name
t_test
hive (coursedb)> DROP DATABASE coursedb;
FAILED: Execution Error, return code 1 from org.apache.hadoop.hive.ql.exec.DDLTask. InvalidOperationException(message:Databa
se coursedb is not empty. One or more tables exist.)
hive (coursedb)> DROP DATABASE coursedb CASCADE;
hive (coursedb)> SHOW DATABASES;
database_name
default
dwd_site
ods_site
studentdb
hive (coursedb)>
就绪                                               ssh2: AES-256-CTR   16, 18  16行, 124列 Linux        大写 数字
```

图 2-21   删除 coursedb 数据库

在添加关键字 CASCADE 之后，如果数据库中有表，那么删除数据库成功。需要注意的是，一旦某个数据库被删除，其对应的存储目录也会被删除。

任务小结

通过学习本任务，读者不仅能娴熟地修改已创建好的数据库，还能删除已创建好的数据库。需要注意的是，在 Hive 中既不允许更改数据库的名称和存储目录，又不允许删除已定义的数据库的属性，并且对于包含表的数据库应谨慎执行删除操作。另外，读者也可以以"实践创新"部分中的"大数据智慧旅游"项目的数据库为实操载体反复执行数据库的创建、修改、删除和再创建操作，在独立实践探索中创新并磨炼出精益求精的技能。

模块总结

通过学习本模块，读者不仅能设计规划并创建数据库，还能查看并管理好数据库，同时能修改或重建设计不足的数据库。本模块包含的知识点和技能点如下。

（1）数据库分层：重点掌握数据库的数据运营层、数据库层、数据应用层及各层的功能。

（2）数据库与 HDFS：重点理解创建数据库会在 HDFS 中生成对应的数据库目录。当使用 HiveQL 语句创建表时，会在 HDFS 的该数据库目录下生成对应的表目录。表数据被导入相应的表目录下。Hive 是将 HDFS 中的文件映射成表。

（3）创建和管理数据库：重点是能使用 CREATE DATABASE 语句创建数据库，能使用 SHOW DATABASES 语句查询数据库，能使用 USE 语句切换数据库，能使用 DESC 语句查看数据库的详细信息。

（4）修改和删除数据库：重点是能使用 ALTER DATABASE 语句修改数据库的属性和属主，能使用 DROP DATABASE 语句删除数据库。数据库的名称和所在的目录位置是不能修改的。在默认情况下，Hive 不允许用户删除包含表的数据库。

 实践创新

实践工单 2　创建"大数据智慧旅游"项目的数据库

班级：＿＿＿＿＿＿　　　　姓名：＿＿＿＿＿＿　　　　实践用时：＿＿＿＿＿＿

一、实践描述

"大数据智慧旅游"项目用于实现对全国旅游大数据应用的支持。通过分析旅游行业"吃、住、行、游、购、娱、商、学、养、闲"等方面的需求，充分利用手机信息、通话、上网行为、用户标签并整合多方面数据，开发具有代表性和启发性的大数据旅游应用产品。

"大数据智慧旅游"项目大数据平台关键词包含吃、住、行、游、购、娱、商、学、养、闲，用这 10 个方面对旅游行业和游客特征进行描述。由于涉及的数据太多，因此本次实践只针对关键词"吃"进行数据加工处理，其他关键词的处理流程与关键词"吃"的处理流程是一致的。

二、实践目标

独立完成相关项目文档的研读。

独立完成"大数据智慧旅游"项目的数据库的创建、管理和维护，能完成数据库的顶层规划，能熟练运用 HiveQL 语句创建、查看、修改、删除和管理数据库。

三、实践内容

✎研读文档

1. 研读附录 A "大数据智慧旅游"产品的背景。

　　□ 完成　　　　□ 未完成，困难＿＿＿＿＿＿＿＿＿＿＿＿＿＿＿＿＿＿

2. 研读附录 B "大数据智慧旅游"项目的背景。

　　□ 完成　　　　□ 未完成，困难＿＿＿＿＿＿＿＿＿＿＿＿＿＿＿＿＿＿

3. 研读附录 C "大数据智慧旅游"项目的数据处理流程。

　　□ 完成　　　　□ 未完成，困难＿＿＿＿＿＿＿＿＿＿＿＿＿＿＿＿＿＿

4. 根据附录 D 中"大数据智慧旅游"项目的源数据设计数据库，并绘制构建"大数据智慧旅游"项目的数据库的流程图。

绘制构建"大数据智慧旅游"项目的数据库的流程图

✎ 创建数据库

1. 创建"大数据智慧旅游"项目运营层数据库。
   (1) 数据库的名称：_____
   (2) 数据库的存储目录：☐ 自定义目录_____   ☐ 默认目录
   (3) 是否添加注释：   ☐ 是，注释内容_____   ☐ 否
   (4) 是否添加仓库属性：☐ 是，属性内容_____   ☐ 否
   (5) 实操：   ☐ 完成   ☐ 未完成，困难_____
2. 创建"大数据智慧旅游"项目仓库层数据库。
   (1) 数据库的名称：_____
   (2) 数据库的存储目录：☐ 自定义目录_____   ☐ 默认目录
   (3) 是否添加注释：   ☐ 是，注释内容_____   ☐ 否
   (4) 是否添加仓库属性：☐ 是，属性内容_____   ☐ 否
   (5) 实操：   ☐ 完成   ☐ 未完成，困难_____

四、出错记录

请将你在实践过程中出现的错误及其解决方法记录在下表中。

序号	出现的错误	错误提示	解决方法
1			
2			

五、实践评价

请对你的实践做出星级评价。

☐ ★★★★★   ☐ ★★★★   ☐ ★★★   ☐ ★★   ☐ ★

检测反馈

一、关键字词义连线

SHOW	创建
DATABASE	描述
CREATE	显示
TABLE	浮点型
COMMENT	表
LOCATION	注释
PROPERTIES	数据库
DESCRIBE	在里面
USE	字符串
FLOAT	位置
STRING	像
IN	属性
LIKE	使用

二、填空题

1．Hive 中数据库的概念从本质上来说仅仅是表的一个_____或命名空间。

2．Hive 安装完成并初始化元数据后，会自动产生一个默认的数据库_____。

3．数据库存储所在目录的默认顶层目录通过配置文件 hive-default.xml 的参数_____来指定。

4．Hive 会为每个数据库创建一个_____，数据库中的表以数据库的子目录形式存储；但默认的 default 数据库没有目录。

5．使用语句_____能筛选出所有以字母"s"开头，并且以其他字符结尾的数据库列表。

三、判断题

1．在查看数据库的结构时，使用 DESCRIBE 比 DESC 查看的信息更加详细。
　　　　　　　　　　　　　　　　　　　　　　　　　　　　　　　（　　）

2．所有的数据库相关语句都可以使用关键字 SCHEMA 来代替关键字 DATABASE。
　　　　　　　　　　　　　　　　　　　　　　　　　　　　　　　（　　）

3．在 Hive 中创建数据库时，如果在数据库名称的前面添加 IF NOT EXISTS，那么当数据库存在时，Hive 不会报错。　　　　　　　　　　　　　　　　　　（　　）

4．SHOW SCHEMAS 语句可以用来查询 Hive 中的数据库。　　　　　（　　）

四、单选题

1. 在下列 HiveQL 句式中，表示查看数据库详细信息的语句是（　　）。

    A．CREATE DATABASE;

    B．USE database_name;

    C．DESCRIBE DATABASE database_name;

    D．DROP DATABASE database_name;

2. 下列关于 Hive 中数据库的说法正确的是（　　）。

    A．如果用户没有显式指定数据库，那么使用默认的数据库 default

    B．Hive 会为每个数据库创建一个目录，包括数据库 default

    C．数据库所在的目录位于 hive.metastore.warehouse 属性所指定的顶层目录中

    D．数据库的文件目录名均以.database 结尾

3. 表示在删除数据库的同时删除数据库中表的语句的是（　　）。

    A．DROP DATABASE database CASCADE;

    B．DROP DATABASE database RESTRICT;

    C．DROP DATABASE CASCADE database;

    D．DROP DATABASE RESTRICT database;

五、思考题

2021 年 1 月 6 日，北京市第一中级人民法院公布了一份关于链家员工因不满工作调整而删除公司 9TB 数据的刑事裁定书。该裁定书显示，被告人韩冰（1980 年出生）在 2018 年 6 月 4 日利用其担任链家公司数据库管理员并掌握公司财务系统 root 权限的便利，登录公司财务系统服务器删除了财务数据及相关应用程序，致使公司财务系统无法登录。

1. 请在互联网上查找北京市第一中级人民法院公布的该刑事裁定书的全文内容。

2. 韩冰的行为给链家公司造成了多大的经济损失？

3. 刑事裁定书判决韩冰犯什么罪，判处有期徒刑多少年？

4. 通过学习链家员工韩冰删除公司数据事件你收获了什么？

项目模块 3

管理仓库表中的数据

Hive 表是关于数据的逻辑行列视图,由一个关于数据的二维视图组成。Hive 表分为内部表、外部表、分区表和分桶表。每个 Hive 表对应一个 HDFS 目录,表中数据独立于表存在且存储在对应的 HDFS 目录中,但表的定义存储在 HCatalog 的关系型数据库中。Hive 表与传统的关系型数据库表之间存在以下几个区别。

(1)Hive 表中的数据与表定义是松耦合关系。在传统的关系型数据库中,删除表即从存储中删除表的定义和底层数据。而在 Hive 中,如果将表定义为外部表,那么删除表定义和删除底层数据是相互独立的。

(2)单个数据集可以对应多个 Hive 表定义。

(3)Hive 表中的底层数据可以以多种格式存储。

将实际数据与表模式分离开是 Hadoop 超越关系系统的重要价值之一。Hadoop 允许在表模式存在之前加载数据,一旦创建了表模式就可以迅速确定如何将其映射到底层数据中。Hive 模式是一种元数据映射,理解标准 SQL 的开发人员和应用程序能轻松查看底层数据。

本模块以"学生信息系统"项目、"大数据商业智能选址"项目和"大数据智慧旅游"项目为实操载体,帮助读者完成"创建数据表"、"修改和删除数据表"及"导入数据到表中"3 个任务,以及熟练操作大数据仓库表及表中数据的学习目标。

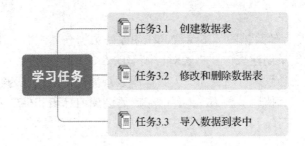

- 理解Hive中表的基本概念
- 理解并熟记Hive中的基础数据类型和集合数据类型
- 理解内部表和外部表的概念及两者的异同
- 理解并熟记操作表的语法
- 能根据需求熟练创建内部表、外部表
- 能准确分析数据文件格式并针对数据创建表
- 能根据需求熟练复制表结构
- 能熟练设置表属性
- 能熟练修改表名、修改列、增加列、删除或替换列、修改表属性、删除表等
- 理解并熟记导入数据到表中的语法
- 能熟练导入数据到表中

学习目标

任务 3.1　创建数据表

任务分析

在 Hive 中，表是存储数据的基本单位。在创建好数据仓库之后，需要在数据仓库中基于实际数据格式分析结果创建表，并将表对应到 HDFS 的相应目录中。

本任务以"学生信息系统"项目和"大数据商业智能选址"项目为实操载体，帮助读者完成分析实际数据格式、使用多种 HiveQL 语句灵活创建内部表和外部表、设置表属性、设置表存储格式、设置字符编码、处理数据中的 NULL 值等学习目标。

技术准备

在创建表时必然要定义字段，每个字段都需要指定数据类型，所以需要掌握 Hive 支持的基本数据类型和集合数据类型。使用 CREATE TABLE 语句能创建表，使用 SHOW TABLES 语句可以验证表是否创建成功，使用 DESC 语句可以查看表的详细信息、区分内部表和外部表，使用 CREATE TABLE LIKE 语句和 CTAS 语句也可以创建表。

3.1.1　Hive 中的数据类型

Hive 不仅支持关系型数据库中的大多数基本数据类型，还支持关系型数据库中使用频率较低的 3 种集合数据类型。

Hive 提供了多种长度的整数和浮点数类型、时间戳类型、日期类型、布尔类型、字符串类型和二进制数组类型等，如表 3-1 所示。

表 3-1　Hive 支持的基本数据类型

数据类型	描述	示例
TINYINT	1 字节有符号整数	20
SMALINT	2 字节有符号整数	20
INT/INTEGER	4 字节有符号整数	20
BIGINT	8 字节有符号整数	20
FLOAT	单精度浮点数	3.14159
DOUBLE	双精度浮点数	3.14159
DECIMAL	高精度浮点数	DECIMAL(10,6)，表示整数部分加小数部分的总长度为 10 位，小数部分为 6 位
TIMESTAMP	整数、浮点数或字符串	1327882394（UNIX 新纪元秒） 1327882394.123456789（UNIX 新纪元秒并跟随纳秒数） 2020-02-01 08:12:55.123456789（JDBC 兼容的 java.sql.Timestamp 时间格式）
DATE	以 年 - 月 - 日 形式描述的日期，格式为 YYYY-MM-DD	2022-01-01
INTERVAL	表示时间间隔	INTERVAL '2' DAY：表示间隔 2 天
STRING	字符序列，可以指定字符集。可以使用单引号或双引号	'now is the time'或"for all good men"
VARCHAR	变长字符串，字符串长度限制区间为 1～65355	VARCHAR(20)，当插入 5 个字符时，会占用 5 个字符位置
CHAR	定长字符串	CHAR(20)：当插入 5 个字符时，会占用 20 个字符位置，剩余的 15 个字符位置使用空格填充
BOOLEAN	布尔类型，TRUE 或 FALSE	TRUE
BINARY	字节数组	

Hive 提供了集合数据类型，包括 ARRAY、MAP 和 STRUCT 3 种类型，如表 3-2 所示。

数据仓库 Hive 应用实战

表 3-2　Hive 支持的集合数据类型

数据类型	描述	示例
ARRAY	ARRAY 是一组具有相同类型和名称的变量集合，这些变量称为数组元素，每个数组元素都有一个编号，并且编号从 0 开始。如果数组值为['John', 'Doe']，那么第 2 个元素可以通过"数组名[1]"来引用	ARRAY<STRING>：表示每个元素为 STRING 类型
MAP	MAP 是一组键-值对元组集合，使用数组表示法（如['key']）可以访问元素。如果某列的数据是 MAP，其中键-值对是'first'→'John'和'last'→'Doe'，那么可以通过"字段名['last']"获取最后一个元素	MAP<STRING, FLOAT>：表示每个元素中的键为 STRING 类型，值为 FLOAT 类型
STRUCT	与 C 语言中的 struct 或对象类似，可以通过"点"符号访问元素内容。例如，表中某字段的数据类型是 STRUCT<first STRING, last STRING>，那么第 1 个元素可以通过"字段名.first"来引用。需要注意的是，STRUCT 中一旦声明好结构，其位置就不可以改变	STRUCT<province:STRING, city:STRING>：表示每个元素中的第一顺序的 province 为 STRING 类型，第二顺序的 city 为 STRING 类型，并且两者的顺序不可改变

3.1.2　表的创建

Hive 中有内部表和外部表两种表类型。Hive 表类型决定了 Hive 是如何加载、存储和控制数据的。

1. 表类型

内部表，又称为管理表，能控制数据的生命周期。也就是说，当删除内部表时，Hive 也将删除文件系统中此表的底层数据。Hive 中的数据和元数据各自独立存储，因此底层数据通常被 pig 或其他工具共同使用。在 Hadoop 中不常使用内部表。

在下列几种情况下推荐使用内部表。

- 数据是临时存储的。

- 访问数据的唯一方式是通过 Hive，并且需要用 Hive 来完全管理表和数据的生命周期。

外部表不能控制数据的生命周期。也就是说，当删除外部表时，Hive 不会删除文件系统中此表的底层数据。通常，底层数据被用于多个用例，即使未被用于多个用例，也不应该在删除表定义时删除底层数据，因此，外部表是 Hadoop 所有生产部署中推荐使用的表类型。

在下列几种情况下推荐使用外部表。

- 只删除表定义，不删除底层数据。

- 数据存储在文件系统中而不是存储在 HDFS 中，并且有多个集群访问这些数据，需要使用自定义位置存储表数据。

- 不需要基于另一个表来创建目标表（CREATE TABLE AS SELECT）。

- 数据将被多个处理引擎访问。例如，既可能使用 Hive 来读取表，又可能在 Spark 程序中使用该表。

- 在同一数据集上创建多个表定义。当有多个表定义时，在删除其中一个表定义时不应该删除底层数据，此时外部表很重要。

058

在上述几种情况下，使用外部表既不需要具有数据的所有权，又能对数据执行分析和查询操作。

2. 创建表

在 Hive 中创建表的基本语法格式如下所示。

```
CREATE [EXTERNAL] TABLE [IF NOT EXISTS] [db_name.]table_name(
    col_name data_type [COMMENT col_comment],   ...)
[COMMENT table_comment]
[PARTITIONED BY (col_name data_type [COMMENT col_comment],   ...)]
[CLUSTERED BY (col_name, col_name, ...) [SORTED BY (col_name [ASC|DESC], …)] INTO num_buckets
BUCKETS]
[ROW FORMAT row_format]
[STORED AS file_format]
[TBLPROPERTIYES (property_name=property_value, ...)]
[LOCATION hdfs_path];
```

其中，"[]"中的内容都是可选项。创建表语句的语法解释如表 3-3 所示。

表 3-3 创建表语句的语法解释

关键字	语法解释
CREATE	用于创建表
EXTERNAL	可选子句，用于指定该表是外部表
IF NOT EXISTS	可选子句，用于通知用户是否存在具有相同名称的表。当使用该子句时，如果存在相同名称的表，就忽略后面的语句，不再创建表；当不使用该子句时，如果存在相同名称的表，就抛出错误信息
COMMENT	可选子句，用于添加注释，根据所处的位置为不同的内容添加注释。例如，如果用在某个字段的后面，就是为该字段添加注释；如果用在整个字段定义的后面，就是为该表添加注释
PARTITIONED BY	可选子句，用于创建分区表。需要注意的是，分区的字段不可在普通字段中重复出现。分区表在实际工作中十分常见，公司所有的表一般都会以日期进行分区，以便提高查询效率
CLUSTERED BY	可选子句，用于 Hive 中的分桶操作
ROW FORMAT row_format	可选子句，用于指定数据切分格式。 row_format：DELIMITED [FIELDS TERMINATED BY char] [COLLECTION ITEMS TERMINATED BY char] [MAP KEYS TERMINATED BY char] [LINES TERMINATED BY char] 用法如下。 ● DELIMITED：分隔符设置开始语句。 ● [FIELDS TERMINATED BY char]：设置字段间分隔符。 ● [COLLECTION ITEMS TERMINATED BY char]：设置集合类型字段的各 item 之间的分隔符。 ● [MAP KEYS TERMINATED BY char]：设置 MAP 集合类型字段的 key 和 value 之间的分隔符。 ● [LINES TERMINATED BY char]：设置行与行之间的分隔符
STORED AS	可选子句，用于设定数据在 Hive 中的存储格式，一般不指定，直接使用默认的存储格式
TBLPROPERTIYES	可选子句，用于为表设置表层级的键-值对格式的表属性，键可以自定义
LOCATION	可选子句，用于指定表的数据文件存放的 HDFS 目录，不管是内部表还是外部表，都可以指定。如果不指定，那么表的数据文件存放在默认的仓库路径下

Hive 的 CREATE TABLE 语句与标准的 SQL 语句非常相似。但是，为了能管理大数据领域中各种类型的数据，CREATE TABLE 语句提供了各种各样的选项，以增加功能多样性。

微课

【例 3-1】在 studentdb 数据库中创建外部表学生表 student_external，表字段为 stid 和 stname（这两个字段均是 STRING 类型的），并添加表注释 "studentdb:a external table of student"。

```
CREATE EXTERNAL TABLE studentdb.student_external(
    stid STRING,
    stname STRING)
COMMENT "studentdb:a external table of student";
```

默认在当前活动数据库中创建了表。若需要在指定数据库中创建表，则需要先更改活动数据库，或者通过在表名之前添加"数据库名"前缀的方式直接在某数据库中创建表。

【例 3-2】 在 studentdb 数据库中创建内部表学生表 student_internal，表字段为 stid 和 stname（这两个字段均是 STRING 类型的），并添加表注释 "studentdb:a internal table of student"。

```
CREATE TABLE studentdb.student_internal(
    stid STRING,
    stname STRING)
comment "studentdb:a internal table of student";
```

【例 3-3】 查看 student.txt 文档，针对该文档在 studentdb 数据库中创建内部表 student。

在建表前需要先分析确定表字段的数据类型。在 student.txt 文档中，字段 stname、stid 和 class 分别表示学生的姓名、学号和班级，并且这 3 个字段都是 STRING 类型的。

roommate 字段保存的是所有室友的学号信息，数据类型可以定义为保存字符串值的数组 ARRAY。在 student.txt 文档中，可以认为 stid 是"主键"，因此，roommate 字段中的每个元素都将引用该表中的另一条记录，对于没有室友（居住在单间）的学生，roommate 字段对应的值就是空数组。在传统的模型中，可以用另一种方式来表示这种关系，也就是学生和宿舍号的对应关系。这里并非强调此模型对于 Hive 来说是最好的，主要是为了举例展示如何使用数组。

course_scores 字段保存的是每个学生每门课程的成绩，其数据类型可以定义为课程与分数一一对应的键-值对形式的 MAP，MAP 中的键是课程名，如"Hive"，键所对应的值则是该课程的成绩，如 98。在传统的数据模型中，课程名称的键通常在不同的表中，这些表在保存本门课程成绩的同时，会设置 stid 外键指向对应的学生记录。

address 字段保存的是每个学生的家庭的省市信息，其数据类型可以定义为能包含多个不同数据类型字段的 STRUCT。在 address 结构体中定义数据类型为 STRING 的 province 字段代表省份，定义数据类型为 STRING 的 city 字段表示城市。

student.txt 文档中各字段的数据类型如表 3-4 所示。

表 3-4　student.txt 文档中各字段的数据类型

字段名	数据类型	描述
stname	STRING	学生姓名
stid	STRING	学生学号
class	STRING	学生所在班级

字段名	数据类型	描述
roommate	ARRAY	学生的室友，使用 ARRAY 存储该学生的所有室友信息
course_scores	MAP	学生的课程成绩，使用键-值对元组的 MAP 数据类型保存学生各门课程的名称及对应成绩，MAP<STRING, FLOAT>，STRING 表示课程名称的数据类型，FLOAT 表示课程成绩的数据类型
address	STRUCT	学生家庭的省市信息，使用 STRUCT 结构体数据类型保存学生家庭的省和市信息，STRUCT<province:STRING, city:STRING>中的 province 表示省份，是 STRING 类型的，city 表示城市，是 STRING 类型的

在 studentdb 数据库中创建 student 表，代码如下所示。

```
CREATE TABLE studentdb.student(
    stname STRING COMMENT '姓名',
    stid STRING COMMENT '学号',
    class STRING COMMENT '班级',
    roommate ARRAY<STRING> COMMENT '室友',
    course_scores MAP<STRING,FLOAT> COMMENT '课程分数',
    address STRUCT<province:STRING,city:STRING> COMMENT '家庭住址')
ROW FORMAT DELIMITED
FIELDS TERMINATED BY '\t'
COLLECTION ITEMS TERMINATED BY ','
MAP KEYS TERMINATED BY ':'
LINES TERMINATED BY '\n'
STORED AS TEXTFILE
TBLPROPERTIES('skip.header.line.count'='1');
```

下面对创建表的代码进行解释。

- FIELDS TERMINATED BY '\t'语句：用于设置各字段之间的分隔符为"\t"。

- COLLECTION ITEMS TERMINATED BY ','语句：用于设置集合类型字段的各元素之间的分隔符为","。

- MAP KEYS TERMINATED BY ':'语句：用于设置 MAP 集合类型字段的键和值之间的分隔符为":"。

- LINES TERMINATED BY '\n'语句：用于设置行与行之间的分隔符为"\n"。

- STORED AS TEXTFILE 语句：用于设置数据在 Hive 中的存储格式为 TEXTFILE，此行也可以省略，因为 TEXTFILE 为默认的存储格式。

需要注意的是，在上述创建表的语句中，ROW FORMAT DELIMITED 必须在其他分隔设置之前，也就是在分隔符设置语句的最前面。LINES TERMINATED BY 必须在其他分隔设置之后，也就是在分隔符设置语句的最后面，否则会报错。

将 student.txt 文档上传到 student 表的 HDFS 存储目录/user/hive/warehouse/studentdb.db/student 下，并查看表中的数据。

```
dfs -put /home/hadoop/hivedata/student/student.txt /user/hive/warehouse/studentdb.db/student;
```

数据仓库 Hive 应用实战

查看 student 表中的数据，如图 3-1 所示。

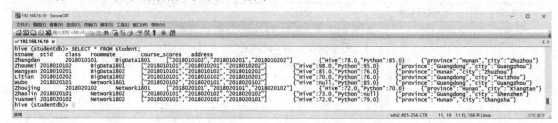

图 3-1　student 表中的数据

3.1.3　表的管理

1. 查看表

在 Hive 中查看表的基本语法格式如下所示。

`SHOW TABLES [IN database_name] [LIKE ...];`

【例 3-4】　筛选出 studentdb 数据库中所有表名包含"external"的表。

运行结果如图 3-2 所示。

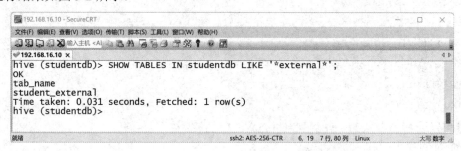

图 3-2　筛选出 studentdb 数据库中指定的表

2. 查看表结构

在 Hive 中查看表结构的基本语法格式如下所示。

`(DESCRIBE|DESC) [EXTENDED|FORMATTED] [db_name.]table_name;`

其中，"[]"中的内容都是可选项。查看表结构语句的语法解释如表 3-5 所示。

表 3-5　查看表结构语句的语法解释

关键字	语法解释
DESCRIBE	用于描述表
EXTENDED|FORMATTED	可选项，使用后会输出更详细的表结构信息。使用 FORMATTED 关键字比 EXTENDED 关键字输出的信息可读性更高
[db_name.]	可选项，若表在当前所处的工作数据库下，则可以省略；若需要查看其他数据库下的表结构，则需要通过这个前缀指定表所在的数据库

【例 3-5】　查看 studentdb 数据库中的 student 表的结构。

运行结果如图 3-3 所示。

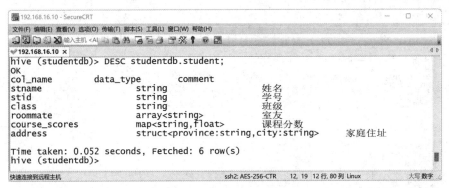

图 3-3　查看 student 表的结构

3.1.4　其他创建表的方式

1. CREATE TABLE LIKE 语句

在 Hive 中，创建一个数据结构和已存在的表一样的内部表，可以采用复制该表的数据结构而不复制数据的方式。如果想复制某个已有表的结构但不复制它的数据，那么可以使用 CREATE TABLE LIKE 语句，此时不会复制表的属性及注释。

需要注意的是，当通过复制表的数据结构创建新表时，如果语句中省略 EXTERNAL 关键字而使用 CREATE TABLE LIKE 语句，那么不论源表是外部表还是内部表，生成的新表都是内部表。但是，如果语句中包含 EXTERNAL 关键字，即使用 CREATE EXTERNAL TABLE LIKE 语句，那么不论源表是外部表还是内部表，生成的新表都是外部表。

按如下语句在 default 数据仓库中创建外部表 test_ex 和内部表 test_in，并使用 INSERT INTO 语句将简单数据插入表中。需要注意的是，Hive 中通常不使用 INSERT INTO 语句插入少量的数据，这里是为了给初学者示范。

创建外部表 test_ex 的代码如下所示。

```
CREATE EXTERNAL TABLE test_ex(name STRING COMMENT '城市名')
COMMENT '城市信息外部表'
TBLPROPERTIES('creator'='Miss Wang');
```

创建内部表 test_in 的代码如下所示。

```
CREATE TABLE test_in(name STRING COMMENT '城市名')
COMMENT '城市信息内部表'
TBLPROPERTIES('creator'='Miss Wang');
```

将数据插入外部表 test_ex 和内部表 test_in 中的代码如下所示。

```
INSERT INTO TABLE test_ex VALUES('长沙');
INSERT INTO TABLE test_in VALUES('北京');
```

【例 3-6】　使用 CREATE TABLE LIKE 语句复制外部表 test_ex，先重命名为 test_ex1，再查看 test_ex1 表的结构及数据。

```
hive (studentdb)> CREATE TABLE test_ex1 LIKE test_ex;
```

运行结果如图 3-4 所示。

```
192.168.16.10 - SecureCRT                                              —  □  ×
文件(F) 编辑(E) 查看(V) 选项(O) 传输(T) 脚本(S) 工具(L) 窗口(W) 帮助(H)
📁 📋 📋 📋 📋 输入主机 <Al ⬜ 📋 📋 📋 📋 📋 📋 📋 ❗ ⚙ 📋
✔ 192.168.16.10  ×                                                        ◀ ▶
hive (default)> DESC FORMATTED test_ex1;
OK
col_name         data_type        comment
# col_name               data_type               comment

name                     string                          城市名

# Detailed Table Information
Database:                default
Owner:                   hadoop
CreateTime:              Thu Oct 13 09:36:02 CST 2022
LastAccessTime:          UNKNOWN
Retention:               0
Location:                hdfs://hive:9000/user/hive/warehouse/test_ex1
Table Type:              MANAGED_TABLE
Table Parameters:
         COLUMN_STATS_ACCURATE    {\"BASIC_STATS\":\"true\"}
         numFiles                 0
         numRows                  0
         rawDataSize              0
         totalSize                0
         transient_lastDdlTime    1665624962

# Storage Information
SerDe Library:           org.apache.hadoop.hive.serde2.lazy.LazySimpleSerDe
InputFormat:             org.apache.hadoop.mapred.TextInputFormat
OutputFormat:            org.apache.hadoop.hive.ql.io.HiveIgnoreKeyTextOutputForm
at
Compressed:              No
Num Buckets:             -1
Bucket Columns:          []
Sort Columns:            []
Storage Desc Params:
         serialization.format     1
Time taken: 0.057 seconds, Fetched: 30 row(s)
hive (default)> SELECT * FROM test_ex1;
OK
name
Time taken: 0.086 seconds
就绪                                    ssh2: AES-256-CTR  39, 17  39 行, 80 列 Linux       大写 数字
```

图 3-4　查看 test_ex1 表的结构及数据

　　通过 DESC FORMATTED test_ex1 语句查看 test_ex1 表时发现，新表 test_ex1 为内部表，并且没有复制源表 test_ex 的表属性及表注释。通过 SELECT 语句显示新表 test_ex1 也没有复制源表 test_ex 中的数据。

　　【例 3-7】　使用 CREATE EXTERNAL TABLE LIKE 语句复制外部表 test_ex，先重命名为 test_ex2，再查看 test_ex2 表的结构及数据。

```
CREATE EXTERNAL TABLE test_ex2 LIKE test_ex;
DESC FORMATTED test_ex2;
```

　　通过 DESC FORMATTED test_ex2 语句查看 test_ex2 表时发现，新表 test_ex2 为外部表。

　　【例 3-8】　使用 CREATE TABLE LIKE 语句复制内部表 test_in，先重命名为 test_in1，再查看 test_in1 表的结构及数据。

```
CREATE TABLE test_in1 LIKE test_in;
DESC FORMATTED test_in1;
```

　　通过 DESC FORMATTED test_in1 语句查看 test_in1 表时发现，新表 test_in1 为内部表。

　　【例 3-9】　使用 CREATE EXTERNAL TABLE LIKE 语句复制内部表 test_in，先重命名为 test_in2，再查看 test_in2 表的结构及数据。

```
CREATE EXTERNAL TABLE test_in2 LIKE test_in;
DESC FORMATTED test_in2;
```

　　通过 DESC FORMATTED test_in2 语句查看 test_in2 表时发现，新表 test_in2 为外部表。

2．CTAS 语句

可以使用 CREATE TABLE table_name AS SELECT（简称 CTAS），利用 SELECT 结果集和查询输出模式创建内部表 table_name，并将查询结果填充到新表 table_name 中。还可以使用这个特性来抽取某个表的子集，并且以另一种格式将该子集保存到一个新表中。

需要注意的是，在 CTAS 中，Hive 对目标表的格式有一些限制，新的目标表不能是外部表、分区表或分桶表。CTAS 会将源表属性及属性值复制到新表中，并将源表的分区当作普通字段放在新表中，新表的存储格式会改为默认的 TEXTFILE 格式，同时将源表字段的注释删除。

关于使用 CTAS 语句建表的案例请参考 3.1.6 节和 3.3.4 节。

3.1.5 数据表属性

在创建表或使用 TBLPROPERTIES 子句更改表时，可以在表层级上指定一些属性。Hive 有预定义的表属性，通过这些属性可以在表层级上定义一些配置，以供 Hive 管理表时使用。也可以使用 TBLPROPERTIES 子句中的键-值对格式来定义自定义属性，以便存储表层级的元数据或有关表的额外信息。

Hive 内置的部分 TBLPROPERTIES 子句如下。

- TBLPROPERTIES ("hbase.table.name"="table_name")
- TBLPROPERTIES ("immutable"="TRUE") or ("immutable"="FALSE")
- TBLPROPERTIES ("orc.compress"="ZLIB") or ("orc.compress"="SNAPPY") or ("orc.compress" ="NONE")
- TBLPROPERTIES ("auto.purge"="TRUE") or ("auto.purge"="FALSE")
- TBLPROPERTIES ("EXTERNAL"="TRUE")
- TBLPROPERTIES ("skip.header.line.count"="1")

hbase.table.name：Hive 通过 storage handler（暂放）与各种工具联系起来，这是使用 Hive 接入 HBase 时设置的属性（暂放）。

immutable：顾名思义"不可变的"，当表的该属性为 TRUE 时，若表中无数据则可以插入数据；若表中已经有数据，则无法为其插入新行。不可变表用来防止意外更新，避免因脚本错误导致多次更新而没有报错。如果试图将数据插入一个不可更改的表中，那么会出现下述错误。

```
hive> INSERT INTO test1 VALUES ("Wuhan");
FAILED: SemanticException [Error 10256]: Inserting into a non-empty immutable table is not allowed test1
```

orc.compress：指定 orc 存储所采用的压缩算法，默认为 ZLIB。

auto.purge：当设置为 TRUE 时，删除或覆盖的数据不经过回收站，直接被删除。一旦配置了此属性，就会影响 DROP TABLE、DROP PARTITIONS、TRUNCATE TABLE、INSERT OVERWRITE 操作。

EXTERNAL：通过修改此属性实现内部表和外部表的转化，当值为 TRUE 时实现内部表转换为外部表，当值为 FALSE 时实现外部表转换为内部表。

skip.header.line.count：对于 Hive 中的外部表来说是最重要的属性之一。在大多数生产环境中，该属性都用得非常频繁。在处理真实数据时就会发现，数据文件中的标题行永远都令人头痛。一旦使用该属性，就可以跳过底层数据文件指定的标题行数。

【例 3-10】 将 hunan_city_header.txt 文件到上传 HDFS 的/user/test/city_header 目录下，在 default 数据仓库中创建外部表 city_no_header 的存储位置为/user/test/city_header，并利用 skip.header.1ine.count 属性去除标题行，最后查看外部表 city_no_header 中的数据。

第 1 步：将 hunan_city_header.txt 文件上传到 HDFS 指定的目录下，并查看该文件。

```
dfs -mkdir -p /user/test/city_header;
dfs -put /home/hadoop/hivedata/city/hunan_city_header.txt /user/test/city_header;
dfs -cat /user/test/city_header/hunan_city_header.txt;
```

通过 cat 查看到该数据中的前两行为标题行。

第 2 步：创建一个 skip. header.1ine.count 属性的值为 2，且存储位置为/user/test/city_header/ 的外部表 city_no_header，并查询表中的数据。

```
CREATE EXTERNAL TABLE city_no_header(city_name STRING)
LOCATION "/user/test/city_header/"
TBLPROPERTIES("skip.header.line.count"="2");
```

查看外部表 city_no_header 中的数据，如图 3-5 所示。

图 3-5　查看外部表 city_no_header 中的数据

可以看出，由于 skip.header.1ine.count 属性的值为 2，因此跳过底层数据文件的前两行标题，如果没有该属性，那么 Hive 会将前两行标题解释为常规字符串，并且在 SELECT 的输出中显示。

【例 3-11】 将例 3-10 中的外部表 city_no_header 转换为内部表。

```
ALTER TABLE city_no_header SET TBLPROPERTIES("EXTERNAL"="false");
DESC FORMATTED city_no_header;
```

3.1.6　数据表存储格式

在 Hive 中，表的默认存储格式是文本文件（TEXTFILE），默认的分隔符是不可见字符。但用户在创建表时可以通过可选项 STORED AS 显式指定存储格式，通过 ROW FORMAT 子句指定各种各样的分隔符。

用户可以将 TEXTFILE 替换为其他 Hive 所支持的内置文件格式，如 SEQUENCEFILE

和 RCFILE，这两种文件格式专门针对 Hive 进行优化，都使用二进制编码和压缩来优化磁盘空间的使用及 I/O 带宽性能，以提高查询的总体性能。

Hive 在创建表时默认存储格式为 TEXTFILE，或者自定义为 STORED AS TEXTFILE。

Hive 是文本批处理系统，不要求将数据源转换成特定的格式，因此导入 Hive 数据源存储格式有多种，如二进制格式、普通文本格式等。Hive 使用 Hadoop 自身的 InputFormat API 从不同的数据源中读取数据，使用 OutputFormat API 将数据写成不同格式，所以对于不同数据源或使用不同格式需要对应不同的 InputFormat 和 OutputFormat 来实现。

在"大数据商业智能选址"项目中，由于源数据均为文本文件格式，因此运营层数据以 TEXTFILE 格式存储，仓库层数据将运营层数据通过 INSERT INTO TABLE tablename SELECT 方式导入，并转换为 RCFILE 格式，因此仓库层数据以 RCFILE 格式存储。TEXTFILE 格式和 RCFILE 格式的区别如表 3-6 所示。

表 3-6　TEXTFILE 格式和 RCFILE 格式的区别

文件存储格式	TEXTFILE	RCFILE
文件存储编码	以文本格式存储。 dfs fs -cat 或下载后可直接查看	以二进制格式存储，支持压缩。数据下载后不可直接可视化
建表定义语句	（1）不需要指定，为默认存储格式。 （2）显式指定方式 1：STORED AS TEXTFILE。 （3）显式指定方式 2：STORED AS INPUTFORMAT 'org.apache.hadoop.mapred.TextInputFormat' OUTPUTFORMAT 'org.apache.hadoop.hive.ql.io.HiveIgnoreKeyTextOutputFormat'	（1）显式指定方式 1：STORED AS RCFILE。 （2）显式指定方式 2：STORED AS INPUTFORMAT 'org.apache.hadoop.hive.ql.io.RCFileInputFormat' OUTPUTFORMAT 'org.apache.hadoop.hive.ql.io.RCFileOutputFormat'
优点	行存储使用 TEXTFILE 存储文件，默认每行就是一条记录。 可以使用任意分隔符进行分隔	行列混合的存储格式，基于列存储。 因为基于列存储，列值重复多，所以压缩效率高，磁盘存储空间小，输入/输出小
缺点	无压缩，所以存储空间大。可以结合 gzip、bzip2、Snappy 等使用（系统自动检查，执行查询时自动解压缩）。当使用这种方式时，Hive 不会对数据进行切分，也就无法对数据执行并行操作	

【例 3-12】 使用 CTAS 语句将 studentdb 数据库中的 student 表的查询结果用来创建 student_rc 表，并存储为 RCFILE 格式。

创建表的代码如下所示。

```
CREATE TABLE student_rc
STORED AS RCFILE
AS SELECT * FROM student;
```

通过 DESC FORMATTED student_rc;能查到表的 InputFormat 信息为 org.apache.hadoop.hive.ql.io.RCFileInputFormat，OutputFormat 信息为 org.apache.hadoop.hive.ql.io.RCFileOutputFormat。

 任务实施

"大数据商业智能选址"项目的数据库共分为 2 层，分别为数据运营层和数据仓库层。

在数据运营层需要创建 9 个表，分别为基站常住人口表、基站流动人口表、消费信息表、银行 App 明细表、基站对应行业信息表、基站信息明细表、基站分数表、行业信息码表和行业信息明细表。在数据仓库层需要创建 3 个表，分别为基站指标汇总表、基站基础属性汇总表和行业信息分类表。

3.1.7 构建"大数据商业智能选址"项目的逻辑模型

1. 构建 ods_site 数据仓库的逻辑模型

由图 2-5 可知，运营层的 ods_site 数据仓库由 9 个基础数据表组成，各数据表中的字段如表 3-7～表 3-15 所示。

表 3-7 基站常住人口表 ods_resident_pop

字段名称	字段类型	描述
bts_id	STRING	基站编码
resident_num	INT	常住人口数
month	STRING	按月分区

表 3-8 基站流动人口表 ods_floating_pop

字段名称	字段类型	描述
bts_id	STRING	基站编码
floating_num	INT	流动人口数
month	STRING	按月分区

表 3-9 消费信息表 ods_consumption

字段名称	字段类型	描述
bts_id	STRING	基站编码
high_num	INT	高消费人口数量
mid_num	INT	中消费人口数量
low_num	INT	低消费人口数量
month	STRING	按月分区

表 3-10 银行 App 明细表 ods_bank_app

字段名称	字段类型	描述
bts_id	STRING	基站编码
resident_app_num	INT	常住人口使用 App 数量
floating_app_num	INT	流动人口使用 App 数量
month	STRING	按月分区

表 3-11 基站对应行业信息表 ods_bts_industry

字段名称	字段类型	描述
bts_id	STRING	基站编码
category_code	STRING	行业分类编码
num	INT	行业数量

表 3-12   基站信息明细表 ods_bts_info

字段名称	字段类型	描述
city_code	STRING	归属地市编码
city_name	STRING	归属地市
district_code	STRING	归属区县编码
district_name	STRING	归属区县
bts_id	STRING	基站编码
enodebid	STRING	基站名称
lac	STRING	位置区编码
tac	STRING	位置区编码 4G
longitude	DECIMAL(10,6)	经度
latitude	DECIMAL(10,6)	纬度
bts_type	STRING	基站类型编码
bts_type_name	STRING	基站类型名称（如 2G、3G 和 4G 等）
is_highrail	STRING	高铁标识
is_park	STRING	公园标识
area_type	STRING	区域类型

表 3-13   基站分数表 ods_bts_score

字段名称	字段类型	描述
bts_id	STRING	基站编码
bts_score	STRING	基站分数

表 3-14   行业信息码表 ods_code_industry_category

字段名称	字段类型	描述
category_code	STRING	行业大类编码
category_name	STRING	行业大类名称
sub_category_code	STRING	行业小类编码
sub_category_name	STRING	行业小类名称

表 3-15   行业信息明细表 ods_industry_info

字段名称	字段类型	描述
sub_category_code	STRING	行业小类编码
sub_category_name	STRING	行业小类名称
name	STRING	名称
address	STRING	地址
longitude	DECIMAL(10,6)	经度
latitude	DECIMAL(10,6)	纬度

　　根据"大数据商业智能选址"项目的基础数据信息，规划 ods_site 数据仓库中 9 个基础数据表对应的源数据文件，如表 3-16 所示。

表 3-16　ods_site 数据仓库中 9 个基础数据表对应的源数据文件

基础数据表	源数据文件	文件内容	备注
ods_resident_pop	resident_pop.txt	基站常住人口	分区表
ods_floating_pop	floating_pop.txt	基站流动人口	分区表
ods_consumption	consumption.txt	消费信息	分区表
ods_bank_app	bank_app.txt	银行 App 明细	分区表
ods_bts_industry	bts_industry.txt	基站对应的行业信息	
ods_bts_info	bts_info.txt	基站明细信息	
ods_bts_score	bts_score.txt	基站分数	
ods_code_industry_category	code_industry_category.txt	行业信息码表	
ods_industry_info	industry_info.txt	行业信息明细	

2. 构建 dwd_site 数据仓库的逻辑模型

由图 2-5 可知，仓库层的 dwd_site 数据仓库由 3 个数据表组成，各数据表中的字段如表 3-17～表 3-19 所示。

表 3-17　基站指标汇总表 dwd_bts_factor

字段名称	字段类型	描述
bts_id	STRING	基站编码
floating_app_num	INT	流动人口使用 App 数量
resident_app_num	INT	常住人口使用 App 数量
resident_num	INT	常住人口
floating_num	INT	流动人口
high_num	INT	流动人口高消费
mid_num	INT	流动人口中消费
low_num	INT	流动人口低消费
commercial_num	INT	商业消费
catering_num	INT	餐饮
bank_num	INT	银行
hotel_num	INT	酒店宾馆
life_convenient_num	INT	生活便捷
traffic_convenient_num	INT	交通便捷
gov_num	INT	大学/政府
five_bank_num	INT	五大银行数据量
other_bank_num	INT	其他银行数据量

表 3-18　基站基础属性汇总表 dwd_bts_info

字段名称	字段类型	描述
city_code	STRING	归属地市编码
city_name	STRING	归属地市
district_code	STRING	归属区县编码
district_name	STRING	归属区县
bts_id	STRING	基站编码

续表

字段名称	字段类型	描述
enodebid	STRING	基站名称
longitude	DECIMAL(10,6)	经度
latitude	DECIMAL(10,6)	纬度
lac	STRING	位置区编码
tac	STRING	位置区编码 4G
Area_type	STRING	区域类型
bts_type	STRING	基站类型编码
bts_type_name	STRING	基站类型名称
bts_score	STRING	基站分数
is_highrail	STRING	高铁标识
is_park	STRING	公园标识

表 3-19　行业信息分类表 dwd_industry_category

字段名称	字段类型	描述
category_code	STRING	行业大类编码
category_name	STRING	行业大类名称
sub_category_code	STRING	行业小类编码
sub_category_name	STRING	行业小类名称
name	STRING	名称
address	STRING	地址
longitude	DECIMAL(10,6)	经度
latitude	DECIMAL(10,6)	纬度

dwd_site 数据仓库中 3 个数据表对应的源数据文件如表 3-20 所示。

表 3-20　dwd_site 数据仓库中 3 个数据表对应的源数据文件

数据表	文件内容
dwd_bts_factor	基站指标汇总
dwd_bts_info	基站基础属性汇总
dwd_industry_category	行业信息分类

3.1.8　创建"大数据商业智能选址"项目的 ods_site 数据仓库的非分区表

创建 ods_site 数据仓库的非分区表，即基站对应行业信息表 ods_bts_industry、基站信息明细表 ods_bts_info、基站分数表 ods_bts_score、行业信息码表 ods_code_industry_category 和行业信息明细表 ods_industry_info。

1. 设置 COMMENT 字符编码

在创建表时，COMMENT 字段包含中文。在表创建成功后，使用 DESC 语句查看时 COMMENT 字段的中文说明会显示乱码，因此需要修改元数据库的相关表中字段的字符编码。Hive 的元数据库由 MySQL 管理，登录 MySQL，对元数据库 hivedb 中的相关表做字符编码修改。

元数据库 hivedb 中的 COLUMNS_V2 表用于存储各表的 COMMENT 字段的元数据信息，COLUMNS_V2 表中的 COMMENT 字段用于存储各表的 COMMENT 内容，为了使各表字段的 COMMENT 内容不出现乱码，需要修改 COLUMNS_V2 表的 COMMENT 字段的字符编码。

```
MariaDB [hivedb]> ALTER TABLE COLUMNS_V2 modify column COMMENT VARCHAR(256) character set utf8;
```

元数据库 hivedb 中的 TABLE_PARAMS 表用于存储表和视图的属性信息，表的 COMMENT 内容存储在 TABLE_PARAMS 表的 PARAM_VALUE 字段中。为了使表的 COMMENT 内容不出现乱码，需要修改 TABLE_PARAMS 表的 PARAM_VALUE 字段的字符编码。

修改元数据库 hivedb 中的 TABLE_PARAMS 表的 PARAM_VALUE 字段的字符编码。

```
MariaDB [hivedb]> ALTER TABLE TABLE_PARAMS modify column PARAM_VALUE VARCHAR(4000) character set utf8;
```

2. 处理 NULL 值

Hive 表的存储格式为 FILE 类型，如 TEXTFILE、RCFILE 等，此时 HDFS 会把 NULL 值存储为'\N'，这会浪费大量空间。

Hive 对表执行 PUT 和 LOAD 数据操作时，不支持数据类型的校验，只是简单地转移数据，所以速度很快。当使用 INSERT INTO TABLE SELECT...方式向表中插入数据，并且表的存储格式为 FILE 类型（如 TEXTFILE、RCFILE）时，会对字段类型进行模式匹配。对于类型异常的数据，会在表中插入 NULL 值，在 HDFS 中存储为'\N'，这会浪费大量空间，因此在建表时通过语句 NULL DEFINED AS ''设置 NULL 为空串。

3. 创建非分区表

在创建表时表字段分隔符统一为'\u0001'。

根据表 3-11 中的字段定义信息，创建基站对应行业信息表 ods_bts_industry，代码如下所示。

```
CREATE TABLE ods_site.ods_bts_industry(
    bts_id STRING COMMENT '基站编码',
    category_code STRING COMMENT '行业分类编码',
    num INT COMMENT '行业数量')
COMMENT '基站对应行业信息表'
ROW FORMAT DELIMITED FIELDS TERMINATED BY '\u0001' NULL DEFINED AS ''
STORED AS TEXTFILE;
```

根据表 3-12 中的字段定义信息，创建基站信息明细表 ods_bts_info，代码如下所示。

```
CREATE TABLE ods_site.ods_bts_info(
    city_code STRING COMMENT '归属地市编码',
    city_name STRING COMMENT '归属地市',
    district_code STRING COMMENT '归属区县编码',
    district_name STRING COMMENT '归属区县',
    bts_id STRING COMMENT '基站编码',
    enodebid STRING COMMENT '基站名称',
```

```
        lac STRING COMMENT '位置区编码',
        tac STRING COMMENT '位置区编码 4G',
        longitude DECIMAL(10,6) COMMENT '经度',
        latitude DECIMAL(10,6) COMMENT '纬度',
        bts_type STRING COMMENT '基站类型编码',
        bts_type_name STRING COMMENT '基站类型名称',
        is_highrail STRING COMMENT '高铁标识',
        is_park STRING COMMENT '公园标识',
        area_type STRING COMMENT '区域类型')
COMMENT '基站信息明细表'
ROW FORMAT DELIMITED FIELDS TERMINATED BY '\u0001' NULL DEFINED AS ''
STORED AS TEXTFILE;
```

根据表 3-13 中的字段定义信息，创建基站分数表 ods_bts_score，代码如下所示。

```
CREATE TABLE ods_site.ods_bts_score(
        bts_id STRING COMMENT '基站编码',
        bts_score STRING COMMENT '基站分数')
COMMENT '基站分数表'
ROW FORMAT DELIMITED FIELDS TERMINATED BY '\u0001' NULL DEFINED AS ''
STORED AS TEXTFILE;
```

根据表 3-14 中的字段定义信息，创建行业信息码表 ods_code_industry_category，代码如下所示。

```
CREATE TABLE ods_site.ods_code_industry_category(
        category_code STRING COMMENT '行业大类编码',
        category_name STRING COMMENT '行业大类名称',
        sub_category_code STRING COMMENT '行业小类编码',
        sub_category_name STRING COMMENT '行业小类名称')
COMMENT '行业信息码表'
ROW FORMAT DELIMITED FIELDS TERMINATED BY '\u0001' NULL DEFINED AS ''
STORED AS TEXTFILE;
```

根据表 3-15 中的字段定义信息，创建行业信息明细表 ods_industry_info，代码如下所示。

```
CREATE TABLE ods_site.ods_industry_info(
        sub_category_code STRING COMMENT '行业小类编码',
        sub_category_name STRING COMMENT '行业小类名称',
        name STRING COMMENT '名称',
        address STRING COMMENT '地址',
        longitude DECIMAL(10,6) COMMENT '经度',
        latitude DECIMAL(10,6) COMMENT '纬度')
COMMENT '行业信息明细表'
ROW FORMAT DELIMITED FIELDS TERMINATED BY '\u0001' NULL DEFINED AS ''
STORED AS TEXTFILE;
```

查看 ods_site 数据仓库中的所有表，如图 3-6 所示。

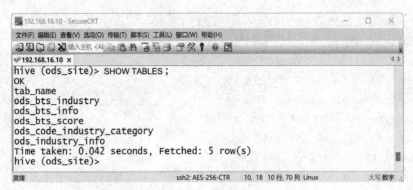

图 3-6　查看 ods_site 数据仓库中的所有表

至此，运营层的 5 个非分区表已经创建完成。

4．查看数据表信息

可以使用以下 3 种方式查看基站对应行业信息表 ods_bts_industry 的表结构。

方式 1：DESC table_name，如图 3-7 所示。

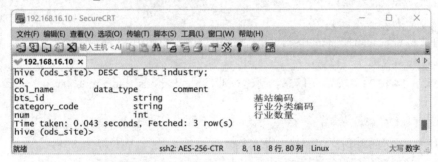

图 3-7　采用 DESC 方式查看表结构

方式 2：DESC EXTENDED table_name，如图 3-8 所示。

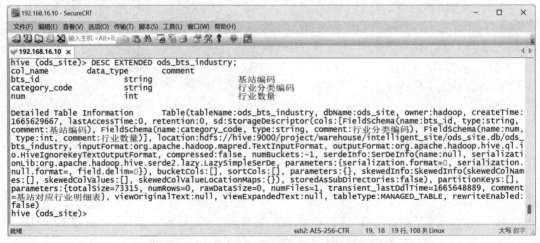

图 3-8　采用 DESC EXTENDED 方式查看表结构

方式 3：DESC FORMATTED table_name，如图 3-9 所示。

图 3-9　采用 DESC FORMATTED 方式查看表结构

综上可知，DESC 方式最简洁，但是只能获取到表的字段信息；采用 DESC EXTENDED 方式能获取更多表结构信息，但是信息可读性比较差；采用 DESC FORMATTED 方式能获得丰富的信息且可读性高，因此也是最常用的查看表结构的方式。

表结构信息 Location: hdfs://hive:9000/project/warehouse/intelligent_site/ods_site.db/ods_bts_industry 表明，当创建基站对应行业信息表 ods_bts_industry 时，会在其数据仓库对应的 HDFS 存储目录下生成以 table_name 命名的表存储目录，该目录用于存储此表的数据文件。

3.1.9　创建"大数据商业智能选址"项目的 dwd_site 数据仓库中的表

创建 dwd_site 数据仓库的基站指标汇总表 dwd_bts_factor、基站基础属性汇总表 dwd_bts_info 和行业信息分类表 dwd_industry_category。

根据表 3-17 中的字段定义信息，创建基站指标汇总表 dwd_bts_factor，代码如下所示。

```
CREATE TABLE dwd_site.dwd_bts_factor(
    bts_id STRING COMMENT '基站编码',
    floating_app_num INT COMMENT '流动人口使用 App 数量',
    resident_app_num INT COMMENT '常住人口使用 App 数量',
    resident_num INT COMMENT '常住人口',
    floating_num INT COMMENT '流动人口',
    high_num INT COMMENT '流动人口高消费',
    mid_num INT COMMENT '流动人口中消费',
```

```
        low_num INT COMMENT '流动人口低消费',
        commercial_num INT COMMENT '商业消费',
        catering_num INT COMMENT '餐饮',
        bank_num INT COMMENT '银行',
        hotel_num INT COMMENT '酒店宾馆',
        life_convenient_num INT COMMENT '生活便捷',
        traffic_convenient_num INT COMMENT '交通便捷',
        gov_num INT COMMENT '大学/政府',
        five_bank_num INT COMMENT '五大银行数据量',
        other_bank_num INT COMMENT '其他银行数据量')
COMMENT '基站指标汇总表'
ROW FORMAT DELIMITED FIELDS TERMINATED BY '\u0001' NULL DEFINED AS ''
STORED AS RCFILE;
```

根据表 3-18 中的字段定义信息，创建基站基础属性汇总表 dwd_bts_info，代码如下所示。

```
CREATE TABLE dwd_site.dwd_bts_info(
        city_code STRING COMMENT '归属地市编码',
        city_name STRING COMMENT '归属地市',
        district_code STRING COMMENT '归属区县编码',
        district_name STRING COMMENT '归属区县',
        bts_id STRING COMMENT '基站编码',
        enodebid STRING COMMENT '基站名称',
        longitude DECIMAL(10,6) COMMENT '经度',
        latitude DECIMAL(10,6) COMMENT '纬度',
        lac STRING COMMENT '位置区编码',
        tac STRING COMMENT '位置区编码 4G',
        Area_type STRING COMMENT '区域类型',
        bts_type STRING COMMENT '基站类型编码',
        bts_type_name STRING COMMENT '基站类型名称',
        bts_score STRING COMMENT '基站分数',
        is_highrail STRING COMMENT '高铁标识',
        is_park STRING COMMENT '公园标识')
COMMENT '基站基础属性汇总表'
ROW FORMAT DELIMITED FIELDS TERMINATED BY '\u0001' NULL DEFINED AS ''
STORED AS RCFILE;
```

根据表 3-19 中的字段定义信息，创建行业信息分类表 dwd_industry_category，代码如下所示。

```
CREATE TABLE dwd_site.dwd_industry_category(
        category_code STRING COMMENT '行业大类编码',
        category_name STRING COMMENT '行业大类名称',
        sub_category_code STRING COMMENT '行业小类编码',
        sub_category_name STRING COMMENT '行业小类名称',
        name STRING COMMENT '名称',
        address STRING COMMENT '地址',
        longitude DECIMAL(10,6) COMMENT '经度',
```

latitude DECIMAL(10,6) COMMENT '纬度')
COMMENT '行业信息分类表'
ROW FORMAT DELIMITED FIELDS TERMINATED BY '\u0001' NULL DEFINED AS ''
STORED AS RCFILE;

查看 dwd_site 数据仓库中的所有表，如图 3-10 所示。

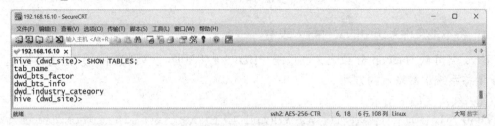

图 3-10　查看 dwd_site 数据仓库中的所有表

任务小结

通过学习本任务，读者能使用多种 HiveQL 语句灵活创建非分区表，完成操作 HDFS 中大数据的重要步骤。需要注意的是，必须根据实际数据格式建表，处理好实际数据中出现的 NULL 值及中英文字符，区分好内部表和外部表。通过本模块的"实践创新"部分深入研读附录 C 和附录 D，在分析实际数据格式后创建"大数据智慧旅游"表，由此读者可以在独立实践探索中创新并磨炼出精益求精的技能。

任务 3.2　导入数据到表中

任务分析

前面根据实际的数据格式分析结果创建了非分区表，并且每个表都对应一个 HDFS 目录，当前表目录均为空，此时需要将实际业务数据导入相应表中，即将数据存储到每个表所对应的 HDFS 目录中。

本任务以"学生信息系统"项目和"大数据商业智能选址"项目为实操载体，帮助读者完成使用多种方式灵活将实际业务数据导入相应表中的学习目标。

技术准备

虽然前面已经创建并完善好数据表，但它们只是空表没有数据。Hive 支持行级别的数据插入、更新和删除操作，但常见的在表中装载数据的方式是将文件写入表对应的存储目录下，Hive 环境可以接受任何可用分隔符结构化的数据。Hive 中有多种将数据导入表中的方式。要将数据装载到表中，需要待装载数据的来源和用于装载数据的目标表两个组件。

需要注意的是，Hive 在将数据装载到表中时并没有执行转换操作，仅对数据执行迁移/复制操作。

3.2.1 使用 LOAD DATA 语句导入数据

1. 将本地文件系统中的文件导入表中

Hive 支持从 Hadoop 分布式文件系统（HDFS）将数据迁移到表中，这是将数据迁移到 Hive 生态系统中最基本的方法。

其语法格式如下所示。

LOAD DATA [LOCAL] INPATH "filepath" [OVERWRITE] INTO TABLE tablename [PARTITION (partcol1=val1, [partcol2=val2 ...)])]

其中，"[]"中的内容都是可选项。将数据装载到表中的语法解释如表 3-21 所示。

表 3-21　将数据装载到表中的语法解释

关键字	语法解释
LOAD DATA	向 Hive 中装载数据的关键字
LOCAL	可选项。若包含该关键字，则支持用户从其指定的"filepath"本地文件将数据复制到 HDFS 的目标位置；若省略该关键字，则从指定 HDFS 的"filepath"将数据迁移到目标位置，即在 Hadoop 的配置变量 fs.default.name 中设定路径加载文件
INPATH "filepath"	若使用 LOCAL，则路径为本地文件系统，即 file:/// user/hive/example；若省略 LOCAL，则路径为分布式文件系统，即 hdfs: //namenode:9000/user/hive/ example
OVERWRITE	若使用 OVERWRITE，则支持用户将数据装载到一个已建好的表中，并且替换原来的数据；若省略 OVERWRITE，则支持用户将数据装载到一个已建好的表中，并且将新数据追加到原来的数据后面
INTO TABLE tablename	tablename 是 Hive 中已经存在的表的名称
[PARTITION (partcol1=val1, [partcol2=val2 ...)])]	可选项，用于将文件中的数据加载到分区表的指定分区中，其中 partcol1 表示分区字段，val1 表示分区字段的值

Hive 支持从本地文件系统将数据复制到表中。

【例 3-13】　分析存储在本地文件系统/home/hadoop/hivedata/student 的 phy_course_part_1.txt 文件中的数据，在 studentdb 数据库中为数据创建外部表 phy_course_local，并将该数据装载到外部表 phy_course_local 中。

分析 phy_course_part_1.txt 文件中的数据，在 studentdb 数据库中创建外部表 phy_course_local，将本地文件系统文件 phy_course_part_1.txt 装载到外部表 phy_course_local 中。

第 1 步：创建表。

```
CREATE TABLE studentdb.phy_course_local(
    stname STRING COMMENT '姓名',
    stid STRING COMMENT '学号',
    class STRING COMMENT '班级',
    opt_cour STRING COMMENT '选修课程')
ROW FORMAT DELIMITED FIELDS TERMINATED BY '\t'
```

```
TBLPROPERTIES("skip.header.line.count"="1");
```

第 2 步：将数据导入表中。

```
LOAD DATA LOCAL INPATH "file:///home/hadoop/hivedata/student/phy_course_part_1.txt" INTO TABLE
phy_course_local;
```

验证文件中的所有数据是否都已经导入，如图 3-11 所示。

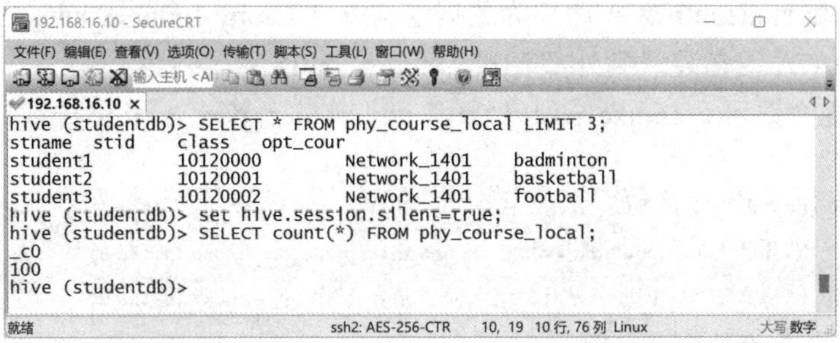

图 3-11　查看外部表 phy_course_local 中的数据

需要注意的是，从本地将数据复制到 Hive 表中，数据在本地依然存在，并且会在表的存储目录下复制一份，如图 3-12 所示。

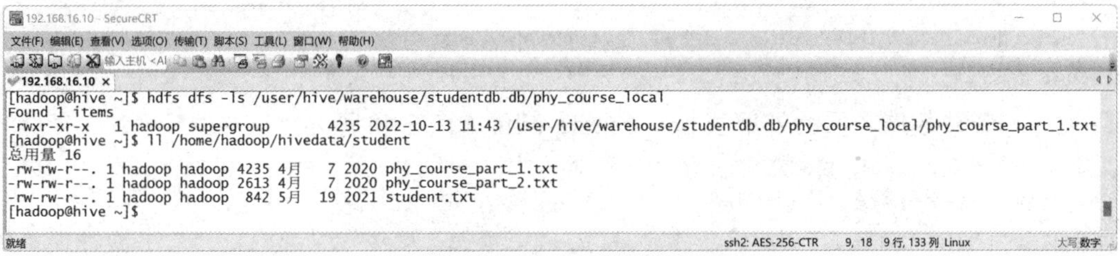

图 3-12　查看本地目录文件及表中文件

【例 3-14】　将本地文件系统/home/hadoop/hivedata/student 的 phy_course_part_2.txt 文件包含的数据覆盖装载到外部表 phy_course_local 中。

将数据覆盖装载到外部表 phy_course_local 中的代码如下所示。

```
LOAD DATA LOCAL INPATH "file:///home/hadoop/hivedata/student/phy_course_part_2.txt" OVERWRITE INTO
TABLE phy_course_local;
```

被覆盖装载数据之后的外部表 phy_course_local 如图 3-13 所示。

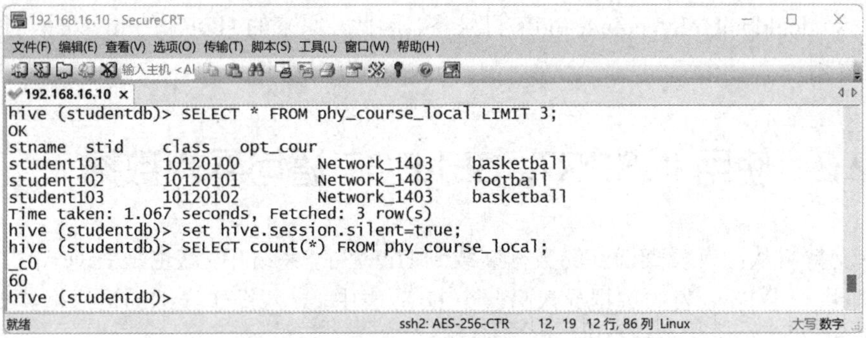

图 3-13　被覆盖装载数据之后的外部表 phy_course_local

由查询结果可知，由于采用 OVERWRITE 关键字覆盖装载数据到表中，因此原来表中的 100 个学生的信息会消失。

2. HDFS 的文件导入表中的方式

【例 3-15】 将存储在本地文件系统/home/hadoop/hivedata/student 中的文件 phy_course_part_1.txt 和 phy_course_part_2.txt 上传到 HDFS 的/hivedata 目录下，分析 phy_course_part.txt 文件中的数据，在 studentdb 数据库中为数据创建外部表 phy_course_hdfs，并将两个数据文件通过 LOAD DATA 语句装载到外部表 phy_course_hdfs 中。

首先，将本地文件 phy_course_part_1.txt 和 phy_course_part_2.txt 上传到 HDFS 的/hivedata 目录下。

```
hive (studentdb)> dfs -mkdir /hivedata;
hive (studentdb)> dfs -put /home/hadoop/hivedata/student/phy_course_part_1.txt /hivedata;
hive (studentdb)> dfs -put /home/hadoop/hivedata/student/phy_course_part_2.txt /hivedata;
```

然后，创建表并将数据装载到表中。

```
hive (studentdb)> CREATE EXTERNAL TABLE phy_course_hdfs LIKE phy_course_local;
hive (studentdb)> ALTER TABLE phy_course_hdfs SET TBLPROPERTIES('skip.header.line.count'='1');
hive (studentdb)> LOAD DATA INPATH "hdfs://hive:9000/hivedata/phy_course_part_1.txt" INTO TABLE phy_course_hdfs;
hive (studentdb)> LOAD DATA INPATH "hdfs://hive:9000/hivedata/phy_course_part_2.txt" INTO TABLE phy_course_hdfs;
```

被追加装载数据之后的外部表 phy_course_hdfs 如图 3-14 所示。

图 3-14 被追加装载数据之后的外部表 phy_course_hdfs

需要注意的是，原来 HDFS 的 /hivedata 目录下的 phy_course_part_1.txt 文件和 phy_course_part_2.txt 文件中的数据已被迁移到外部表 phy_course_hdfs 的 /user/hive/warehouse/studentdb.db/phy_course_hdfs 目录下，因此，原来的 HDFS 的/hivedata 目录下就不再有这份数据。

3.2.2 使用 INSERT...SELECT 语句导入数据

Hive 支持将从已有表查询到的数据装载到 Hive 生态系统中。这也是 Hive 导出数据的方式之一，即将一个 Hive 表的数据导入另一个 Hive 表中，导入操作详细的语法格式如下所示。

```
INSERT (OVERWRITE | INTO ) TABLE tablename
[PARTITION (partcol1[=val1], partcol2[=val2] ...)]
[IF NOT EXISTS]
```

```
SELECT select_fields FROM from_statement [WHERE expression];
```

INSERT...SELECT 语句中的关键字如表 3-22 所示。

表 3-22　INSERT...SELECT 语句中的关键字

关键字	语法解释
INSERT	用于将数据装载到 Hive 表中
OVERWRITE	直接重写数据,即先删除 Hive 表中的数据,再执行写入操作。需要注意的是,如果 Hive 表是分区表,那么 INSERT OVERWRITE 操作只会重写当前分区中的数据,不会重写其他分区中的数据
INTO	以追加的方式在 Hive 表的尾部追加数据
TABLE tablename	tablename 是 Hive 中已有的表名
IF NOT EXISTS	如果语句中包含 IF NOT EXISTS,那么 Hive 命令将在当前数据库中创建一个表;如果省略 IF NOT EXISTS,那么当该表不存在时将执行失败
SELECT select_fields FROM from_statement	可以是针对 Hive 生态系统的任何 SELECT 语句

【例 3-16】 创建 phy_course_basketball 表并存储 phy_course_hdfs 表中 Network_1401 班选修了"basketball"课程的学生信息。

第 1 步:创建 phy_course_basketball 表。

```
CREATE TABLE phy_course_basketball LIKE phy_course_hdfs;
```

第 2 步:为 phy_course_basketball 表添加属性'skip.header.line.count'='1'。

```
ALTER TABLE phy_course_basketball SET TBLPROPERTIES('skip.header.line.count'='1');
```

第 3 步:将数据导入 phy_course_basketball 表中。

```
INSERT INTO TABLE phy_course_basketball
SELECT * FROM phy_course_hdfs
WHERE class='Network_1401' and opt_cour='basketball';
```

phy_course_basketball 表中的数据如图 3-15 所示。

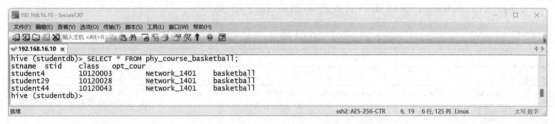

图 3-15　phy_course_basketball 表中的数据 1

上述查询结果显示,Network_1401 班选修了"basketball"课程的学生的数据成功导入 phy_course_basketball 表中。

【例 3-17】 查询 phy_course_hdfs 表中选修了"football"课程的学生数据,并以 OVERWRITE 方式装载到 phy_course_basketball 表中。

```
INSERT OVERWRITE TABLE phy_course_basketball
SELECT * FROM phy_course_hdfs
WHERE opt_cour='football';
```

查询 phy_course_basketball 表中的数据,结果如图 3-16 所示。

图 3-16　phy_course_basketball 表中的数据 2

上述查询结果显示，所有选修了"football"课程的学生数据已成功导入 phy_course_basketball 表中，该表中原来保存的 Network_1401 班选修了"basketball"课程的学生数据被覆盖。

3.2.3　使用 IMPORT 语句导入数据

Hive 支持使用 IMPORT 语句将文件中的数据导入表中或 HDFS 的指定目录下，语法格式如下。

```
IMPORT [[EXTERNAL] TABLE new_or_original_table_name [PARTITION (partcol1=val1, [partcol2=val2 ...])]
FROM 'source_path'
[LOCATION 'import_target_path']
```

IMPORT 语句的语法格式中的关键字如表 3-23 所示。

表 3-23　IMPORT 语句的语法格式中的关键字

关键字	语法解释
IMPORT	导入数据的关键字
[[EXTERNAL] TABLE new_or_original_tablename [PARTITION (partcol1=val1, [partcol2=val2 ...])]	可选项，表示数据导入的目标表
FROM 'source_path'	被导入的数据所在路径
[LOCATION 'import_target_path']	数据导入后保存的目标路径

需要注意的是，'source_path'必须为导入的数据文件所在的路径，而不是具体的文件。

3.2.4　使用 CTAS 语句导入数据

经常有这样的应用场景，一个宽表中有很多字段，但某业务功能需求只需要关注其中的部分字段数据。在 Hive 中，可以使用一条语句完成创建表并将查询结果导入这个表中的操作。其详细的语法格式如下所示。

```
CREATE TABLE table_name
AS SELECT select_fields FROM from_statement
```

```
[WHERE expression];
```

Hive 将其简称为 CTAS 语句，语法解释如表 3-24 所示。

表 3-24　CTAS 语句的语法解释

关键字	语法解释
CREATE TABLE	用于创建 Hive 表
table_name	新表表名，该表是预先不存在的
AS	CTAS 语句通过单个查询创建表并加载数据
SELECT select_fields FROM from_statement	可以是针对 Hive 生态系统的任何 SELECT 语句
WHERE expression	WHERE 可用于为不同的查询挑选特定列的值

需要注意的是，CTAS 语句导入数据的功能不能用于外部表。

【例 3-18】 查询 studentdb 数据库的 phy_course_hdfs 表中 opt_cour 字段为选修了 "swimming" 课程的学生的 stname、class 信息，并将查询结果导入新建的 phy_course_swimming 表中。

```
CREATE TABLE phy_course_swimming
AS SELECT stname,class FROM phy_course_hdfs
WHERE opt_cour = 'swimming';
```

查询 phy_course_swimming 表的结构及数据，结果如图 3-17 所示。

图 3-17　phy_course_swimming 表的结构及数据

使用 CREATE TABLE phy_course_swimming AS SELECT stname,class FROM phy_course_hdfs WHERE opt_cour='swimming';语句可以实现如下功能。

- 创建新表 phy_course_swimming，表中的字段由 AS 后面的查询语句指定的查询字段 stname 和 class 组成。

- 把 phy_course_hdfs 表中 opt_cour 字段的值是'swimming'的 stname 列和 class 列的数据 都导入新表 phy_course_swimming 中。

3.2.5　使用 INSERT INTO TABLE...VALUES 语句导入数据

Hive 支持用一系列静态值直接将数据装载到表中。其详细的语法格式如下所示。

```
INSERT INTO TABLE tablename
VALUES row_values[,row_values];
```

直接插入值的语法解释如表 3-25 所示。

表 3-25　直接插入值的语法解释

关键字	语法解释
INSERT	将数据装载到 Hive 表中
INTO	以追加的方式向 Hive 表的尾部追加数据
TABLE tablename	tablename 是 Hive 中已有的表名
VALUES row_values[,row_values]	row_values 是格式相同的记录

【例 3-19】　在 studentdb 数据库中创建 teacher 表，该表包括 teid 和 tename 两个字段，并且这两个字段均是 STRING 类型的。使用 INSERT 语句在 teacher 表中插入值('2018001','Mr. Wang')和('2018002','Mr. Cui')。

```
hive (studentdb)> CREATE TABLE teacher(teid STRING,tename STRING);
hive (studentdb)> INSERT INTO TABLE teacher VALUES('2018001','Mr. Wang'),('2018002','Mr. Cui');
```

查询 teacher 表中的数据，结果如图 3-18 所示。

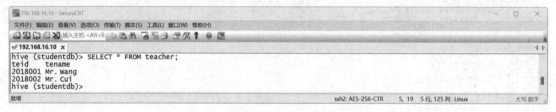

图 3-18　teacher 表中的数据

需要注意的是，在执行 INSERT 语句插入数据时，先创建临时表存储插入的数据，再把插入的数据复制到目标表中。例如，可以通过 SHOW TABLES 语句查询临时表 values_tmp_table_1 中存储的数据，该临时表只存放在缓存中，不在 HDFS 上。在重启客户端之后，临时表会消失。

任务实施

任务 3.1 已经为"大数据商业智能选址"项目的 ods_site 数据仓库创建了 5 个非分区表，为 dwd_site 数据仓库创建了 3 个非分区表，这几个表中均没有数据。根据表 3-16 将源数据导入 ods_site 数据仓库的对应的非分区表中，由于源数据文件是 TXT 格式的，因此使用 LOAD DATA 语句将各文本文件导入相应的 ods_site 数据仓库的表中。

3.2.6　将源数据导入"大数据商业智能选址"项目的 ods_site 数据仓库的非分区表中

将源数据文件 bts_industry.txt、bts_info.txt、bts_score.txt、code_industry_category.txt 和 industry_info.txt 依次导入对应表中。

1. 将源数据文件 bts_industry.txt 导入基站对应行业信息表 ods_bts_industry 中

将源数据文件 bts_industry.txt 导入基站对应行业信息表 ods_bts_industry 中，如下所示。

LOAD DATA LOCAL INPATH '/home/hadoop/hivedata/intelligent_site/bts_industry.txt' OVERWRITE INTO TABLE ods_site.ods_bts_industry;

查询基站对应行业信息表 ods_bts_industry 中的数据及行数，结果如图 3-19 所示。

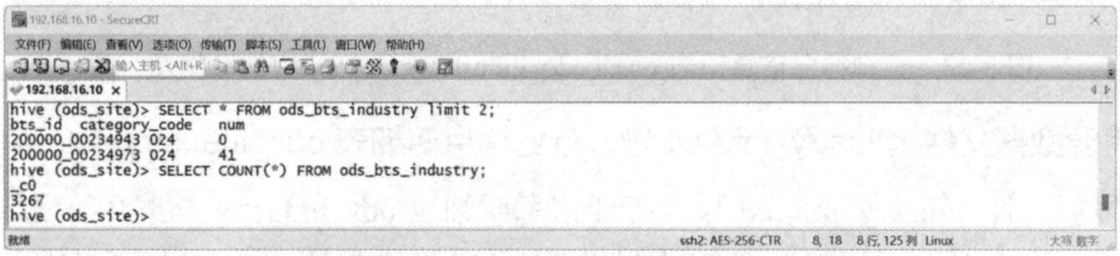

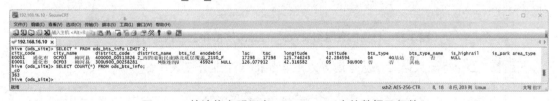

图 3-19　基站对应行业信息表 ods_bts_industry 中的数据及行数

2. 将源数据文件 bts_info.txt 导入基站信息明细表 ods_bts_info 中

将源数据文件 bts_info.txt 导入基站信息明细表 ods_bts_info 中，如下所示。

LOAD DATA LOCAL INPATH '/home/hadoop/hivedata/intelligent_site/bts_info.txt' OVERWRITE INTO TABLE ods_site.ods_bts_info;

查询基站信息明细表 ods_bts_info 中的数据及行数，结果如图 3-20 所示。

图 3-20　基站信息明细表 ods_bts_info 中的数据及行数

3. 将源数据文件 bts_score.txt 导入基站分数表 ods_bts_score 中

将源数据文件 bts_score.txt 导入基站分数表 ods_bts_score 中，如下所示。

LOAD DATA LOCAL INPATH '/home/hadoop/hivedata/intelligent_site/bts_score.txt' OVERWRITE INTO TABLE ods_site.ods_bts_score;

查询基站分数表 ods_bts_score 中的数据及行数，结果如图 3-21 所示。

图 3-21　查询基站分数表 ods_bts_score 中的数据及行数

4. 将源数据文件 code_industry_category.txt 导入行业信息码表 ods_code_industry_category 中

将源数据文件 code_industry_category.txt 导入行业信息码表 ods_code_industry_category 中，如下所示。

LOAD DATA LOCAL INPATH '/home/hadoop/hivedata/intelligent_site/code_industry_category.txt' OVERWRITE INTO TABLE ods_code_industry_category;

查询行业信息码表 ods_code_industry_category 中的数据及行数，结果如图 3-22 所示。

图 3-22　查询行业信息码表 ods_code_industry_category 中的数据及行数

5. 将源数据文件 industry_info.txt 导入行业信息明细表 ods_industry_info 中

将源数据文件 industry_info.txt 导入行业信息明细表 ods_industry_info 中，如下所示。

LOAD DATA LOCAL INPATH '/home/hadoop/hivedata/intelligent_site/industry_info.txt' OVERWRITE INTO TABLE ods_site.ods_industry_info;

查询行业信息明细表 ods_industry_info 中的数据及行数，结果如图 3-23 所示。

图 3-23　行业信息明细表 ods_industry_info 中的数据及行数

至此，已经将源数据文件从本地导入运营层的 5 个非分区表中。

　任务小结

通过学习本任务，读者能使用多种方式灵活地将数据导入非分区表中。在不同的应用场景下选择合适的数据导入方式能大大提高工作效率。通过本模块的"实践创新"部分"大数据智慧旅游"项目再次导入数据，读者可以在独立实践探索中创新并磨炼出精益求精的技能。

任务 3.3　修改和删除数据表

任务分析

在表创建好之后，可能会发现设计的表结构不尽合理，尤其是新手在设计表时由于分析实际数据格式时考虑不周全难免存在各种不足之处，如表名命名不规范、字段数据类型定义错误、遗漏数据字段、字段定义顺序错误、表属性规划不全等。

本任务以"学生信息系统"项目为实操载体，帮助读者完成重命名表、增加列、删除列、替换列、修改表属性、删除表等学习目标。

 技术准备

前面已经创建好数据表，读者可能会因为各种原因需要修改表甚至删除表重建。在 Hive 中可以使用 ALTER TABLE 语句修改已有的表结构。该语句和标准 SQL 中的 ALTER TABLE 语句相似，但在 Hive 中稍有不同。ALTER TABLE 语句中的所有选项都支持修改表结构，但是不能修改表数据。在 Hive 中也可以使用 DROP TABLE 语句删除表。

3.3.1　修改表

1. 重命名表

在 Hive 中重命名表的语法格式如下所示。

```
ALTER TABLE table_name RENAME TO new_table_name;
```

【例 3-20】将 studentdb 数据库中的 phy_course_basketball 表重命名为 phy_course_football 表。

```
ALTER TABLE studentdb.phy_course_basketball RENAME TO phy_course_football;
```

查询 phy_course_football 表，结果如图 3-24 所示。

图 3-24　查询 phy_course_football 表

2. 修改列

随着大数据环境中的数据不断增长，对于 schema-on-read 架构产生的一个关键需求就是能够修改模式或表的元数据。这种灵活性使用户可以在表中定义各种类型的元数据，而且修改这些元数据时不需要担心修改底层的数据。

可以对表的列字段重命名，并修改其位置、类型或注释，对应的语法格式如下所示。

```
ALTER TABLE table_name
CHANGE COLUMN col_old_name col_new_name data_type
[COMMENT col_comment]
[FIRST|AFTER col_name];
```

其中，"[]"中的内容都是可选项。修改表语句的语法解释如表 3-26 所示。

表 3-26   修改表语句的语法解释

关键字	语法解释
ALTER TABLE table_name CHANGE COLUMN	用于修改表名为 table_name 中列的关键字
COMMENT	可选子句，用于指定修改列字段的注释
FIRST|AFTER	可选子句，FIRST 表示将该字段移动到第一个位置，AFTER col_name 表示将该字段移动到 col_name 字段的后面

需要注意的是，即使字段名或字段类型没有改变，用户也需要完全指定旧的字段名，并给出新的字段名及字段类型。

【例 3-21】将 studentdb 数据库中 student 表的 stid 列的字段名修改为 id，注释修改为"学生学号"，并放在第 1 列。

```
ALTER TABLE studentdb.student CHANGE COLUMN stid id STRING COMMENT "学生学号" FIRST;
```

查询 student 表的结构，如图 3-25 所示。

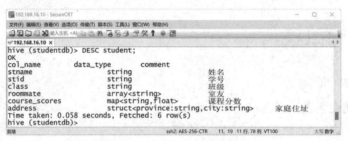

图 3-25   查询 student 表的结构

需要注意的是，以上命令只会修改元数据信息，即不能改变数据的列顺序。因此，修改列字段顺序的方法适用于已建表在后续会重新刷新数据的情况，或者空表。如果用户移动列字段，那么数据也应当和表的新模式匹配，或者通过其他某些方法修改数据以使其能够和新模式匹配。

在图 3-26 中，student 表虽然将 id 列放在第 1 列，但对应的数据列并不会发生变化。

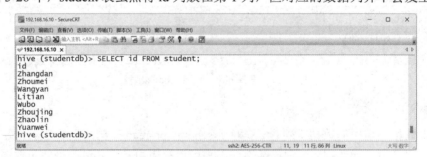

图 3-26   查询 student 表中的数据

因此，将 student 表中的 id 列重新放在第 2 列，并改名为 stid。

```
ALTER TABLE studentdb.student CHANGE COLUMN id stid STRING AFTER stname;
```

在 Hive 中执行 ALTER 列操作修改列字段类型时，遵循 Hive 中的数据类型隐式转换原则，即只能按照隐式转换原则修改列类型，如可以将 INT 改为 STRING，但是将 STRING 改为 INT 就会报错，如图 3-27 所示。

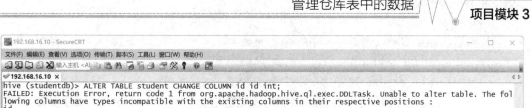

图 3-27 修改 student 表中的列数据类型失败

3. 增加列

为表增加列的语法格式如下所示。

```
ALTER TABLE table_name
ADD COLUMNS(col_name data_type [COMMENT col_comment], ...);
```

其中，"[]"中的关键字 COMMENT 是可选的。用户可以通过上述语句为表添加一列或多列。

【例 3-22】 为 studentdb 数据库中的 student 表先添加列字段 sex，该字段的数据类型为 STRING；再添加列字段 birthdate，该字段的数据类型为 DATE。

```
hive(studentdb)> ALTER TABLE student ADD COLUMNS (sex STRING,birthdate DATE);
```

查看添加列之后的 student 表的结构，如图 3-28 所示。

图 3-28 查看添加列之后的 student 表的结构

如果新增的字段中某个或多个字段的位置是错误的，那么可以使用 ALTER TABLE table_name CHANGE COLUMN 语句逐一将字段调整到正确的位置。

4. 删除或替换列

为表删除或替换列的语法格式如下所示。

```
ALTER TABLE table_name
REPLACE COLUMNS(col_name data_type [COMMENT col_comment]，...);
```

其中，"[]"中的关键字 COMMENT 是可选的。用户可以通过上述语句删除表中的一列或多列。

【例 3-23】 先删除 studentdb 数据库中 student 表的 sex 字段和 birthdate 字段，再将 stid 列的注释修改为"学号"。

```
ALTER TABLE student REPLACE COLUMNS(
    stname STRING COMMENT '姓名',
    stid STRING COMMENT '学号',
    class STRING COMMENT '班级',
```

```
    roommate ARRAY<STRING> COMMENT '室友',
    course_scores MAP<STRING,FLOAT> COMMENT '课程分数',
    address STRUCT<province:STRING,city:STRING> COMMENT '家庭住址'
);
```

修改之后 student 表的结构如图 3-29 所示。

```
hive (studentdb)> DESC student;
col_name            data_type           comment
stname                        string                        姓名
stid                          string                        学号
class                         string                        班级
roommate                      array<string>                 室友
course_scores                 map<string,float>             课程分数
address                       struct<province:string,city:string>      家庭住址

hive (studentdb)>
```

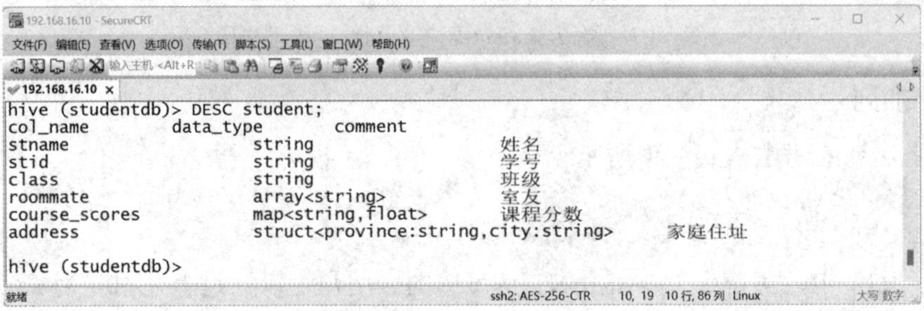

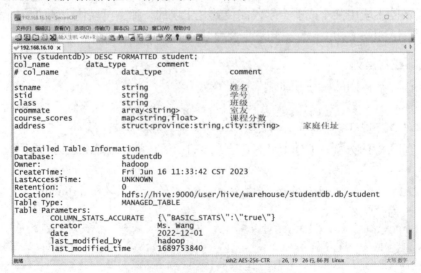

图 3-29 修改之后 student 表的结构

可以通过 ALTER TABLE table_name REPLACE COLUMNS 语句来替换表中列的整个列表。不过，在这种情况下，建议先删除表再重建，以便在源码中保存新的表定义。

5. 修改表属性

修改表属性的语法格式如下所示。

```
ALTER TABLE table_name
SET TBLPROPERTIES(property_name=property_value, ...);
```

用户可以通过上述语句为表添加一个或多个属性，也可以使用上述语句修改已经存在的属性，但是无法删除属性。

【例 3-24】 为 studentdb 数据库中的 student 表添加 creator 属性为“Ms.Wang”和 date 属性为“2022-12-01”的记录。

```
hive(studentdb)> ALTER TABLE student SET TBLPROPERTIES("creator"="Ms. Wang","date"="2022-12-01");
```

查看 student 表新增的属性，结果如图 3-30 所示。

```
hive (studentdb)> DESC FORMATTED student;
col_name            data_type           comment
# col_name                    data_type                     comment

stname                        string                        姓名
stid                          string                        学号
class                         string                        班级
roommate                      array<string>                 室友
course_scores                 map<string,float>             课程分数
address                       struct<province:string,city:string>      家庭住址

# Detailed Table Information
Database:                     studentdb
Owner:                        hadoop
CreateTime:                   Fri Jun 16 11:33:42 CST 2023
LastAccessTime:               UNKNOWN
Retention:                    0
Location:                     hdfs://hive:9000/user/hive/warehouse/studentdb.db/student
Table Type:                   MANAGED_TABLE
Table Parameters:
        COLUMN_STATS_ACCURATE   {\"BASIC_STATS\":\"true\"}
        creator                 Ms. Wang
        date                    2022-12-01
        last_modified_by        hadoop
        last_modified_time      1689753840
```

图 3-30 查看 student 表新增的属性

3.3.2 删除表

Hive 支持和 SQL 中 DROP TABLE 语句类似的删除表操作，其语法格式如下所示。

```
DROP TABLE [IF EXISTS] table_name;
```

其中，IF EXISTS 为可选项，如果没有使用这个关键字，那么当表不存在时，语句运行时会抛出错误信息。

对于内部表，在执行 DROP TABLE 语句时表的元数据信息和表中的数据都会被删除。对于外部表，在执行 DROP TABLE 语句时表的元数据信息会被删除，但是表中的数据不会被删除。

【例 3-25】 删除外部表 student_external，数据不会被删除；删除内部表 student_internal，数据也会被删除。

删除外部表 student_external 和内部表 student_internal 前后的数据，结果如图 3-31 所示。

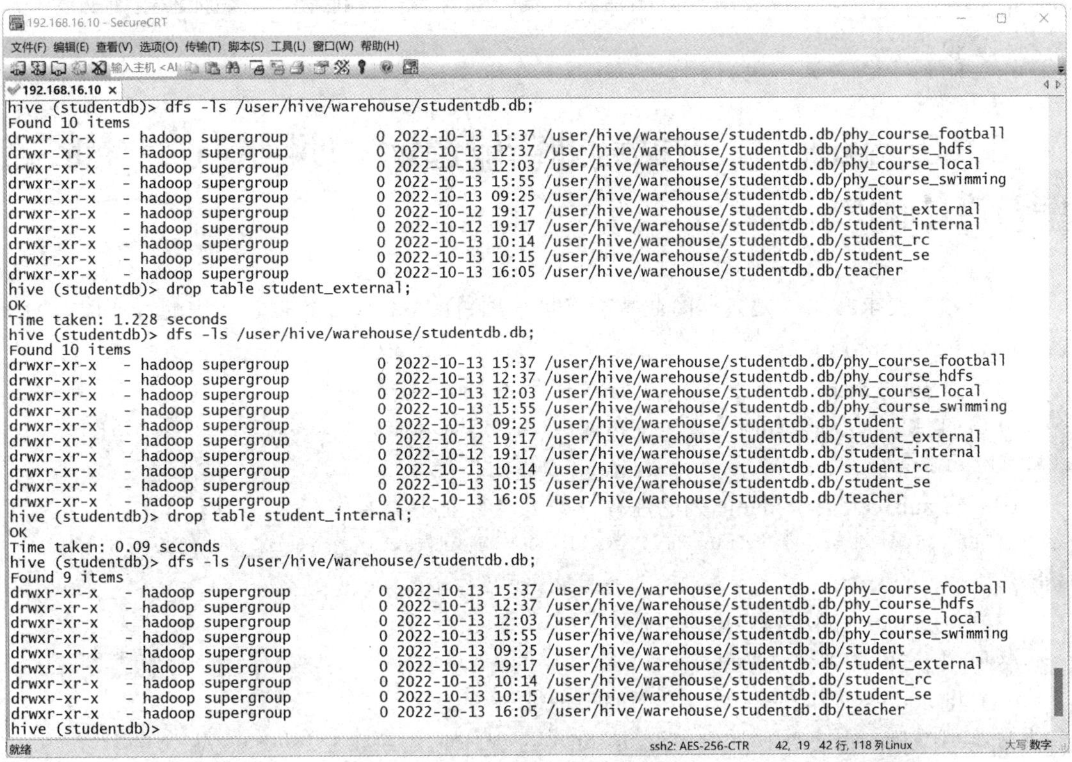

图 3-31 删除外部表 student_external 和内部表 student_internal 前后的数据

如果不小心删除了存储着重要数据的内部表，用户应该怎么办呢？

用户可以开启 Hadoop 回收站功能（此功能默认是关闭的），这样被删除的数据就会被转移到用户在分布式文件系统中的用户根目录的.Trash 目录下，也就是 HDFS 中的/user/$USER/.Trash 目录下。如果开启此功能，就需要在$HADOOP_HOME/etc/hadoop/core-site.xml 文件中将属性 fs.trash.interval 和 fs.trash.checkpoint.interval 的值设置为一个合理的正整数。

fs.trash.interval 属性表示回收站中文件保留的时间间隔，过期就会彻底删除。其单位是分钟，如果设置为 1440，就表示被删除的数据会在回收站中保存 24 小时。

fs.trash.checkpoint.interval 属性表示检查点创建的时间间隔，单位为分钟。fs.trash.checkpoint.interval 属性的值应该小于或等于 fs.trash.interval 属性的值。如果 fs.trash.checkpoint.interval 属性的值为零，则将该值设置为 fs.trash.interval 属性的值。

因此，当用户不小心删除了存储着重要数据的内部表时，可以先重建表，再重建所需要的分区，最后从 .Trash 目录中将误删除的文件移动到正确的文件目录下重新存储数据。

前面已经创建好"大数据商业智能选址"项目的 ods_site 数据仓库中的所有非分区表，但在创建表时由于规划不足，现在需要修改 ods_site 数据仓库中的行业信息明细表 ods_industry_info，规范该表中字段的注释内容，并且采用属性形式添加部分字段关联其他表的相关说明等。

3.3.3 修改"大数据商业智能选址"项目的 ods_site 数据仓库中的表

按照如下要求修改"大数据商业智能选址"项目的 ods_site 数据仓库中的行业信息明细表 ods_industry_info。

（1）将 sub_category_code 列的注释修改为"行业小类编码"。

```
ALTER TABLE ods_site.ods_industry_info CHANGE COLUMN sub_category_code sub_category_code STRING
COMMENT '行业小类编码';
```

（2）将 sub_category_name 列的注释修改为"行业小类名称"。

```
ALTER TABLE ods_site.ods_industry_info CHANGE COLUMN sub_category_name sub_category_name STRING
COMMENT '行业小类名称';
```

（3）将 name 列的注释修改为"商户名称"。

```
ALTER TABLE ods_site.ods_industry_info CHANGE COLUMN name name STRING COMMENT '商户名称';
```

（4）将 address 列的注释修改为"商户地址"。

```
ALTER TABLE ods_site.ods_industry_info CHANGE COLUMN address address STRING COMMENT '商户地址';
```

（5）添加表属性：note_1 为 sub_category_code 列和 sub_category_name 列源于行业信息码表 ods_code_industry_category，note_2 为不要删除此表。

```
ALTER TABLE ods_site.ods_industry_info SET TBLPROPERTIES("note_1"="sub_category_code 列和
sub_category_name 列源于行业信息码表 ods_code_industry_category","note_2"="不要删除此表");
```

查看修改后的行业信息明细表 ods_industry_info 的详细信息，结果如图 3-32 所示。

```
192.168.16.10 - SecureCRT                                                         -  □  ×
文件(F) 编辑(E) 查看(V) 选项(O) 传输(T) 脚本(S) 工具(L) 窗口(W) 帮助(H)
🖳🖳🖳🖳 输入主机 <Alt+R>  🖳🖳🖳 🖳🖳🖳 🖳🖳 🖳 ?  🖳
✔ 192.168.16.10 ×                                                                      ◀ ▷
hive (ods_site)> DESC FORMATTED ods_industry_info;
col_name            data_type         comment
# col_name          data_type                     comment

sub_category_code         string                  行业小类编码
sub_category_name         string                  行业小类名称
name                      string                  商户名称
address                   string                  商户地址
longitude                 decimal(10,6)           经度
latitude                  decimal(10,6)           纬度

# Detailed Table Information
Database:                 ods_site
Owner:                    hadoop
CreateTime:               Thu Nov 10 20:46:24 CST 2022
LastAccessTime:           UNKNOWN
Retention:                0
Location:                 hdfs://hive:9000/project/warehouse/intelligent_site/ods_site.db/ods_industry_info
Table Type:               MANAGED_TABLE
Table Parameters:
        comment                 行业信息明细表
        last_modified_by        hadoop
        last_modified_time      1675078968
        note_1                  列sub_category_code和列sub_category_name源于行业信息码表ods_code_industry_category
        note_2                  别删除此表
        numFiles                1
        numRows                 0
        rawDataSize             0
        totalSize               152262
        transient_lastDdlTime   1675078968

# Storage Information
SerDe Library:            org.apache.hadoop.hive.serde2.lazy.LazySimpleSerDe
InputFormat:              org.apache.hadoop.mapred.TextInputFormat
OutputFormat:             org.apache.hadoop.hive.ql.io.HiveIgnoreKeyTextOutputFormat
Compressed:               No
Num Buckets:              -1
Bucket Columns:           []
Sort Columns:             []
Storage Desc Params:
        field.delim             \u0001
        serialization.format    \u0001
        serialization.null.format
hive (ods_site)>
就绪                                              ssh2: AES-256-CTR   44, 18  44 行, 125 列 Linux        大写 数字
```

图 3-32　修改后的行业信息明细表 ods_industry_info 的详细信息

任务小结

通过学习本任务，读者可以对已经创建好的表进行表结构修改和完善。根据实际业务数据格式设计和规划表是比较复杂的，因此在创建好表结构之后需要反复修改和调整，读者需要保持良好的心态。通过对本模块的"实践创新"部分的"大数据智慧旅游"项目的各表的结构进行完善和优化，读者可以在独立实践探索中创新并磨炼出精益求精的技能。

模块总结

通过学习本模块，读者可以分析实际业务数据格式并设计、创建数据表，能完善和修改已创建的表，并将业务数据导入对应表中。本模块包含的知识点和技能点如下。

（1）分析业务数据格式：重点是能分析数据各字段的数据类型，以及字段间的分隔符。

（2）创建和管理数据表：重点是能使用 CREATE TABLE 语句根据需求创建内部表和外部表，能使用 LOCATION 子句指定表的数据文件存放的 HDFS 目录，能使用 TBLPROPERTIES 子句熟练设置表属性。表的默认存储格式是文本文件格式，默认分隔符是不可见字符，因此在建表时需要根据实际数据格式使用 ROW FORMAT 子句指定正确的分隔符才能正确读取数据。当不需要具有数据的所有权，但需要对数据执行分析查询操作时可以使用外部表；当数据是临时存储或需要使用 Hive 完全管理表和数据的生命周期时使用内部

表。使用 CREATE TABLE LIKE 语句可以根据需求复制表结构，使用 SHOW TABLES 语句可以查询数据表，使用 DESC 语句可以查看数据表的详细信息。

（3）修改和删除数据表：重点是能使用 ALTER TABLE...RENAME TO 语句修改表名，能使用 ALTER TABLE...CHANGE COLUMN 语句修改列，能使用 ALTER TABLE...ADD COLUMNS 语句增加列，能使用 ALTER TABLE...REPLACE COLUMNS 语句删除或替换列，能使用 ALTER TABLE...SET TBLPROPERTIES 语句修改表属性，能使用 DROP TABLE 语句删除表。对于内部表，执行 DROP TABLE 语句时表的元数据信息和表中的数据都会被删除；对于外部表，执行 DROP TABLE 语句时表的元数据信息会被删除，但是表中的数据不会被删除。

（4）将数据导入表中：重点是能使用 LOAD DATA 语句、INSERT...SELECT 语句、IMPORT 语句、CTAS 语句和 INSERT INTO TABLE...VALUES 语句等多种方式将数据导入表中，能根据实际业务情况灵活选择数据导入方式。

 实践创新

实践工单 3　管理"大数据智慧旅游"项目的表中的数据		
班级：＿＿＿＿＿　　姓名：＿＿＿＿＿　　实践用时：＿＿＿＿＿		

一、实践描述

在本次实践中需要认真研读附录 C 和附录 D，由此厘清项目中各表之间的关系，同时观察 6 个源数据文件理解各表字段的含义。

二、实践目标

独立完成相关项目文档的研读。

独立完成"大数据智慧旅游"项目非分区表的创建。

独立完成将"大数据智慧旅游"项目的数据导入表中。

三、实践内容

✎研读文档

1. 研读附录 C"大数据智慧旅游"项目的数据处理流程。

　□ 完成　　　　　　　□ 未完成，困难＿＿＿＿＿＿＿＿＿＿＿

2. 研读附录 D"大数据智慧旅游"项目的逻辑模型设计。

　□ 完成　　　　　　　□ 未完成，困难＿＿＿＿＿＿＿＿＿＿＿

✎创建非分区表

1. 在恰当的数据库中创建非分区表景区关键词表 SCENIC_WORDS。

　表所属数据库＿＿＿＿＿　　□ 完成　　　□ 未完成，困难＿＿＿＿＿＿

2. 在恰当的数据库中创建非分区表联通用户全国各地市占比情况表 D_CODE_CUST_PROV。

　表所属数据库＿＿＿＿＿　　□ 完成　　　□ 未完成，困难＿＿＿＿＿＿

3. 在恰当的数据库中创建非分区表景区信息表 D_SCENIC_BASE_INFO。

　表所属数据库＿＿＿＿＿　　□ 完成　　　□ 未完成，困难＿＿＿＿＿＿

4. 在恰当的数据库中创建非分区表各省地市编码表 D_CODE_PROV。

　表所属数据库＿＿＿＿＿　　□ 完成　　　□ 未完成，困难＿＿＿＿＿＿

✎将数据导入非分区表中

1. 将数据导入非分区表景区关键词表 SCENIC_WORDS 中。

　源数据文件名＿＿＿＿＿　　□ 完成　　　□ 未完成，困难＿＿＿＿＿＿

2. 将数据导入非分区表联通用户全国各地市占比情况表 D_CODE_CUST_PROV 中。

源数据文件名_____ 　　　□ 完成　　　　　□ 未完成，困难_____

3. 将数据导入非分区表景区信息表 D_SCENIC_BASE_INFO 中。

源数据文件名_____ 　　　□ 完成　　　　　□ 未完成，困难_____

4. 将数据导入非分区表各省地市编码表 D_CODE_PROV 中。

源数据文件名_____ 　　　□ 完成　　　　　□ 未完成，困难_____

四、出错记录

请将你在任务实践过程中出现的错误及其解决方法记录在下表中。

序号	出现的错误	错误提示	解决方法
1			
2			

五、实践评价

请对你的实践做出星级评价。

□ ★★★★★　　　□ ★★★★　　　□ ★★★　　　□ ★★　　　□ ★

🔒 检测反馈

一、判断题

1. 在 Hive 中创建数据表的语句同样遵循 SQL 语法惯例，但是 Hive 的建表语句在 SQL 语法的基础上进行了功能扩展。　　　　　　　　　　　　　　　　　（　　）

2. 在 Hive 中创建数据表之前必须先指定数据库。　　　　　　　　　（　　）

3. 在 Hive 中创建数据库或数据表时，只要在数据库名或数据表名的前面添加了 IF NOT EXISTS，当数据库或数据表存在时，Hive 就不会报错。　　　　　　　　（　　）

4. Hive 中的数据表可以改变结构。　　　　　　　　　　　　　　　（　　）

5. last_modified_time 属性中保存的修改时间的单位是秒。　　　　　（　　）

二、单选题

1. 下列关于创建数据表的说法正确的是（　　　　）。

A. 在创建数据表时，必须先指定所在的数据库

B. 在创建数据表时，必须为每个字段添加注释

C. 在创建数据表时，必须为表本身添加一个注释

D. 在创建数据表时，必须为字段添加字段类型

2. 由下列语句生成的 book1 表属于（　　　　）。

```
hive>CREATE TABLE book;
hive>CREATE EXTERNAL TABLE book1 LIKE book;
```

A. 外部表　　　　　　　　　　B. 管理表

C. 内部表　　　　　　　　　　D. 分区表

3．下列关于删除表的说法错误的是（　　　）。

 A．如果删除的是管理表，那么表的元数据信息和表中的数据都会被删除

 B．如果删除的是外部表，那么只会删除表的元数据信息

 C．在 Hive 中使用 DROP TABLE 语句可以删除表

 D．如果表已经被删除，就不能被找回

三、多选题

1．下列数据表的创建语句中正确的有（　　　）。

 A．hive>CREATE TABLE student{name STRING, age INT};

 B．hive>CREATE TABLE student{name, age};

 C．hive>CREATE SCHEMA student{name STRING, age INT};

 D．hive>CREATE TABLE student{name STRING; age INT};

2．Hive 会控制（　　　）中数据的生命周期。

 A．管理表   B．内部表

 C．外部表   D．分区表

3．下列语句创建的是管理表的是（　　　）。

 A．hive>CREATE TABLE order;

 B．hive>CREATE EXTERNAL TABLE order1 LIKE order;（order 为管理表）

 C．hive>CREATE TABLE order1 LIKE order;（order 为管理表）

 D．hive>CREATE EXTERNAL TABLE order1 LIKE order;（order 为外部表）

四、简答题

1．简要介绍数据分区。

2．用户通过复制操作创建的新表属于哪种表？

3．用户不小心误删了表，可以找回吗？

4．在 Hive 中是否可以同时增加多个分区？

五、思考题

 2020 年 6 月，郑州某民办高校近 2 万个学生的信息（包括姓名、身份证号、专业、宿舍门牌号等 20 余项）遭到泄露。事件发生后，多个学生反映接到骚扰电话。随后，学校称已报备公安机关，正在调查中。2020 年 4 月以来，多地的多所高校频繁发生个人信息泄露事件。有专家指出，上述如此大规模的信息泄露很可能是学校的某个环节出现过失导致的，学校需要承担相应的责任。

 1．请分享自己接到骚扰电话的经历。

 2．请自行查询近几年类似的案例。

 3．你认为此次事件带来的影响有哪些？

通过学习郑州某民办高校近 2 万个学生的信息遭到泄露的事件，你收获了什么？

项目模块 4

管理分区表中的数据

　　由于 Hive 表中的数据量越来越大，而在 Hive 中执行 SELECT 查询一般扫描全表数据，因此查询效率会降低。查询通常只需要扫描表中的一部分数据，而全表查询需要花费很长的时间扫描没有必要的数据，为了解决这个问题，提高表的访问吞吐量，Hive 引入了分区技术。Hive 分区表具有重要的性能优势，并且分区表能将数据以一种符合逻辑的方式进行组织，如分层存储，以提高查询速度。

　　Hive 中的分区从本质上来说是分目录，把大的数据集根据业务需要分割成小的数据集，存储在各分区目录中。一个子分区实际对应 HDFS 中的一个独立目录名，该目录下存储的是该分区中所有的数据文件，子分区即子目录。当执行某些业务查询时通过 WHERE 子句中的条件表达式指定条件匹配的分区，只在该匹配条件的分区目录下查询数据，不进行全表扫描（这样可以减少不必要的扫描），从而提高 Hive 查询数据的效率。

　　本模块以"学生信息系统"项目、"大数据商业智能选址"项目和"大数据智慧旅游"项目为实操载体，帮助读者完成"创建和管理分区表"、"导入数据到分区表中"及"修改和删除分区"3 个任务，达到熟练操作大数据仓库分区表及分区表中数据的学习目标。

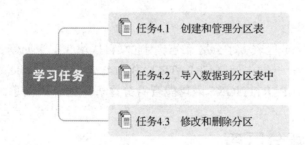

学习任务

任务4.1　创建和管理分区表

任务4.2　导入数据到分区表中

任务4.3　修改和删除分区

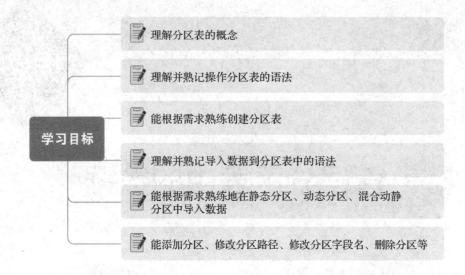

理解分区表的概念

理解并熟记操作分区表的语法

能根据需求熟练创建分区表

学习目标

理解并熟记导入数据到分区表中的语法

能根据需求熟练地在静态分区、动态分区、混合动静分区中导入数据

能添加分区、修改分区路径、修改分区字段名、删除分区等

任务 4.1　创建和管理分区表

任务分析

根据业务情况可以将大数据集分解成小数据集，如以年为单位分解过去每届奥林匹克运动会的选手数据及获奖数据，以月为单位分解某企业的所有销售数据，以及以日为单位分解某快递公司的快递数据等。为分解的大数据集创建分区表以映射到 HDFS 底层分解的小数据集是本次的任务目标。

本任务以"学生信息系统"项目和"大数据商业智能选址"项目为实操载体，帮助读者完成分析分区表实际数据格式、使用 HiveQL 语句创建分区表、理顺分区表的分区与 HDFS 目录之间的关系、查看分区信息等学习目标。

技术准备

与非分区表相比，分区表多了分区部分，因此项目模块 3 关于创建表和管理表的所有操作均适用于分区表。在 Hive 中使用 CREATE TABLE 语句中的 PARTITIONED BY 子句能创建分区表，使用 SHOW PARTITIONS 语句能查看分区表中的分区信息。

4.1.1　创建分区表

在 Hive 中可以通过 PARTITIONED BY 子句定义分区字段，从而创建分区表。关于创建分区表的语法请参考 3.1.2 节创建表的语法。

微课

【例 4-1】　在 studentdb 数据库中创建内部分区表 student_in_partition_1，该分区表中的字段如表 4-1 所示。在分区表 student_in_partition_1 中插入数据（'Zhangsan'，92.5，

'BigData1901'）和（'Zhouhui'，83.5，'Network1901'），并查看该分区表的存储目录。

表 4-1 分区表 student_in_partition_1

字段名称	字段类型	描述
stname	STRING	学生姓名
av_score	FLOΛT	平均分
class	STRING	班级，分区字段

创建分区表 student_in_partition_1 的代码如下所示。

```
CREATE TABLE IF NOT EXISTS student_in_partition_1(
    stname STRING COMMENT '学生姓名',
    av_score FLOAT COMMENT '平均分' )
PARTITIONED BY(class STRING COMMENT '班级');
```

在分区表 student_in_partition_1 中插入如下数据。

```
INSERT INTO TABLE student_in_partition_1
PARTITION(class='BigData1901')
VALUES('Zhangsan',92.5);
INSERT INTO TABLE student_in_partition_1
PARTITION(class='Network1901')
VALUES('Zhouhui',83.5);
```

查看分区表 student_in_partition_1 的存储目录，结果如图 4-1 所示。

图 4-1 分区表 student_in_partition_1 的存储目录

由图 4-1 可知,在存储目录下以分区为名创建了 class=BigData1901 和 class=Network1901 两个独立的分区目录，并且各分区目录下存储的是该分区内的数据文件。

分区表可以创建多个分区字段，分区字段的顺序将决定谁是父目录，谁是子目录。

【例 4-2】 在 studentdb 数据库中创建内部分区表 student_in_partition_2，该分区表中的字段如表 4-2 所示。在分区表 student_in_partition_2 中插入数据（'Luotian',88.1,2018, 'BigData1801'）、（'Wangan'，75.5，2018，'BigData1802'）、（'Zhangsan'，83.5，2019，'Network1901'）和（'Liming'，80，2019, 'Network1902'），并查看该分区表的存储目录。

表 4-2 分区表 student_in_partition_2

字段名称	字段类型	描述
stname	STRING	学生姓名
av_score	FLOAT	平均分
grade	INT	入学年份，分区字段
class	STRING	班级，分区字段

创建分区表 student_in_partition_2 的代码如下所示。

```
CREATE TABLE IF NOT EXISTS student_in_partition_2(
    stname STRING COMMENT '学生姓名',
    av_score FLOAT COMMENT '平均分')
PARTITIONED BY(grade INT COMMENT '入学年份',class STRING COMMENT '班级');
```

在分区表 student_in_partition_2 中插入 4 条数据。

- 插入数据 1 的代码如下所示。

```
INSERT INTO TABLE student_in_partition_2
PARTITION(grade=2018,class='BigData1801')
VALUES('Luotian',88.1);
```

- 插入数据 2 的代码如下所示。

```
INSERT INTO TABLE student_in_partition_2
PARTITION(grade=2018,class='BigData1802')
VALUES('Wangan',75.5);
```

- 插入数据 3 的代码如下所示。

```
INSERT INTO TABLE student_in_partition_2
PARTITION(grade=2019,class='Network1901')
VALUES('Zhangsan',83.5);
```

- 插入数据 4 的代码如下所示。

```
INSERT INTO TABLE student_in_partition_2
PARTITION(grade=2019,class='Network1902')
VALUES('Liming',80);
```

查看分区表 student_in_partition_2 的存储目录，结果如图 4-2 所示。

图 4-2　分区表 student_in_partition_2 的存储目录

由图 4-2 可知，在存储目录下以 grade 分区为父目录，以 class 分区为子目录创建了 2 层 4 个独立分区目录，并且各分区目录下存储的是该分区内的数据文件。

分区字段一旦创建好，如例 4-2 中的 grade 和 class，就和普通字段一样。对数据进行分区，主要是为了更快地查询。如果要查询 2018 年入校的所有班级的学生信息，只需要扫描 grade=2018 目录下的内容即可。即使有办学以来上百届学生的入校目录，其他目录下的数据在查询时都忽略不计。对于非常大的数据集，使用分区可以显著地提高查询性能，常见的以分区进行范围筛选分为按照地理位置范围、按照时间范围等。当在 WHERE 子句中增加谓词以按照分区值进行过滤时，这些谓词被称为分区过滤器。

4.1.2　管理分区表

1．内部分区表

分区表改变了 Hive 对数据存储的组织方式，提高了查询速度。Hive 中的分区表会创建零个或多个可以反映分区结构的子目录，如例 4-1 中的表目录 student_in_partition_1 下创建了两个分区目录，各分区目录下存储的是对应班级的学生信息。

2．外部分区表

外部表也可以使用分区，这是管理大型生产数据集最常见的情况。将外部表和分区相结合不仅为用户提供了可以和其他工具共享数据的方式，还可以优化查询性能。由于用户可以自己定义目录结构，因此用户对于目录结构的使用具有更高的灵活性。

对于外部分区表，不需要定义 LOCATION 子句，通常使用 ALTER TABLE table_name ADD PARTITION...LOCATION...语句单独增加分区。该语句需要为每个分区键指定一个值并定义该分区的数据文件目录。

Hive 不关心一个分区所对应的分区目录是否存在或分区目录下是否有文件，如果分区目录不存在或分区目录下没有文件，那么对于该过滤分区的查询将没有返回结果。当用户需要使用另一个进程在分区中插入数据时，应提前创建好分区，使数据插入非常方便，数据一旦存在，对于该分区数据的查询就会有返回结果。

此功能的另一个好处是可以将新数据保存到一个专用的分区目录下，并与位于其他分区目录下的数据存在明显的区别。同时，不论用户是将旧数据转移到一个"存档"位置还是直接删除，新数据被篡改的风险都会大大降低，因为新数据的数据子集位于不同的目录下。

与非分区的外部表一样，Hive 并不控制外部分区表中的数据，即使外部分区表被删除，数据也不会被删除。

4.1.3　查看分区信息

在 Hive 中查看分区表的分区信息的基本语法格式如下所示。

```
SHOW PARTITIONS [db_name.]table_name [PARTITION(partition_spec)];
partition_spec:
   : (partition_column = partition_col_value, partition_column = partition_col_value, ...)
```

其中，"[]"中的内容都是可选项，后续语法中的 partition_spec 的含义与此处相同。查看分区信息语句的语法解释如表 4-3 所示。

表 4-3　查看分区信息语句的语法解释

关键字	语法解释
SHOW PARTITIONS	用于查看分区信息
db_name.	表所在的数据库
PARTITION(partition_spec)	可选项，用于查看存储在某个或多个特定分区字段下的分区

【例 4-3】 查看 studentdb 数据库中分区表 student_in_partition_2 的所有分区信息。

```
SHOW PARTITIONS student_in_partition_2;
```

运行结果如图 4-3 所示。

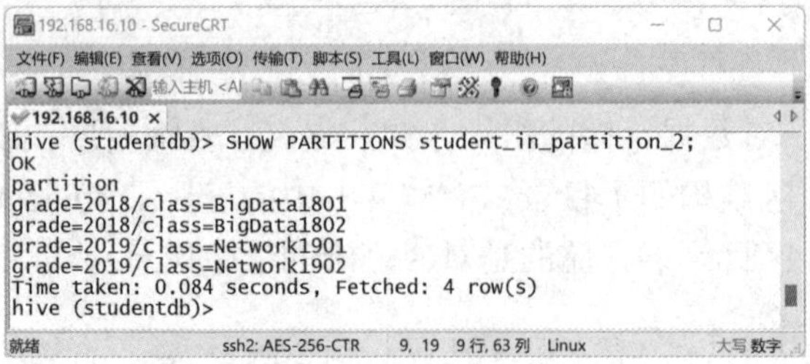

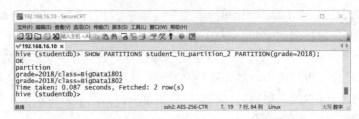

图 4-3 分区表 student_in_partition_2 的所有分区信息

【例 4-4】 查看分区表 student_in_partition_2 中 grade 为 2018 的所有分区信息。

```
SHOW PARTITIONS student_in_partition_2 PARTITION(grade=2018);
```

运行结果如图 4-4 所示。

图 4-4 分区表 student_in_partition_2 中 grade 为 2018 的所有分区信息

【例 4-5】 通过 DESC 语句查看分区表 student_in_partition_2 的表结构。

```
DESC student_in_partition_2;
```

运行结果如图 4-5 所示。

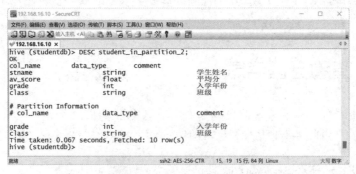

图 4-5 分区表 student_in_partition_2 的表结构

由图 4-5 可知，可以将 grade、class 及其他字段列在一起，因为就查询而言，分区字段就是普通字段。在 Partition Information 中将 grade 和 class 作为分区字段处理。

 **任务实施**

前面已经创建了 ods_site 数据仓库的非分区表，接下来需要创建"大数据商业智能选址"

项目的分区表，包括基站常住人口表 ods_resident_pop、基站流动人口表 ods_floating_pop、消费信息表 ods_consumption 和银行 App 明细表 ods_bank_app。

4.1.4 创建"大数据商业智能选址"项目的分区表

1. 设置分区 COMMENT 字符编码

在创建分区表时，分区 COMMENT 字段包含中文，在分区表创建成功后，使用 DESC 语句查看时分区 COMMENT 的中文说明会显示乱码。登录 MySQL，对指定的元数据库 hivedb 中的相关表做字符编码修改。

元数据库 hivedb 中的 PARTITION_KEYS 表用于存储各分区表的 COMMENT 的元数据信息，PKEY_COMMENT 字段用于存储各分区表的分区字段注释，因此修改其字符集编码可以让 COMMENT 的中文注释正常显示。

```
MariaDB [hivedb]> ALTER TABLE PARTITION_KEYS MODIFY column PKEY_COMMENT VARCHAR(4000)
character set utf8;
```

2. 创建分区表

ods_site 数据仓库中包括 4 个分区表，分别是基站常住人口表 ods_resident_pop、基站流动人口表 ods_floating_pop、消费信息表 ods_consumption 和银行 App 明细表 ods_bank_app。

创建分区表时表字段分隔符统一为'\u0001'，通过 NULL DEFINED AS "语句设置 NULL 为空，并且以 TEXTFILE 格式存储。

根据 3.1.7 节的表 3-7 中的字段定义信息，创建基站常住人口表 ods_resident_pop，分区字段为 month，代码如下所示。

```
CREATE TABLE ods_site.ods_resident_pop(
    bts_id STRING COMMENT '基站编码',
    resident_num INT COMMENT '常住人口数')
COMMENT '基站常住人口表'
PARTITIONED BY (month STRING COMMENT '月分区')
ROW FORMAT DELIMITED FIELDS TERMINATED BY '\u0001' NULL DEFINED AS "
STORED AS TEXTFILE;
```

根据 3.1.7 节的表 3-8 中的字段定义信息，创建基站流动人口表 ods_floating_pop，分区字段为 month，代码如下所示。

```
CREATE TABLE ods_site.ods_floating_pop(
    bts_id STRING COMMENT '基站编码',
    floating_num INT COMMENT '流动人口数')
COMMENT '基站流动人口表'
PARTITIONED BY (month STRING COMMENT '月分区')
ROW FORMAT DELIMITED FIELDS TERMINATED BY '\u0001' NULL DEFINED AS "
STORED AS TEXTFILE;
```

根据 3.1.7 节的表 3-9 中的字段定义信息，创建消费信息表 ods_consumption，分区字段为 month，代码如下所示。

```
CREATE TABLE ods_site.ods_consumption(
```

```
    bts_id STRING COMMENT '基站编码',
    high_num INT COMMENT '高消费人口数量',
    mid_num INT COMMENT '中消费人口数量',
    low_num INT COMMENT '低消费人口数量')
    COMMENT '消费信息表'
    PARTITIONED BY ( month STRING COMMENT '月分区')
ROW FORMAT DELIMITED FIELDS TERMINATED BY '\u0001' NULL DEFINED AS ''
STORED AS TEXTFILE;
```

根据 3.1.7 节的表 3-10 中的字段定义信息，创建银行 App 明细表 ods_bank_app，分区字段为 month，代码如下所示。

```
CREATE TABLE ods_site.ods_bank_app(
    bts_id STRING COMMENT '基站编码',
    resident_app_num INT COMMENT '常住人口使用 App 数量',
    floating_app_num INT COMMENT '流动人口使用 App 数量')
    COMMENT '银行 App 明细表'
PARTITIONED BY (month STRING COMMENT '月分区')
ROW FORMAT DELIMITED FIELDS TERMINATED BY '\u0001' NULL DEFINED AS ''
STORED AS TEXTFILE;
```

查看 ods_site 数据仓库中的所有表，结果如图 4-6 所示。

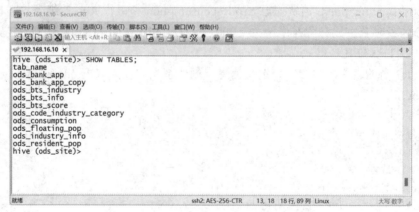

图 4-6　ods_site 数据仓库中的所有表

3. 查看分区信息

查看基站常住人口表 ods_resident_pop 的分区信息，代码如下所示。

```
SHOW PARTITIONS ods_site.ods_resident_pop;
```

运行结果如图 4-7 所示。

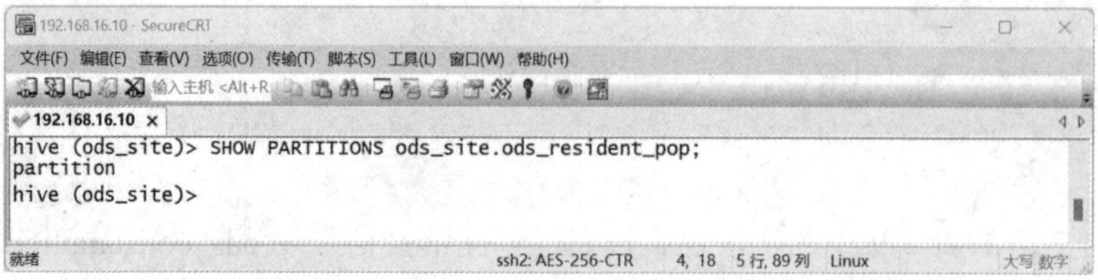

图 4-7　基站常住人口表 ods_resident_pop 的分区信息

上述结果显示，由于分区表为新建表，其中无数据，因此也没有分区信息。

查看基站常住人口表 ods_resident_pop 的表结构，代码如下所示。

```
DESC FORMATTED ods_site.ods_resident_pop;
```

运行结果如图 4-8 所示。

图 4-8　基站常住人口表 ods_resident_pop 的表结构

通过 DESC 语句查看分区表信息，输出信息中的分区字段 month 与普通字段在一列，均为该表的字段，因此在执行查询操作时分区字段就是普通字段。在# Partition Information 中显示出该表的分区字段为 month 及其信息。基站常住人口表 ods_resident_pop 已经在所属数据仓库 ods_site 的 HDFS 存储目录下创建了以该表名命名的存储目录。

任务小结

通过学习本任务，读者能使用 HiveQL 语句灵活地创建分区表。只要了解了分区技术的意义，以及各子分区与 HDFS 子目录之间的关系，就可以根据实际业务数据正确设置分区字段。通过本模块的"实践创新"部分深入研读附录 C 和附录 D，以及分析实际数据格式后创建的"大数据智慧旅游"项目的分区表，读者就可以在独立实践探索中创新并磨炼出精益求精的技能。

任务 4.2　导入数据到分区表中

 任务分析

前面成功创建了分区表，并且每个分区表对应一个 HDFS 目录，当前表目录均为空，此时需要将实际业务数据导入相应分区表的分区中，即将数据存储到每个子分区所对应的 HDFS 子目录中。

本任务以"学生信息系统"项目和"大数据商业智能选址"项目为实操载体，帮助读者完成在静态分区中导入数据、在动态分区中导入数据，以及混合使用动态分区和静态分区导入数据的学习目标。

 **技术准备**

前面已经创建并完善好分区表，但它们只是空分区表。任务 3.3 中介绍的所有数据导入语句均适用于分区表。Hive 分区表支持静态分区和动态分区两种类型的分区，二者在建表时没有任何区别，但在导入数据时有区别。在静态分区中导入数据时需要手动指定分区，即必须为分区字段指定值。在动态分区中导入数据时系统动态判断目标分区。

4.2.1　在静态分区中导入数据

在静态分区中导入数据时，必须通过 LOAD DATA 语句和 INSERT 语句中的 PARTITION (partcol1[=val1], partcol2[=val2] ...)为分区字段指定值，即需要 val1、val2 等。

【例 4-6】　创建分区表 phy_course_static_partition，设置 opt_cour 为分区字段，把 phy_course_hdfs 表中选修了"basketball"课程和"football"课程的学生信息以静态分区方式分别加载到分区表 phy_course_static_partition 中。

第 1 步：创建分区表 phy_course_static_partition。

```
CREATE TABLE phy_course_static_partition(
    stname STRING COMMENT '姓名',
    stid STRING COMMENT '学号',
    class STRING COMMENT '班级')
PARTITIONED BY (opt_cour STRING COMMENT '选修课程');
```

第 2 步：使用 PARTITION 子句将查询到的选修了"basketball"课程的数据插入指定分区中。

```
INSERT INTO TABLE phy_course_static_partition
PARTITION(opt_cour='basketball')
SELECT stname,stid,class FROM phy_course_hdfs
WHERE opt_cour='basketball';
```

第 3 步：使用 PARTITION 子句将查询到的选修了"football"课程的数据插入指定分区中。

```
INSERT INTO TABLE phy_course_static_partition
PARTITION(opt_cour='football')
SELECT stname,stid,class FROM phy_course_hdfs
WHERE opt_cour='football';
```

第 4 步：查看分区表 phy_course_static_partition 中的存储目录及目录下的数据，发现该表已经创建了 opt_cour=basketball 和 opt_cour=football 的两个分区，并且分区目录下存储了选修了"basketball"课程或"football"课程的学生信息，如图 4-9 所示。

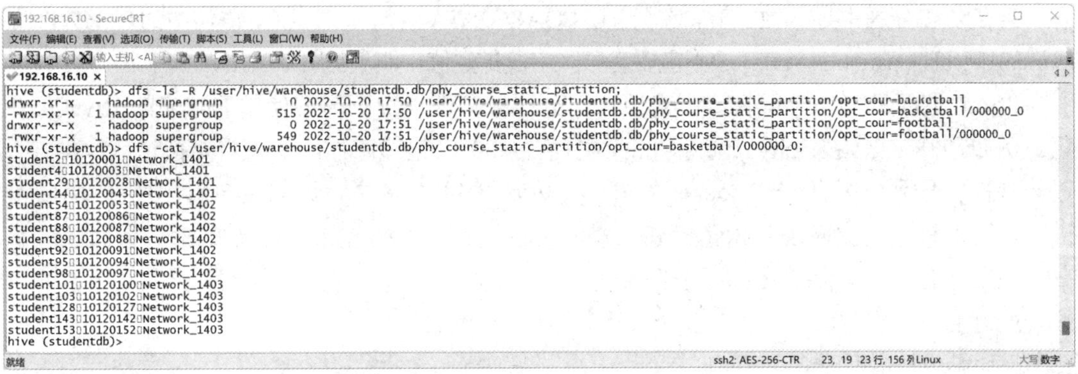

图 4-9　分区表 phy_course_static_partition 中的存储目录

第 5 步：通过分区表 phy_course_static_partition，可以查询到所有选修了"basketball"课程和"football"课程的学生数据，如图 4-10 所示。

图 4-10　分区表 phy_course_static_partition 中的学生数据

例 4-6 展示了使用查询语句插入数据的应用场景，phy_course_hdfs 表中已有数据，但没有分区，实际需求是把该表中的数据存储到分区表 phy_course_static_partition 的各分区中，使用查询语句插入数据非常合适。

4.2.2 在动态分区中导入数据

当在动态分区中导入数据时，必须通过 LOAD DATA 语句和 INSERT 语句中的 PARTITION (partcol1[=val1], partcol2[=val2] ...)不需要为分区字段指定值，即不需要 val1、val2 等。

例 4-6 展示的静态分区在数据量巨大、分区很多的情况下需要使用非常多的 HiveQL 语句。例如，假定原始表 phy_course_hdfs 中包含 100 门选修课程，如果需要把这些数据按照选修课程拆分到分区表 phy_course_static_partition 的各分区中，就需要使用 100 条 HiveQL 语句。为了解决这类问题，Hive 提供了动态分区。

使用动态分区必须满足如下条件。

- 开启动态分区。

```
set hive.exec.dynamic.partition=TRUE;
```

- 将分区模式设置为非严格的。

```
set hive.exec.dynamic.partition.mode=nonstrict;
```

当 hive.exec.dynamic.partition.mode 属性的值是 strict 时，要求分区字段必须有一个是静态的分区值；当 hive.exec.dynamic.partition.mode 属性的值是 nonstrict 时，允许所有分区是动态的。

【例 4-7】 创建内部分区表 phy_course_dynamic_partition，将 phy_course_hdfs 表的数据以动态分区方式按照选修课程分区插入分区表 phy_course_dynamic_partition 中。

第 1 步：创建分区表 phy_course_dynamic_partition。

```
CREATE TABLE phy_course_dynamic_partition(
    stname STRING COMMENT '姓名',
    stid STRING COMMENT '学号',
    class STRING COMMENT '班级')
PARTITIONED BY (opt_cour STRING COMMENT '选修课程');
```

第 2 步：使用动态分区将 phy_course_hdfs 表的分区插入分区表 phy_course_dynamic_partition 中。

```
INSERT INTO TABLE phy_course_dynamic_partition
PARTITION(opt_cour)
SELECT stname,stid,class,opt_cour FROM phy_course_hdfs;
```

第 3 步：查看分区表 phy_course_dynamic_partition 中的存储目录及目录下的数据，发现该表已经为所有选修课程自动创建了分区，并且分区目录下存储了选修了该门选修课程的学生信息，如图 4-11 所示。

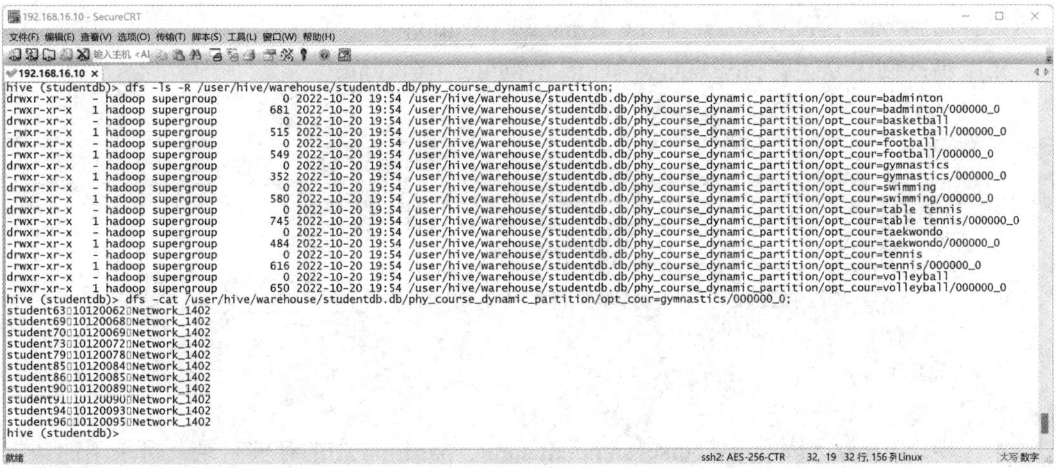

图 4-11　分区表 phy_course_dynamic_partition 的存储目录

由图 4-11 可知，分区表的 HDFS 存储目录下已经产生 9 个子目录，并且每个子目录下都生成了 000000_0 的数据存储文件，动态分区插入数据成功。

第 4 步：通过分区表 phy_course_dynamic_partition 可以查询到所有选修课程学生的 160 条数据，并且按照不同的选修课程分区存储，如图 4-12 所示。

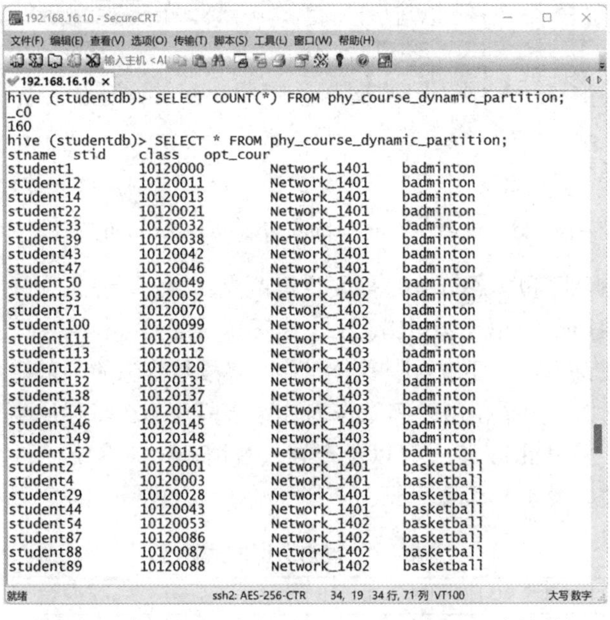

图 4-12　分区表 phy_course_dynamic_partition 中的数据

4.2.3　混合使用动态分区和静态分区导入数据

当使用 INSERT 语句导入数据时可以混合使用动态分区和静态分区。

【例 4-8】创建分区表 phy_course_static_dynamic_partition，设置 opt_cour、class 为分区字段，将 phy_course_hdfs 表中的数据以混合分区方式把选修了"football"课程的学生信息

分班级存储到分区表 phy_course_static_dynamic_partition 中。

第 1 步：创建分区表 phy_course_static_dynamic_partition。

```
CREATE TABLE phy_course_static_dynamic_partition(
    stname STRING COMMENT '姓名',
    stid STRING COMMENT '学号')
PARTITIONED BY (opt_cour STRING COMMENT '选修课程',class STRING COMMENT '班级');
```

第 2 步：使用混合分区的方式导入数据。

```
INSERT INTO TABLE phy_course_static_dynamic_partition
PARTITION(opt_cour='football',class)
SELECT stname,stid,class FROM phy_course_hdfs
WHERE opt_cour='football';
```

第 3 步：查看分区表 phy_course_static_dynamic_partition 中的存储目录及目录下的数据，发现已经创建了 opt_cour=football 的静态分区，在该分区下又以 class 为分区字段动态创建了 4 个班级的动态分区，并且各分区中存储了该班级选修了"football"课程的学生信息，如图 4-13 所示。

图 4-13　分区表 phy_course_static_dynamic_partition 的存储目录

在混合使用动态分区和静态分区时需要注意两点：第一，静态分区字段必须在动态分区字段之前，否则执行 HiveQL 语句会报错。第二，在默认情况下 hive.exec.dynamic.partition.mode 属性的值为 strict，在该模式下要求至少有一列分区字段是静态的，以避免因设计错误导致查询产生大量分区。例如，如果使用时间戳作为分区字段，那么每秒产生一个分区，分区数量是非常大的。因此，采用 strict 模式可以混合导入数据。

动态分区的属性如表 4-4 所示。

表 4-4　动态分区的属性

属性名称	默认值	描述
hive.exec.dynamic.partition	FALSE	若设置 TRUE，则表示开启动态分区功能
hive.exec.dynamic.partition.mode	strict	若设置为 nonstrict，则表示允许所有分区都是动态的
hive.exec.max.dynamic.partitions.pernode	100	每个 mapper 或 reducer 可以创建的最大动态分区个数。如果某个 mapper 或 reducer 尝试创建大于这个值的分区，就会抛出错误信息
hive.exec.max.dynamic.partitions	1000	一条动态分区创建语句可以创建的最大动态分区个数。如果超过这个值，就会抛出错误信息
hive.exec.max.created.files	100 000	全局可以创建的最大文件个数。Hadoop 计数器会跟踪记录创建了多少个文件，如果超过这个值，就会抛出错误信息

任务实施

前面已经在"大数据商业智能选址"项目的 ods_site 数据仓库中创建了 4 个分区表，这 4 个分区表中均没有数据。根据表 3-16 需要将源数据导入 ods_site 数据仓库的对应的分区表中，由于源数据文件是 TXT 格式的，并且均为 2018 年 5 月产生的数据，因此采用 LOAD DATA 静态分区方式导入数据，将各文本文件导入相应 ods_site 数据仓库的分区表中。

4.2.4 将源数据导入"大数据商业智能选址"项目的 ods_site 数据仓库的分区表中

根据表 3-16 将源数据文件 resident_pop.txt、 floating_pop.txt、consumption.txt 和 bank_app.txt 依次导入对应的分区表中，以上数据均来源于 2018 年 5 月，因此为各分区表创建 month 为'201805'的静态分区。由于数据是已经按分区存储的独立文件，因此采用 LOAD DATA 语句将数据导入各分区表中。

1. 将源数据文件 resident_pop.txt 导入基站常住人口表 ods_resident_pop 中

使用 LOAD DATA 语句将源数据文件 resident_pop.txt 导入基站常住人口表 ods_resident_pop 的分区 201805 中，如下所示。

```
LOAD DATA LOCAL INPATH '/home/hadoop/hivedata/intelligent_site/resident_pop.txt' OVERWRITE INTO TABLE ods_site.ods_resident_pop PARTITION(month = '201805');
```

查看基站常住人口表 ods_resident_pop，发现已经产生 month='201805'的分区信息，源数据文件 resident_pop.txt 已成功导入该分区中。因为添加了分区字段，因此表数据在源数据文件的基础上增加了 month 字段，如图 4-14 所示。

图 4-14 基站常住人口表 ods_resident_pop 的分区信息

2. 将源数据文件 floating_pop.txt 导入基站流动人口表 ods_floating_pop 中

使用 LOAD DATA 语句将源数据文件 floating_pop.txt 导入基站流动人口表 ods_floating_pop 的分区 201805 中，如下所示。

```
LOAD DATA LOCAL INPATH '/home/hadoop/hivedata/intelligent_site/floating_pop.txt' OVERWRITE INTO TABLE ods_site.ods_floating_pop partition(month = '201805');
```

查看基站流动人口表 ods_floating_pop 中的分区信息，结果如图 4-15 所示。

```
hive (ods_site)> dfs -ls -R /project/warehouse/intelligent_site/ods_site.db/ods_floating_pop;
drwxr-xr-x   - hadoop supergroup          0 2022-10-21 18:53 /project/warehouse/intelligent_site/ods_site.db/ods_floating_pop/month=201805
-rwxr-xr-x   1 hadoop supergroup       7864 2022-10-21 18:53 /project/warehouse/intelligent_site/ods_site.db/ods_floating_pop/month=201805/floating_pop.txt
hive (ods_site)> SHOW PARTITIONS ods_floating_pop;
partition
month=201805
hive (ods_site)> SELECT * FROM ods_floating_pop LIMIT 2;
bts_id  floating_num    month
200000_00234943 23566   201805
200000_00234973 47637   201805
hive (ods_site)> SELECT COUNT(*) FROM ods_floating_pop;
_c0
363
hive (ods_site)>
```

图 4-15　基站流动人口表 ods_floating_pop 的分区信息

3．将源数据文件 consumption.txt 导入消费信息表 ods_consumption 中

使用 LOAD DATA 语句将源数据文件 consumption.txt 导入消费信息表 ods_consumption 的分区 201805 中，如下所示。

LOAD DATA LOCAL INPATH '/home/hadoop/hivedata/intelligent_site/consumption.txt' OVERWRITE INTO TABLE ods_site.ods_consumption partition(month = '201805');

查看消费信息表 ods_consumption 的分区信息，结果如图 4-16 所示。

```
hive (ods_site)> dfs -ls -R /project/warehouse/intelligent_site/ods_site.db/ods_consumption;
drwxr-xr-x   - hadoop supergroup          0 2022-10-21 19:03 /project/warehouse/intelligent_site/ods_site.db/ods_consumption/month=201805
-rwxr-xr-x   1 hadoop supergroup      11112 2022-10-21 19:03 /project/warehouse/intelligent_site/ods_site.db/ods_consumption/month=201805/consumption.txt
hive (ods_site)> SHOW PARTITIONS ods_consumption;
partition
month=201805
hive (ods_site)> SELECT * FROM ods_consumption LIMIT 2;
bts_id  high_num        mid_num low_num month
200000_00234943 2072    6598    6589    201805
200000_00234973 3628    12731   12727   201805
hive (ods_site)> SELECT COUNT(*) FROM ods_consumption;
_c0
363
hive (ods_site)>
```

图 4-16　消费信息表 ods_consumption 的分区信息

4．将源数据文件 bank_app.txt 导入银行 App 明细表 ods_bank_app 中

使用 LOAD DATA 语句将源数据文件 bank_app.txt 导入银行 App 明细表 ods_bank_app 的分区 201805 中，如下所示。

LOAD DATA LOCAL INPATH '/home/hadoop/hivedata/intelligent_site/bank_app.txt' OVERWRITE INTO TABLE ods_site.ods_bank_app partition(month = '201805');

查看银行 App 明细表 ods_bank_app 的分区信息，结果如图 4-17 所示。

```
hive (ods_site)> dfs -ls -R /project/warehouse/intelligent_site/ods_site.db/ods_bank_app;
drwxr-xr-x   - hadoop supergroup          0 2023-11-20 12:38 /project/warehouse/intelligent_site/ods_site.db/ods_bank_app/month=201805
-rwxr-xr-x   1 hadoop supergroup       7776 2023-11-20 12:38 /project/warehouse/intelligent_site/ods_site.db/ods_bank_app/month=201805/bank_app.txt
hive (ods_site)> SHOW PARTITIONS ods_bank_app;
partition
month=201805
hive (ods_site)> SELECT * FROM ods_bank_app LIMIT 2;
bts_id  resident_app_num        floating_app_num        month
200000_00234943 0       87      201805
200000_00234973 0       76      201805
hive (ods_site)> SELECT COUNT(*) FROM ods_bank_app;
_c0
363
hive (ods_site)>
```

图 4-17　银行 App 明细表 ods_bank_app 的分区信息

任务小结

通过学习本任务，读者能将数据导入分区表的动态分区和静态分区中。需要注意的是，由于动态分区可能产生严重的数据倾斜，因此建议少用动态分区，或者关闭动态分区。通过本模块的"实践创新"部分的"大数据智慧旅游"项目将智慧旅游数据导入对应分区表中，读者可以在独立实践探索中创新并磨炼出精益求精的技能。

任务 4.3　修改和删除分区

任务分析

在分区表创建好之后，如果发现设置的分区字段不尽合理，尤其是新手初次创建分区表时由于分析实际数据分区字段考虑不周全，或者随着业务数据量迅速增加等，需要新增分区字段、重新指定分区目录、重新命名分区字段等。

本任务以"学生信息系统"项目为实操载体，帮助读者完成添加分区、修改分区路径、修改分区字段名和删除分区等学习目标。

技术准备

项目模块 3 中的关于修改表和删除表的所有操作均适用于分区表。在 Hive 中，可以使用 ALTER TABLE...ADD PARTITION 语句添加分区，可以使用 ALTER TABLE...PARTITION...SET LOCATION 语句修改分区路径，可以使用 ALTER TABLE...PARTITION...RENAME TO PARTITION 语句修改分区字段名，可以使用 ALTER TABLE...DROP PARTITION 语句删除分区。

4.3.1　添加分区

为表添加分区的语法格式如下所示。

```
ALTER TABLE table_name
ADD [IF NOT EXISTS] PARTITION partition_spec [LOCATION 'location'][, PARTITION partition_spec [LOCATION 'location'], ...];
```

使用上述语句可以为表添加一个或多个分区。新数据被加载到 HDFS 中时会进入已有外部分区表的子目录下，此时需要运行以上命令来添加新分区。

【例 4-9】为分区表 phy_course_static_partition 添加 opt_cour 为 badminton 的新分区，将 phy_course_badminton.txt 文件上传到 HDFS 的/hivedata/phy_course_badminton 目录下，并将该文件作为新分区数据。

第 1 步：创建目录，并将 phy_course_badminton.txt 文件上传到指定的目录下。

```
dfs -mkdir /hivedata/phy_course_badminton;
dfs -put /home/hadoop/hivedata/student/phy_course_badminton.txt /hivedata/phy_course_badminton;
```

第 2 步：为分区表 phy_course_static_partition 添加新分区。

```
ALTER TABLE phy_course_static_partition
ADD PARTITION (opt_cour='badminton')
LOCATION "/hivedata/phy_course_badminton";
```

第 3 步：查询分区表 phy_course_static_partition 的分区信息，结果如图 4-18 所示。

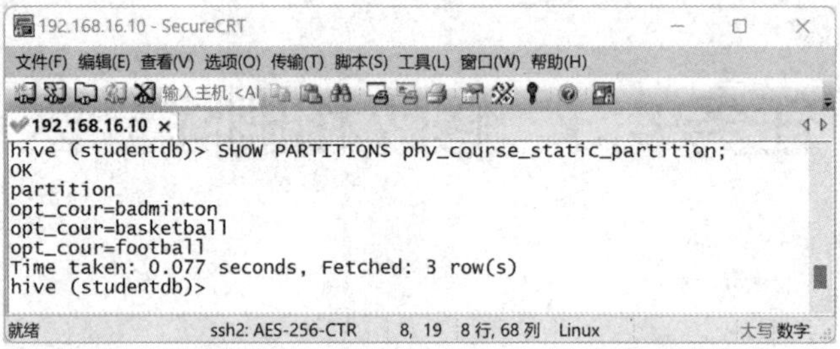

图 4-18　分区表 phy_course_static_partition 的分区信息

第 4 步：查询 opt_cour 为 badminton 的新分区，结果如图 4-19 所示。

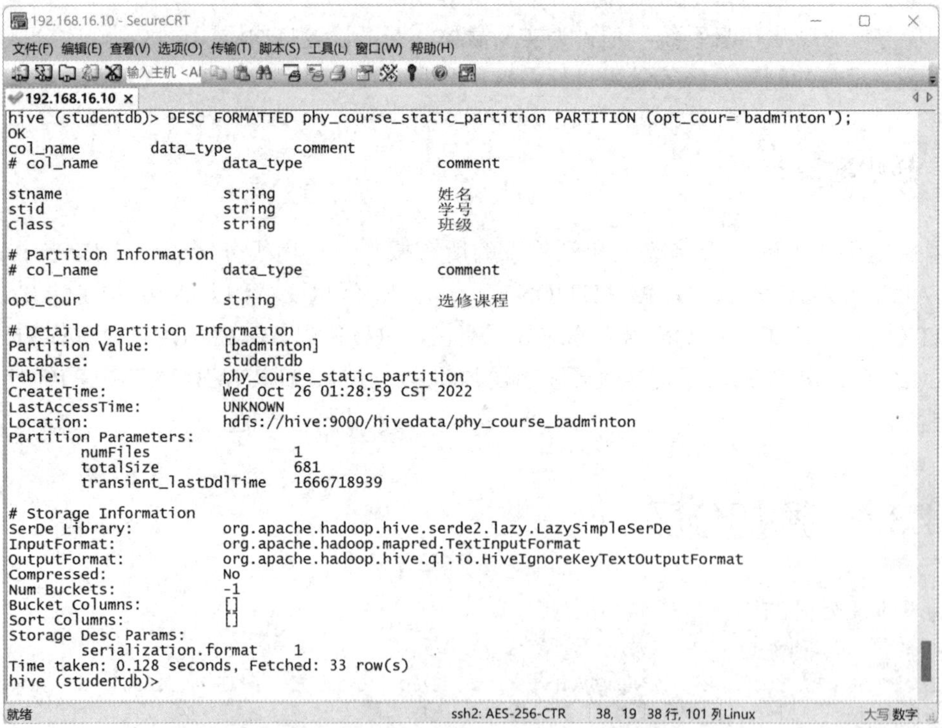

图 4-19　opt_cour 为 badminton 的新分区信息

由图 4-19 可知，该分区的数据存储位置是在添加该分区时通过 LOCATION 所指定的存储目录，与该表的其他两个分区的存储位置并不相同。

【例 4-10】 在分区表 phy_course_static_partition 的存储目录下分别创建 opt_cour =

volleyball 和 opt_cour = tennis 的子目录。

第 1 步：在分区表的存储目录下创建两个子目录。

```
dfs -mkdir /user/hive/warehouse/studentdb.db/phy_course_static_partition/opt_cour=volleyball;

dfs -mkdir /user/hive/warehouse/studentdb.db/phy_course_static_partition/opt_cour=tennis;
```

第 2 步：查看分区表 phy_course_static_partition 的分区信息（见图 4-20），分区没有发生变化。

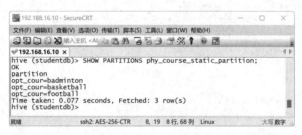

图 4-20　分区表 phy_course_static_partition 的分区信息 1

第 3 步：对分区表执行如下命令。

```
MSCK REPAIR TABLE studentdb.phy_course_static_partition;
```

第 4 步：再次查看分区表 phy_course_static_partition 的分区信息（见图 4-21），分区发生变化。

图 4-21　分区表 phy_course_static_partition 的分区信息 2

上面直接向 Hive 表在 HDFS 中的存储位置创建分区存储数据，新的分区信息添加到 HDFS 中，没有添加到 MySQL 的 Metastore 中，此时需要使用 MCSK REPAIRE TABLE 语句"刷新分区"。

在执行 MCSK REPAIRE TABLE 语句之后，Hive 将检测该表在 HDFS 上的文件，并把未写入 Metastore 的分区信息更新到 Metastore 中。

4.3.2　修改分区路径

修改分区表的分区路径的语法格式如下所示。

```
ALTER TABLE table_name PARTITION partition_spec
SET LOCATION "new location";
```

上述语句用于修改表的某个分区的路径，对表中的数据不会有任何影响。

【例 4-11】　将分区表 phy_course_static_partition 中 opt_cour 为 badminton 的分区路径修改为/user/hive/warehouse/studentdb.db/phy_course_static_partition/badminton。

第 1 步：修改 badminton 的分区路径。

```
ALTER TABLE studentdb.phy_course_static_partition
PARTITION (opt_cour='badminton')
SET LOCATION '/user/hive/warehouse/studentdb.db/phy_course_static_partition/badminton';
```

第 2 步：查看 badminton 的分区信息，如图 4-22 所示。

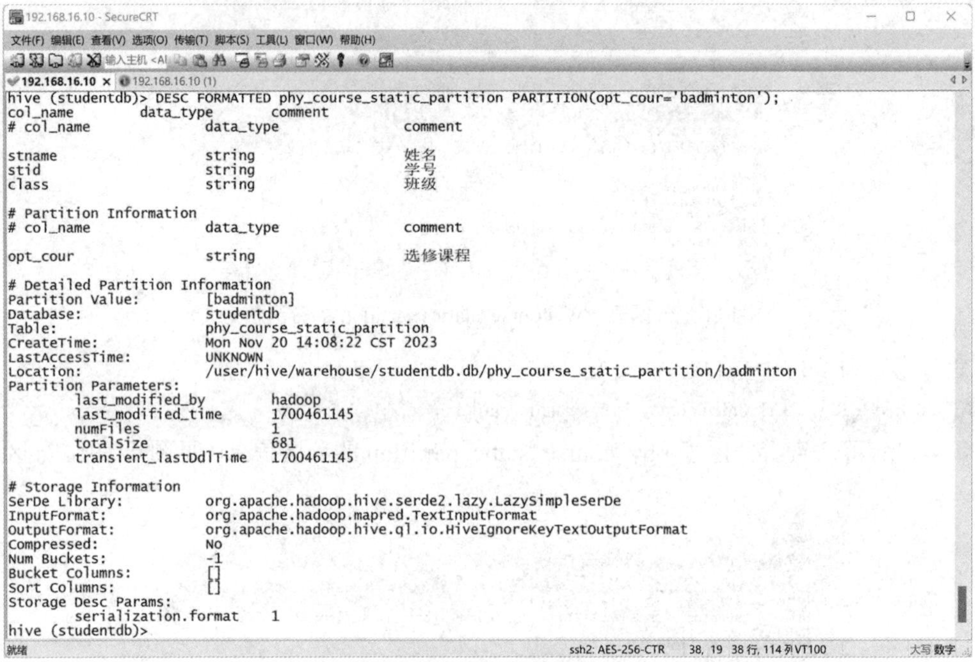

图 4-22　badminton 的分区信息

由图 4-22 可知，badminton 的分区已经由原来的 /hivedata/phy_course_badminton 目录修改为当前目录，由于当前分区存储目录 /user/hive/warehouse/studentdb.db/phy_course_static_partition/badminton 还未创建，因此在执行如下语句时发现并没有 badminton 分区数据。

```
SELECT * FROM phy_course_static_partition;
```

4.3.3　修改分区字段名

修改分区字段名的语法格式如下所示。

```
ALTER TABLE table_name PARTITION partition_spec
RENAME TO PARTITION partition_spec;
```

【例 4-12】 将分区表 phy_course_static_partition 中 opt_cour 为 basketball 的分区名修改为 basketball-1。

第 1 步：将分区名 basketball 修改为 basketball-1。

```
ALTER TABLE studentdb.phy_course_static_partition
PARTITION(opt_cour="basketball")
RENAME TO PARTITION(opt_cour="basketball-1");
```

第 2 步：查看分区表 phy_course_static_partition 的存储目录和数据，如图 4-23 所示。

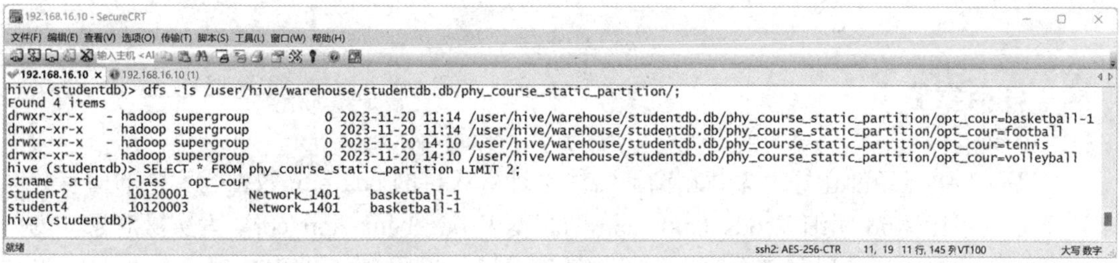

图 4-23　分区表 phy_course_static_partition 的存储目录和数据

由图 4-23 可知，在修改分区字段名之后，该分区的存储目录名和分区数据也相应发生变化。

4.3.4　删除分区

删除分区的语法格式如下所示。

ALTER TABLE table_name

DROP [IF EXISTS] PARTITION partition_spec[, PARTITION partition_spec, ...]

上述语句可以为表删除一个分区，其中，IF EXISTS 是可选项。该语句从 Hive Metastore 中删除分区元数据。与 DROP TABLE 语句一样，只有当表是内部表时，Hive 才能删除真实的分区数据。当外部表删除分区时，分区内的数据不会被删除。

【例 4-13】　将分区表 phy_course_static_partition 中 opt_cour 为 basketball-1 的分区删除。

第 1 步：删除 opt_cour 为 basketball-1 的分区。

ALTER TABLE studentdb.phy_course_static_partition

DROP PARTITION(opt_cour='basketball-1');

第 2 步：查看分区表 phy_course_static_partition 的存储目录和数据，如图 4-24 所示。

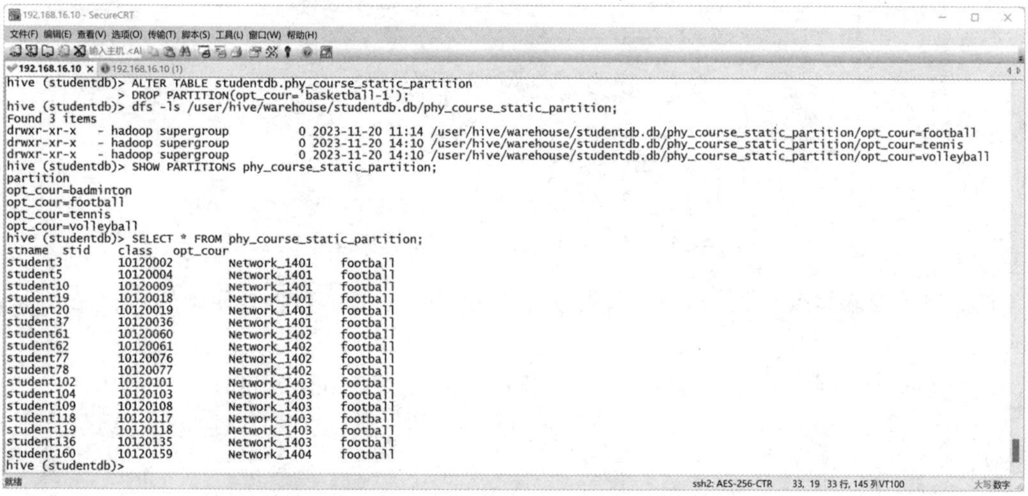

图 4-24　分区表 phy_course_static_partition 的存储目录和数据

由图 4-24 可知，由于分区表 phy_course_static_partition 为内部表，因此其 basketball-1 的分区目录及分区信息已经被删除，并且关于 basketball-1 分区的数据也被删除。

任务 4.1 中已经创建好"大数据商业智能选址"项目的 ods_site 数据仓库中的所有分区表，下面以银行 App 明细表 ods_bank_app 的副本表 ods_bank_app_copy 为实操对象，为分区表添加表注释、表字段和表分区，以及修改表分区、删除表分区等。

4.3.5 修改"大数据商业智能选址"项目的 ods_site 数据仓库中的分区表

复制"大数据商业智能选址"项目的 ods_site 数据仓库中的分区表银行 App 明细表 ods_bank_app，并命名为 ods_bank_app_copy。

```
CREATE TABLE ods_site.ods_bank_app_copy LIKE ods_site.ods_bank_app;
```

查看 ods_bank_app_copy 表的详细信息，发现该表未复制表注释信息，如图 4-25 所示。

图 4-25　ods_bank_app_copy 表的详细信息 1

按照以下要求修改"大数据商业智能选址"项目的 ods_site 数据仓库中的 ods_bank_app_copy 表。

（1）添加表注释，注释内容为"此表为银行 App 明细表 ods_bank_app 的副本"。

```
ALTER TABLE ods_site.ods_bank_app_copy SET TBLPROPERTIES('comment' = '此表为银行 App 明细表
ods_bank_app 的副本');
```

（2）添加表字段 day，该字段的数据类型为 DATE。

```
ALTER TABLE ods_site.ods_bank_app_copy ADD COLUMNS(day DATE COMMENT '统计 App 使用时的日期');
```

再次查看 ods_bank_app_copy 表的详细信息，发现此时已经添加了注释和新的 day 字段，如图 4-26 所示。

图 4-26　ods_bank_app_copy 表的详细信息 2

（3）添加两个分区，month 为'202212'和 month 为'203301'，并分别指定路径为 /home/hadoop/hivedata/temp202212 和/home/hadoop/hivedata/temp203301，代码如下所示。

```
ALTER TABLE ods_site.ods_bank_app_copy ADD PARTITION(month='202212');
ALTER TABLE ods_site.ods_bank_app_copy ADD PARTITION(month='203301');
```

查看表的分区情况，代码如下所示。

```
SHOW PARTITIONS ods_site.ods_bank_app_copy;
```

发现已经成功添加了两个分区，如图 4-27 所示。

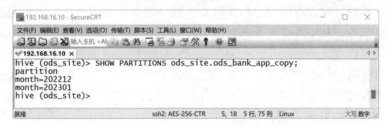

图 4-27　ods_bank_app_copy 表的分区信息 1

（4）将 month 为'202212'的分区的字段名修改为'203302'，代码如下所示。

```
ALTER TABLE ods_site.ods_bank_app_copy PARTITION(month='202212') RENAME TO
PARTITION(month='203302');
```

查看表的分区情况，发现分区信息已经修改，如图 4-28 所示。

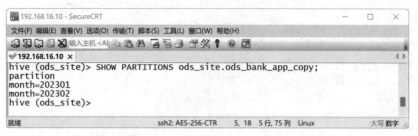

图 4-28　ods_bank_app_copy 表的分区信息 2

（5）删除 month 为'202302'的分区，代码如下所示。

```
ALTER TABLE ods_site.ods_bank_app_copy DROP PARTITION(month='202302');
```

查看表的分区情况，发现 month 为'202302'的分区已经删除，如图 4-29 所示。

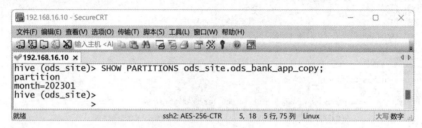

图 4-29　ods_bank_app_copy 表的分区信息 3

 任务小结

通过学习本任务，读者能对已经创建好的分区表进行分区结构修改和完善。需要注意的是，在修改分区路径时，该分区下的数据会随着路径修改而改变。通过本模块的"实践创新"部分的"大数据智慧旅游"项目独立完善和优化各分区表结构，读者可以在独立实践探索中创新并磨炼出精益求精的技能。

模块总结

通过学习本模块，读者不仅能分析实际业务数据格式并创建分区表，还能对创建好的分区表进行完善和修改，并将源数据导入对应分区表的分区中。本模块包括的知识点和技能点如下。

（1）分区的概念：Hive 中的分区从本质上来说是分目录，把大数据集根据业务需要分割成小数据集，并存储在各分区目录下。分区提升了 Hive 的查询效率，减少了全表查询扫描，只查询扫描匹配条件的分区目录。

（2）创建和管理分区表：重点是能使用 CREATE TABLE 语句中的 PARTITIONED BY 子句根据需求定义分区字段并创建分区表，能使用 SHOW PARTITIONS 语句查看分区信息。

（3）将数据导入分区表中：重点是区分静态分区和动态分区，二者在建表时没有任何区别，但在导入数据时有区别。导入数据时手动指定分区，即为分区字段指定了值就是静态分区。导入数据时系统动态判断目标分区就是动态分区。

（4）修改和删除分区：重点是能使用 ALTER TABLE...ADD PARTITION...语句添加分区，能使用 ALTER TABLE...PARTITION...SET LOCATION...语句修改分区路径，能使用 ALTER TABLE...PARTITION...RENAME TO PARTITION...语句修改分区字段名，能使用 ALTER TABLE...DROP PARTITION...语句删除分区。

实践创新

实践工单 4 管理"大数据智慧旅游"项目的分区表中的数据

班级：_____　　　　姓名：_____　　　　实践用时：_____

一、实践描述

在本次实践中需要认真研读附录 C 和附录 D，由此厘清项目中各表之间的关系，同时观察 6 个源数据文件理解各分区表字段的含义。

二、实践目标

独立完成相关项目文档的研读。

独立完成"大数据智慧旅游"项目分区表的创建。

独立完成将"大数据智慧旅游"项目的数据导入分区表中。

三、实践内容

✎研读文档

1．研读附录 C"大数据智慧旅游"项目的数据处理流程。

　　□ 完成　　　　　□ 未完成，困难_____

2．研读附录 D"大数据智慧旅游"项目的逻辑模型设计。

　　□ 完成　　　　　□ 未完成，困难_____

✎创建分区表

1．在恰当的数据库中创建分区表关键词全国用户搜索接口表 S_KEYWORDS_SEEK。

　　表所属数据库_____　　□ 完成　　　□ 未完成，困难_____

2．在恰当的数据库中创建分区表关键词游客搜索接口表 S_CUST_FROM_KEYWORD"。

　　表所属数据库_____　　□ 完成　　　□ 未完成，困难_____

3．在恰当的数据库中创建分区表游客搜索景区关键词表 CUST_KEYWORDS_DAY。

　　表所属数据库_____　　□ 完成　　　□ 未完成，困难_____

4．在恰当的数据库中创建分区表关键词全国用户搜索表 KEYWORDS_SEEK_DAY。

　　表所属数据库_____　　□ 完成　　　□ 未完成，困难_____

✎将数据导入分区表中

1．将数据导入分区表关键词全国用户搜索接口表 S_KEYWORDS_SEEK 中。

　　源数据文件名_____　　□ 完成　　　　□ 未完成，困难_____

2．将数据导入分区表关键词游客搜索接口表 S_CUST_FROM_KEYWORDS 中。

　　源数据文件名_____　　□ 完成　　　　□ 未完成，困难_____

3．将数据导入分区表游客搜索景区关键词表 CUST_KEYWORDS_DAY 中。

　　源数据文件名_____　　□ 完成　　　　□ 未完成，困难_____

4．将数据导入分区表关键词全国用户搜索表 KEYWORDS_SEEK_DAY 中。

　　源数据文件名_____　　□ 完成　　　　□ 未完成，困难_____

四、出错记录

请将你在任务实践过程中出现的错误及其解决方法记录在下表中。

序号	出现的错误	错误提示	解决方法
1			
2			

五、实践评价

请对你的实践做出星级评价。

□ ★★★★★   □ ★★★★   □ ★★★   □ ★★   □ ★

检测反馈

一、填空题

1. 在 Hive 中可以通过 CREATE TABLE 语句的_____子句创建分区表。
2. 在查询分区表分区信息的语法格式中，表示查看分区表分区信息的语句是_____。
3. 在分区表中添加分区时，可以通过_____子句判断添加的分区是否存在。
4. 删除分区是根据分区表的_____删除分区表的实际分区。

二、判断题

1. 分区表中的分区字段名不能与分区表的列名相同。　　　　　　　　　（　　　）
2. 分区表创建完成后是无法修改分区字段的。　　　　　　　　　　　　（　　　）
3. 通过查询分区表分区信息的语法格式，可以查看分区表指定分区的分区信息。
　　　　　　　　　　　　　　　　　　　　　　　　　　　　　　　　（　　　）
4. 分区表在没有实际分区之前分区信息为空。　　　　　　　　　　　　（　　　）
5. 向分区表中添加分区时无法指定分区的存储位置。　　　　　　　　　（　　　）
6. 重命名分区就是根据分区表的实际分区修改分区表的分区字段。　　　（　　　）

三、单选题

1. 下列选项中关于分区表的描述错误的是（　　　）。
   A. 使用分区表可以降低查询效率
   B. 使用分区表可以解决数据倾斜问题
   C. 使用分区表可以将数据划分为多个子目录
   D. 使用分区表可以避免 Hive 进行全表扫描
2. 下列选项中用于重命名分区表分区的是（　　　）。
   A. RENAME PARTITION　　　　　　B. RENAME TO PARTITIONS
   C. RENAME TO PARTITION　　　　　D. RENAME PARTITIONS
3. 下列关于分区表的描述错误的是（　　　）。
   A. 分区表创建完成后无法修改分区字段
   B. 分区表创建完成后无法添加分区字段
   C. 分区表中的分区字段名可以与分区表的列名相同

D. 分区表中的分区字段名不能与分区表的列名相同

4. 下列选项中关于分区表的描述错误的是（　　　）。

    A. 外部分区表被删除，数据也会被删除

    B. Hive 中的分区从本质上来说是分目录

    C. Hive 分区表可以使查询效率大大提高

    D. 采用动态分区导入数据不需要为分区字段指定值

5. Hive 用于增加表分区的是（　　　）。

    A. hive>ALTER TABLE student ADD PARTITION...

    B. hive>ALTER TABLE student DROP PARTITION...

    C. hive>ALTER TABLE student INSERT PARTITION...

    D. hive>ALTER TABLE student PARTITION...

6. Hive 用于删除表分区的是（　　　）。

    A. hive>ALTER TABLE student ADD PARTITION...

    B. hive>ALTER TABLE student DROP PARTITION...

    C. hive>ALTER TABLE student INSERT PARTITION...

    D. hive>ALTER TABLE student PARTITION...

7. Hive 用于修改表分区的是（　　　）。

    A. hive>ALTER TABLE student ADD PARTITION...

    B. hive>ALTER TABLE student DROP PARTITION...

    C. hive>ALTER TABLE student INSERT PARTITION...

    D. hive>ALTER TABLE student PARTITION...

四、简答题

1. 谈谈你对分区表的理解。

2. 简述静态分区和动态分区的区别。

五、思考题

2021 年 11 月 12 日，东芝集团对外宣布其拆分计划：Infrastructure Service Co.的主要业务为基础设施服务，不仅包含此前的能源系统和解决方案、基础设施系统和解决方案、建筑解决方案、数字解决方案及电池业务，还包含先进的工业技术，如物联网、工厂自动化、智能电网和量子计算；Device Co.的主要业务为东芝的电子设备和存储解决方案；东芝将继续持有 Kioxia 铠侠及 Toshiba Tec Corporation 的股份。官方表示，东芝拆分后会使业务更加灵活，每个公司在其领域内能够做出更精准的决策，降低运营成本，发挥自身优势。

1. 了解东芝集团及本次拆分计划的执行情况。

2. 基于东芝集团和拆分计划，谈谈你对 Hive 表分区管理的理解。

项目模块 5

分析和导出仓库数据

Hive 提供了非常便捷的数据查询功能，这也是 Hive 被广泛使用的原因之一。Hive 的查询功能使用 SELECT 语句实现，其与关系型数据库的 SELECT 语句非常相似。Hive 对存储在 HDFS 中的数据执行 ETL 操作需要频繁地查询和分析数据，因此，SELECT 语句的使用最频繁，支持的语法也比较复杂。Hive 中的 SELECT 语句的基础语法和标准 SQL 的语法基本上是一致的，支持使用 LIMIT 子句限定返回的查询结果，支持使用 CASE 分支表达式对查询结果列数据进行条件判断，支持使用 WHERE 子句对查询进行条件过滤，支持使用 GROUP BY 子句实现字段分组，支持使用 JOIN 实现多个表连接查询，支持使用排序子句对查询结果数据进行排序等。

本模块以"学生信息系统"项目、"大数据商业智能选址"项目和"大数据智慧旅游"项目为实操载体，介绍"分析仓库数据"和"导出仓库数据"两个任务，帮助读者完成灵活统计分析数据、导出数据的学习目标。

学习任务

- 📄 任务5.1 分析仓库数据
- 📄 任务5.2 导出仓库数据

学习目标

- 理解并熟记SELECT语句的语法
- 能查询全表、查询指定列并指定列别名、查询集合数据类型列、查询应用算术运算的数据、查询应用常用函数的数据等
- 能应用LIMIT子句限制返回查询结果
- 能应用CASE分支表达式实现数据分析统计时的多情况结果
- 能应用WHERE子句结合谓词操作符、逻辑运算符实现有条件的数据分析统计
- 能应用ORDER BY子句、SORT BY子句结合DISTRIBUTE BY子句、CLUSTER BY子句实现数据排序
- 能应用GROUP BY子句结合HAVING子句实现数据分组统计分析并筛选结果
- 能应用INNER JOIN、LEFT OUTER JOIN、RIGHT OUTER JOIN、FULL OUTER JOIN、CROSS JOIN实现多表连接的数据分析统计
- 能应用多表嵌套实现复杂数据分析统计
- 理解并熟记导出表中数据的语法
- 能熟练导出表中数据

任务 5.1　分析仓库数据

任务分析

　　大数据导入并存储到表中后，将会根据业务需求对大数据进行分析计算，以发现诸如隐藏模式、相关性、市场趋势和消费者偏好等信息，这些信息可以帮助企业做出更科学的决策，以提高其核心竞争力和服务质量等。前面几个项目模块已经创建好"大数据商业智能选址"项目的仓库、表，并将源数据导入表中。本任务根据智能选址项目的实际业务需求分为 3 个阶段（分别为分析计算明细层数据、分析计算已建址银行要素值、分析过滤不可建址区域）进行大数据分析计算，以此灵活地综合运用各数据分析技能，帮助读者完成分析仓库数据的学习目标。

技术准备

　　本任务的"技术准备"部分以"学生信息系统"项目为实操载体，帮助读者了解 Hive

查询语句的使用，包括使用 SELECT 语句查询指定字段，使用 LIMIT 子句限定返回的查询结果，使用 CASE 分支表达式对查询结果列数据进行条件判断，使用 WHERE 子句对查询进行条件过滤，使用 GROUP BY 子句实现字段分组，以及使用 JOIN 实现多个表的连接。

5.1.1 SELECT 语句

SELECT 是 SQL 中的射影算子，FROM 子句标识了从哪个表、视图或嵌套查询中选择记录。

在 Hive 中查询表的基本语法格式如下所示。

```
SELECT [ALL | DISTINCT] select_expr, select_expr, ...
FROM table_reference
[WHERE where_condition]
[GROUP BY col_list [HAVING condition]]
[ORDER BY col_list]
[CLUSTER BY col_list
    | [DISTRIBUTE BY col_list] [SORT BY col_list]
]
[LIMIT [offset,] rows];
```

SELECT 语句可以是 UNION 查询的一部分，也可以是另一个查询的子查询。

上述语法格式中的 ALL 和 DISTINCT 用来指定是否返回结果集中的重复行，ALL 表示返回查询的所有记录，DISTINCT 表示删除结果集中的重复记录后返回，在不指定任何关键字的情况下，默认值为 ALL。select_expr 表示返回的查询列表。

FROM 子句用于指定从哪个数据表中查询数据。FROM 子句有两种使用方式：第一，在 SELECT 语句之后；第二，在 SELECT 语句之前。table_reference 表示查询的输入，既可以是表、视图，又可以是联合查询或子查询。

微课

1. 查询全表

查询全表即查询表中的所有列的所有行数据，如例 5-1 所示。

【例 5-1】 查询 studentdb 数据库的 student 表中的所有列。

```
hive (studentdb)> SELECT * FROM student;
```

运行结果如图 5-1 所示。

图 5-1   student 表中的所有列

2．查询指定列并指定列别名

1）查询某些列并取列别名

列别名，通常用于重命名一个列，便于计算。别名可以紧跟列名，也可以在列名和别名之间加上关键字 AS。

【例 5-2】 查询 studentdb 数据库的 student 表中的 course_scores 列并指定为别名 cs。

```
SELECT course_scores AS cs FROM student;
```

运行结果如图 5-2 所示。

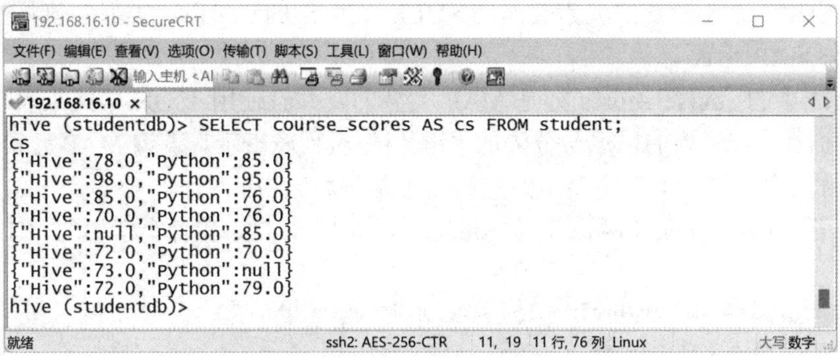

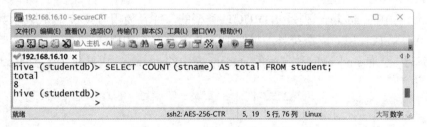

图 5-2　查询并指定列别名

2）查询处理后产生的新列并指定别名

在查询时经常使用运算符或函数对某些数据进行处理，处理后会产生新的列，这个列在原表中是不存在的，通常有必要为新的列起一个别名。

【例 5-3】查询 studentdb 数据库的 student 表中的学生总数，指定查询结果的列名为 total。

```
SELECT COUNT(stname) AS total FROM student;
```

运行结果如图 5-3 所示。

图 5-3　student 表中的学生总数

3．查询集合数据类型列

当查询选择的列是集合数据类型时，Hive 会使用 JSON 语法应用于输出。

1）查询 ARRAY 元素

student 表中的 roommate 列是一个 STRING 类型的数组。该数组的下标从 0 开始，值使用一个被括在 "[]" 内的以逗号分隔的列表表示。

【例 5-4】查询 studentdb 数据库的 student 表中每条数据的 stname 和 roommate 列的第 1 个元素。

```
SELECT stname, roommate[0] AS first_roommate FROM student LIMIT 2;
```

运行结果如图 5-4 所示。

图 5-4　查询 roommate 列的第 1 个元素并重命名

查询并引用一个不存在的元素会返回 NULL。提取出的 STRING 类型的值将不再加引号。

2）查询 MAP 元素

student 表中的 course_scores 列是 MAP 类型的，并且使用 JSON 格式来表示 MAP，即使用一个被括在"{}"内的以逗号分隔的"键:值"对列表表示。查询 MAP 元素可以使用数组查询元素的语法，但"[]"中使用的是键而不是整数索引。

【例 5-5】　查询 studentdb 数据库的 student 表中的 stname 和每个学生的"Hive"课程的成绩。

SELECT stname, course_scores['Hive'] AS Hive_score FROM student LIMIT 2;

运行结果如图 5-5 所示。

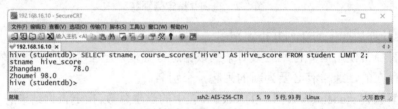

图 5-5　查询 course_scores 列中 key 为 Hive 的值

3）查询 STRUCT 元素

student 表中的 address 列是 STRUCT 类型的，并且使用 JSON 格式表示数据。查询 STRUCT 元素，应使用"点"符号，类似于"表名.列名"的用法。

【例 5-6】　查询 studentdb 数据库的 student 表中的 stname，以及每个学生的 address 列中的 city 信息。

SELECT stname, address.city FROM student LIMIT 2;

运行结果如图 5-6 所示。

图 5-6　查询 address 列中的 city 信息

4. 算术运算符

Hive 支持所有典型的算术运算符，算术运算符接受任意的数据类型。如果数据类型不同，那么两种类型中值范围较小的那个数据类型将转换为其他范围更大的数据类型。例如，对于

INT 类型和 BIGINT 类型的运算，INT 类型会转换为 BIGINT 类型。

表 5-1 中列举了 Hive 支持的算术运算符。

表 5-1　Hive 支持的算术运算符

运算符	操作	描述
A + B	所有数据类型	A 加上 B 的结果
A - B	所有数据类型	A 减去 B 的结果
A * B	所有数据类型	A 乘以 B 的结果
A / B	所有数据类型	A 除以 B 的结果
A % B	所有数据类型	A 除以 B 产生的余数
A & B	所有数据类型	A 和 B 按位与的结果
A | B	所有数据类型	A 和 B 按位或的结果
A ^ B	所有数据类型	A 和 B 按位异或的结果
~A	所有数据类型	A 按位取反的结果

【例 5-7】　求 student 表中每个学生的课程平均分。

```
SELECT stname,(course_scores['Hive']+course_scores['Python'])/2 AS av_score
FROM student LIMIT 2;
```

运行结果如图 5-7 所示。

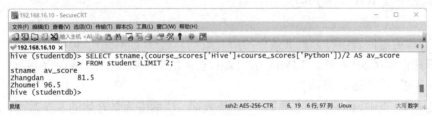

图 5-7　求 student 表中每个学生的课程平均分

5. 常用函数

Hive 中有很多函数，后续任务中会专门讲述各类函数，这里只介绍常用的求总行数函数 COUNT、求平均值函数 AVG。

需要注意的是，默认在执行 COUNT(*)操作时返回的结果为 0。这是因为，在 Hive 中设置 hive.compute.query.using.stats 的默认值为 TRUE，表示读取表级统计信息中的数据；如果设置为 FALSE，那么不读取统计数据，而是执行 MR 任务。

【例 5-8】　使用 COUNT 函数统计学生来自的城市数。

```
SELECT COUNT(DISTINCT address.city) citys FROM student;
```

运行结果如图 5-8 所示。

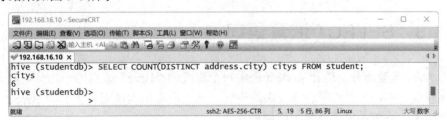

图 5-8　统计 student 表中学生来自的城市数

DISTINCT 关键字用于过滤重复记录，只保留一条。因此，student 表中相同的 city 在统计时只计算 1 条。

【例 5-9】 使用 AVG 函数求 student 表中"Hive"课程和"Python"课程的平均分。

```
SELECT AVG(course_scores['Hive']) AS avg_Hive,
    AVG(course_scores['Python']) AS avg_Python
FROM student;
```

运行结果如图 5-9 所示。

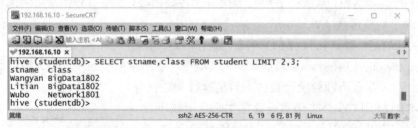

图 5-9 求"Hive"课程和"Python"课程的平均分

5.1.2 LIMIT 子句

使用查询将返回表中符合查询条件的所有数据，通过 LIMIT 子句可以限制返回的行数（详细的语法请参考 5.1.1 节）。LIMIT 子句显示查询结果中限定的前 rows 条数据，或者从索引 offset 开始之后的 rows 条数据。

【例 5-10】 查询 student 表中的第 3～5 条数据（从索引为 2 开始的 3 条数据）的 stname 和 class。

```
SELECT stname,class FROM student LIMIT 2,3;
```

运行结果如图 5-10 所示。

图 5-10 查询 student 表中的第 3～5 条数据

5.1.3 SELECT 嵌套语句

使用 AVG 函数能分别统计 student 表中每个班级的"Hive"课程的平均分。如果更进一步，需要获取"Hive"课程平均分最高的班级，那么应如何实现呢？下面的 HiveQL 语句按照先求班级平均分再求平均分最大值的顺序执行发生了错误。

```
hive (studentdb)> SELECT class, MAX(AVG(course_scores['Hive']) AS avg_Hive) FROM student GROUP BY class;
FAILED: ParseException line 1:16 cannot recognize input near 'MAX' '(' 'AVG' in expression specification
```

显然，和 MySQL 一样，Hive 也不支持聚合函数的嵌套，要解决以上问题需要使用嵌套查询。

【例 5-11】　使用嵌套查询统计 student 表中各班级"Hive"课程平均分的最大值。

```
FROM (
    SELECT class,AVG(course_scores['Hive']) AS avg_Hive
    FROM studentdb.student
    GROUP BY class
) AS rs
SELECT MAX(rs.avg_Hive) AS max_avg_Hive;
```

运行结果如图 5-11 所示。

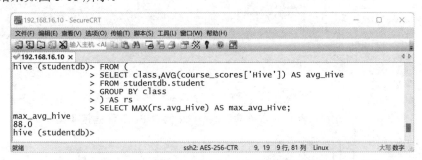

图 5-11　嵌套统计 student 表中"Hive"课程平均分最高的班级

上述代码先通过 SELECT class,AVG(course_scores['Hive']) AS avg_Hive FROM studentdb. student GROUP BY class 语句查询到的班级及各班级的平均分保存到临时结果表 rs 中，再对临时结果表使用 MAX 函数获取各班级平均分中的最大值。

5.1.4　CASE 分支表达式

CASE...WHEN...THEN...ELSE...END 语句和 IF 语句类似，用来处理单个列的查询结果。可以对某列的结果进行条件判断，语法格式如下所示。

```
SELECT col_name_1,col_name_2, ...
CASE
    WHEN col_name_n 满足条件 1 THEN  结果 1
    WHEN col_name_n 满足条件 2 THEN  结果 2
    ...
    ELSE  结果 n
END AS  列别名 FROM table_name;
```

【例 5-12】　查询 student 表中的 stname、class 及"Hive"课程等级，课程等级的划分条件为课程分数大于或等于 90 分的为"A"，课程分数大于或等于 80 分但小于 90 分的为"B"，课程分数大于或等于 60 但小于 80 分的为"C"，其余的为"D"。

```
SELECT stname,class,
CASE
    WHEN course_scores['Hive']>=90 THEN 'A'
    WHEN course_scores['Hive']<90 AND course_scores['Hive']>=80 THEN 'B'
```

```
          WHEN course_scores['Hive']<80 AND course_scores['Hive']>=60 THEN 'C'
          ELSE 'D'
    END AS Hive_level
    FROM studentdb.student;
```

运行结果如图 5-12 所示。

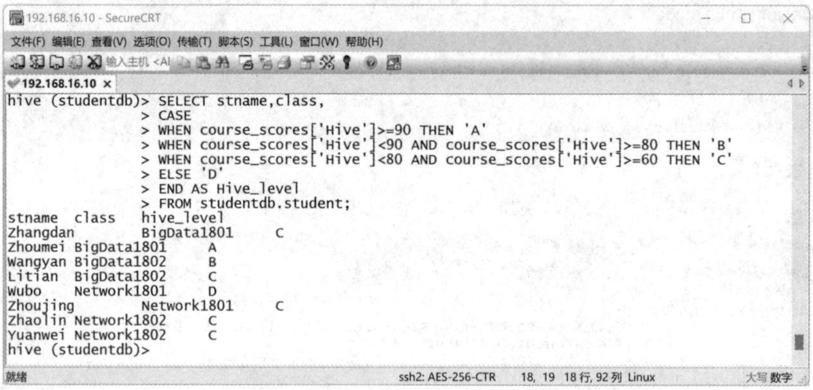

图 5-12　查询 student 表中每个学生的"Hive"课程等级

5.1.5　WHERE 子句

如果使用 SELECT 语句但不使用 WHERE 子句在表中查询数据，就会获取表中的所有行记录。但在很多场景下，只需要查询一些特定的符合条件的数据。例如，学生表中保存的是历年学生的数据，通常只需要查询当前学年的学生数据，这时就需要使用 WHERE 子句，将不满足条件的行过滤掉。

SELECT 语句用于选取字段，WHERE 子句用于查询条件，二者结合使用可以查找到符合条件的记录，不符合条件的将被过滤掉。和 SELECT 语句一样，在介绍 WHERE 子句之前，前面已经在很多简单的例子中使用过该子句。

WHERE 子句使用谓词表达式，当有多种谓词表达式时使用 AND 和 OR 相连接。当谓词表达式的计算结果为 TRUE 时相应的行将被保留并输出。

需要注意的是，WHERE 子句必须紧随 FROM 子句，WHERE 子句后面的列名必须使用真实列名，不能使用自定义别名。

【例 5-13】　查询 student 表中 BigData1802 班的所有学生信息。

```
SELECT * FROM student WHERE class='BigData1802';
```

运行结果如图 5-13 所示。

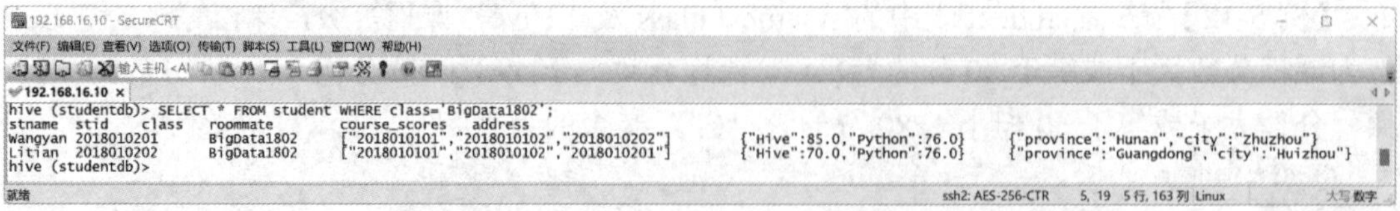

图 5-13　查询 student 表中 BigData1802 班的所有学生信息

1. 谓词操作符

WHERE 子句使用谓词表达式，当谓词表达式的计算结果为 FALSE 时，该行将被过滤掉。这些操作符同样可以用于 JOIN...ON 连接语句和 HAVING 子句。表 5-2 中列举了 Hive 支持的谓词操作符。

表 5-2　Hive 支持的谓词操作符

操作符	支持的数据类型	描述
A=B	基本数据类型	若 A 等于 B，则返回 TRUE，反之返回 FALSE
A<=>B	基本数据类型	若 A 和 B 都为 NULL，则返回 TRUE，其他的和等号（=）操作符的结果一致，若 A 和 B 中的任意一个为 NULL，则结果为 FALSE
A<>B, A!=B	基本数据类型	若 A 或 B 为 NULL，则返回 NULL；若 A 不等于 B，则返回 TRUE，反之返回 FALSE
A<B	基本数据类型	若 A 或 B 为 NULL，则返回 NULL；若 A 小于 B，则返回 TRUE，反之返回 FALSE
A<=B	基本数据类型	若 A 或 B 为 NULL，则返回 NULL；若 A 小于或等于 B，则返回 TRUE，反之返回 FALSE
A>B	基本数据类型	若 A 或 B 为 NULL，则返回 NULL；若 A 大于 B，则返回 TRUE，反之返回 FALSE
A>=B	基本数据类型	若 A 或 B 为 NULL，则返回 NULL；若 A 大于或等于 B，则返回 TRUE，反之返回 FALSE
A [NOT] BETWEEN B AND C	基本数据类型	若 A、B 或 C 任意一个为 NULL，则结果为 NULL。若 A 的值大于或等于 B 的值且小于或等于 C 的值，则结果为 TRUE，反之为 FALSE。如果使用 NOT 关键字，那么可以达到相反的效果
A IS NULL	所有数据类型	若 A 等于 NULL，则返回 TRUE，反之返回 FALSE
A IS NOT NULL	所有数据类型	若 A 不等于 NULL，则返回 TRUE，反之返回 FALSE
[NOT]IN(数值 1，数值 2)	所有数据类型	使用 IN 运算显示列表中的值
A [NOT] LIKE B	STRING	B 是一个 SQL 下的简单正则表达式，若 A 与其匹配，则返回 TRUE，反之返回 FALSE。下面对 B 的表达式进行说明："x%" 表示 A 必须以字母 "x" 开头，"%x" 表示 A 必须以字母 "x" 结尾，而 "%x%" 表示 A 中包含字母 "x"，可以位于开头、结尾或字符串中间。类似地，下画线 "_" 匹配单个字符。B 必须和整个字符串 A 相匹配才行。如果使用 NOT 关键字，那么可以达到相反的效果
A RLIKE B, A REGEXP B	STRING	B 是一个正则表达式，若 A 与其匹配，则返回 TRUE，反之返回 FALSE。匹配是使用 JDK 中的正则表达式接口实现的，因为正则表达式也依据其中的规则。例如，正则表达式必须和整个字符串 A 相匹配，不是只与其子字符串匹配

需要注意的是，没有 "A==B" 的语法，Hive 中使用 "=" 表示等于而不是 "=="。

【例 5-14】 查询 student 表中 "Hive" 课程的分数为 70～90 分的学生信息（如学生姓名及 "Hive" 课程的分数）。

```
SELECT stname,course_scores['Hive'] Hive_score FROM student
WHERE course_scores['Hive'] BETWEEN 70 AND 90;
```

运行结果如图 5-14 所示。

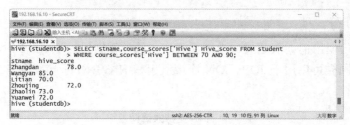

图 5-14　查询 student 表中"Hive"课程的分数为 70～90 分的学生信息

【例 5-15】　查询 student 表中"Python"课程的分数是 95 分、85 分或 75 分的学生信息（如学生姓名及"Python"课程的分数）。

```
SELECT stname,course_scores['Python'] Python_score FROM student
WHERE course_scores['Python'] IN (95,85,75);
```

运行结果如图 5-15 所示。

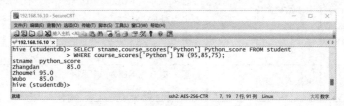

图 5-15　查询 student 表中"Python"课程的分数是 95 分、85 分或 75 分的学生信息

2．逻辑运算符

运算符是逻辑运算符的表达式为逻辑表达式，逻辑表达式返回 TRUE 或 FALSE。表 5-3 中列举了 Hive 支持的逻辑运算符。

表 5-3　Hive 支持的逻辑运算符

运算符	支持的数据类型	示例	描述
AND	BOOLEAN	A AND B	若 A 和 B 都是 TRUE，则返回 TRUE，否则返回 FALSE
&&	BOOLEAN	A && B	类似于 A AND B
OR	BOOLEAN	A OR B	若 A 或 B 或二者都是 TRUE，则返回 TRUE，否则返回 FALSE
||	BOOLEAN	A || B	类似于 A OR B
NOT	BOOLEAN	NOT A	若 A 是 FALSE，则返回 TRUE，否则返回 FALSE
!	BOOLEAN	!A	类似于 NOT A

【例 5-16】　查询 student 表中 Network1802 班来自湖南省的学生姓名。

```
SELECT stname,address.province FROM student
WHERE class='Network1802' AND address.province='Hunan';
```

运行结果如图 5-16 所示。

图 5-16　查询 student 表中 Network1802 班来自湖南省的学生姓名

【例 5-17】　查询 student 表中"Hive"课程大于 80 分或"Python"课程大于 80 分的学

生信息（如学生姓名及"Hive"课程和"Python"课程的分数）。

```
SELECT stname,course_scores['Hive'] Hive_score,course_scores['Python'] Python_score
FROM student
WHERE course_scores['Hive']>80 OR course_scores['Python']>80;
```

运行结果如图 5-17 所示。

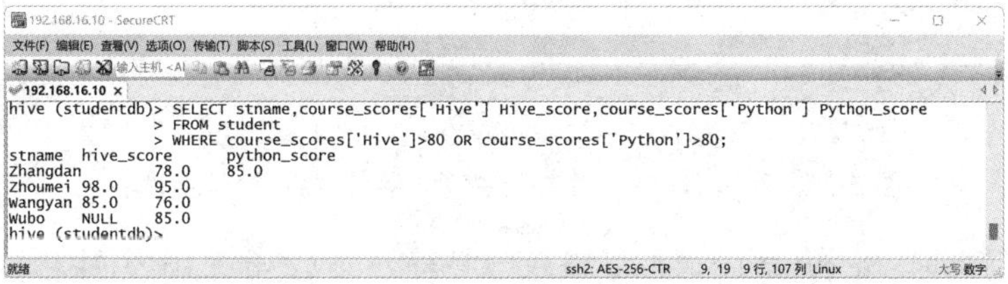

图 5-17　查询 student 表中"Hive"课程大于 80 分或"Python"课程大于 80 分的学生信息

3. LIKE 和 RLIKE

1）LIKE

表 5-2 中描述了 LIKE 和 RLIKE 谓词操作符。LIKE 是一个标准的 SQL 操作符，用于查找符合特定模式的字符串。LIKE 操作符可以与通配符一起使用，用来实现模糊查询。常用的通配符包括以下两个。

- %：代表零个或任意多个字符。
- _：代表一个字符。

【例 5-18】　查询 student 表中姓名以"Wang"开头的学生姓名。

```
SELECT stname FROM student WHERE stname LIKE 'Wang%';
```

运行结果如图 5-18 所示。

图 5-18　查询 student 表中姓名以"Wang"开头的学生姓名

【例 5-19】　查询 student 表中姓名的第 2 个字母为"h"的学生姓名。

```
SELECT stname FROM student WHERE stname LIKE '_h%';
```

运行结果如图 5-19 所示。

图 5-19　查询 student 表中姓名的第 2 个字母为"h"的学生姓名

2）RLIKE

RLIKE 操作符是 Hive 中 LIKE 操作符的扩展，可以通过更强大的 Java 正则表达式来指定匹配条件。

【例 5-20】 查询 student 表中姓名包含字母"a"的学生姓名。

```
SELECT stname FROM student WHERE stname RLIKE '[a]';
```

运行结果如图 5-20 所示。

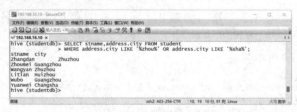

图 5-20 查询 student 表中姓名包含字母"a"的学生姓名

【例 5-21】 查询 student 表中居住城市包含字符'zhou'或'sha'的学生姓名和城市。

```
SELECT stname,address.city FROM student
WHERE address.city RLIKE '.*(zhou|sha).*';
```

运行结果如图 5-21 所示。

图 5-21 查询 student 表中居住城市包含字符'zhou'和'sha'的学生姓名和城市 1

例 5-21 中关键字 RLIKE 后面的字符串表达式的含义如下：字符串中的点号"."表示和任意字符匹配，星号"*"表示重复左边的字符串零次到无数次，表达式"(x|y)"表示和 x 或 y 匹配。

不过，'zhou'或'sha'字符前可能没有其他任何字符，而且它们的后面也可能没有其他任何字符。当然，例 5-21 也可以通过两个 LIKE 子句来改写为如下形式。

```
SELECT stname,address.city FROM student
WHERE address.city LIKE '%zhou%' OR address.city LIKE '%sha%';
```

运行结果如图 5-22 所示。

图 5-22 查询 student 表中居住城市包含字符'zhou'和'sha'的学生姓名和城市 2

5.1.6 GROUP BY 子句和 HAVING 子句

1. GROUP BY 子句

GROUP BY，从字面上来看 GROUP 表示分组，BY 后面是字段名，并且可以是多个字段名，表示根据哪些字段进行分组。GROUP BY 子句通常和聚合函数一起使用，先按照一个或多个列队结果进行分组，再对每个组执行聚合操作。

【例 5-22】 查询 student 表中所有的班级名称。

```
SELECT class FROM student GROUP BY class;
```

运行结果如图 5-23 所示。

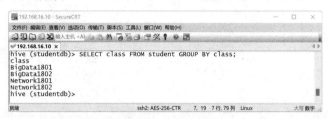

图 5-23 查询 student 表中所有的班级名称

但是在执行以下语句时将报错，如图 5-24 所示。

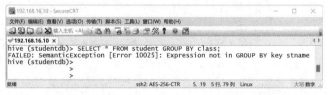

图 5-24 执行 GROUP BY 子句时的报错信息

由于数据分组后，每行记录除了 GROUP BY 子句后面的字段，其他的字段每行可以理解为有多个值，如图 5-25 所示，如 class 为 BigData1801 的 stname 对应有 Zhangdan 和 Zhoumei。而 SELECT 语句只允许每行有一个值，因此执行 SELECT * FROM student GROUP BY class; 语句会报错。那么应该如何处理由于分组产生的每行的多个值呢？可以使用聚合函数，如函数 COUNT、SUM 和 AVG 等。

student表中数据在执行GROUP BY子句之前

stname	stid	class	roommate	course_scores	address
Zhangdan	2018010101	BigData1801	2018010102, 2018010201, 2018010202	Hive:78, Python:85	Hunan, Zhuzhou
Zhoumei	2018010102	BigData1801	2018010101, 2018010201, 2018010202	Hive:98, Python:95	Guangdong, Guangzhou
Wangyan	2018010201	BigData1802	2018010101, 2018010102, 2018010202	Hive:85, Python:76	Hunan, Zhuzhou
Litian	2018010202	BigData1802	2018010101, 2018010102, 2018010201	Hive:70, Python:76	Guangdong, Huizhou
Wubo	2018020101	Network1801	2018020102, 2018020101, 2018020102	Hive:null, Python:85	Guangdong, Guangzhou
Zhoujing	2018020102	Network1801	2018020101, 2018020101, 2018020102	Hive:72, Python:70	Hunan, Xiangtan
Zhaolin	2018020101	Network1802	2018020102, 2018020102, 2018020102	Hive:73, Python:null	Guangdong, Shenzhen
Yuanwei	2018020102	Network1802	2018020102, 2018020102, 2018020101	Hive:72, Python:79	Hunan, Changsha

student表中数据在执行GROUP BY子句之后

stname	stid	class	roommate	course_scores	address
Zhangdan Zhoumei	2018010101 2018010102	BigData1801	2018010102, 2018010201, 2018010202 2018010101, 2018010201, 2018010202	Hive:78, Python:85 Hive:98, Python:95	Hunan, Zhuzhou Guangdong, Guangzhou
Wangyan Litian	2018010201 2018010202	BigData1802	2018010101, 2018010102, 2018010202 2018010101, 2018010102, 2018010201	Hive:85, Python:76 Hive:70, Python:76	Hunan, Zhuzhou Guangdong, Huizhou
Wubo Zhoujing	2018020101 2018020102	Network1801	2018020102, 2018020101, 2018020102 2018020101, 2018020101, 2018020102	Hive:null, Python:85 Hive:72, Python:70	Guangdong, Guangzhou Hunan, Xiangtan
Zhaolin Yuanwei	2018020101 2018020102	Network1802	2018020102, 2018020102, 2018020102 2018020101, 2018020102, 2018020101	Hive:73, Python:null Hive:72, Python:79	Guangdong, Shenzhen Hunan, Changsha

图 5-25 执行 GROUP BY 子句前后的对比

总而言之，在使用 GROUP BY 子句时，SELECT 后面只能跟普通列名或聚合函数操作，并且 SELECT 后面跟的非聚合列必须出现在 GROUP BY 子句后面作为分组字段。例如，SELECT col_name1, col_name2, select_expr(聚合操作) FROM table_name WHERE condition GROUP BY col_name1, col_name2。

【例 5-23】 查询 student 表中的学生信息，并按班级进行分组，求每个班级中"Hive"课程的最高分。

```
SELECT class,MAX(course_scores['Hive']) FROM student
GROUP BY class;
```

运行结果如图 5-26 所示。

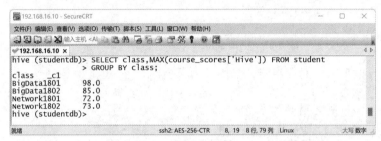

图 5-26　查询 student 表中各班级"Hive"课程的最高分

【例 5-24】查询 student 表中的学生信息，并按班级进行分组，使用 GROUP BY+collect_list 函数显示 student 表中每个班级的所有学生的"Hive"课程的分数。

```
SELECT class,COLLECT_LIST(course_scores['Hive']) Hive_score FROM student
GROUP BY class;
```

运行结果如图 5-27 所示。

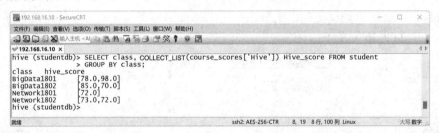

图 5-27　查询 student 表中各班级学生"Hive"课程的分数

使用 COLLECT_LIST 函数可以实现将分组中的某列不去重并转为一个数组返回。

2. HAVING 子句

HAVING 子句必须与 GROUP BY 子句一同使用，并且必须跟在 GROUP BY 子句后面。也就是说，若使用了 HAVING 子句，则必须使用 GROUP BY 子句，而使用了 GROUP BY 子句不一定使用 HAVING 子句。

HAVING 子句的作用是先通过 GROUP BY 子句进行分组，再通过过滤找出特定的分组，即 HAVING 子句用来完成原本需要通过子查询才能对 GROUP BY 子句产生的分组进行条件过滤的任务。

HAVING 子句与 WHERE 子句的区别如表 5-4 所示。

表 5-4 HAVING 子句与 WHERE 子句的区别

子句	区别
WHERE	（1）在对查询结果进行分组之前，将不符合 WHERE 条件的行删除，在分组之前过滤数据，即先过滤再分组。 （2）WHERE 子句的后面不可以使用聚合函数。 （3）过滤行
HAVING	（1）HAVING 子句的作用是筛选满足条件的组，在分组之后过滤数据，即先分组再过滤。 （2）HAVING 子句的后面可以使用聚合函数。 （3）过滤组。 （4）支持所有 WHERE 操作符

【例 5-25】 查询 student 表中的学生信息，并按班级进行分组，输出班级中"Hive"课程最高分在 85 分以上的学生信息。

```
SELECT class,MAX(course_scores['Hive']) max_Hive_85 FROM student
GROUP BY class
HAVING max_Hive_85>85;
```

运行结果如图 5-28 所示。

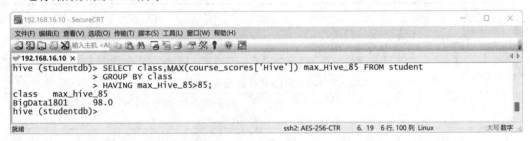

图 5-28 查询 student 表中各班级"Hive"课程最高分在 85 分以上的学生信息

如果没有使用 HAVING 子句，那么该查询需要使用一个嵌套 SELECT 子查询实现，代码如下所示。

```
SELECT rs.class,rs.max
FROM (
    SELECT class,MAX(course_scores['Hive']) AS max FROM student GROUP BY class
) rs
WHERE rs.max>85;
```

运行结果如图 5-29 所示。

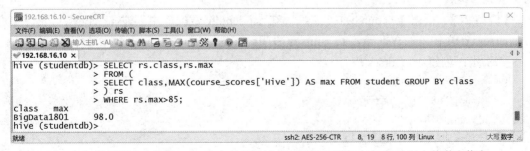

图 5-29 使用嵌套查询 student 表中各班级"Hive"课程最高分在 85 分以上的学生信息

5.1.7　JOIN 连接

JOIN 是基于两个或多个表中列之间的关系，将这些表进行连接。JOIN 连接包括内连接、左外连接、右外连接、完全外连接、左半连接和笛卡儿积连接。

内连接的语法格式如下所示。

```
table_reference [INNER] JOIN table_factor [join_condition]
```

左外连接、右外连接、完全外连接的语法格式如下所示。

```
table_reference {LEFT|RIGHT|FULL} [OUTER] JOIN table_reference join_condition
```

左半连接的语法格式如下所示。

```
table_reference LEFT SEMI JOIN table_reference join_condition
```

笛卡儿积连接的语法格式如下所示。

```
table_reference CROSS JOIN table_reference [join_condition]
```

JOIN 连接的语法解释如表 5-5 所示。

表 5-5　JOIN 连接的语法解释

关键字	语法解释
table_reference	为 table_factor 或 join_table
table_factor	为 tbl_name [alias]表名、table_subquery alias 子查询
join_condition	为 ON expression。表示连接的条件，通过 ON 子句指定表之间的共同列 expression。ON 子句中可以使用 AND 运算符，但不可以使用 OR 运算符
[INNER] JOIN	表示内连接，其中 INNER 为可选项。根据关联列将左表和右表中能关联起来的数据连接后返回，返回的结果就是两个表中所有相匹配的数据
LEFT[OUTER] JOIN	表示左外连接，其中 OUTER 为可选项。根据关联列保留左表完全值，若右表中存在与左表中相匹配的值，则保留；若右表中不存在与左表中相匹配的值，则以 NULL 代替
RIGHT [OUTER] JOIN	表示右外连接，其中 OUTER 为可选项。根据关联列保留右表完全值，若左表中存在与右表中相匹配的值，则保留；若左表中不存在与右表中相匹配的值，则以 NULL 代替
FULL[OUTER] JOIN	表示全外连接，其中 OUTER 为可选项。根据关联列返回左表和右表中的所有数据，若关联不上，则以 NULL 代替
CROSS JOIN	表示笛卡儿积连接，返回左表与右表的笛卡儿积连接的结果，两个表的所有行都会交叉连接

1．内连接

内连接，即 INNER JOIN，只有进行连接的两个表中都存在与连接条件相匹配的数据才会被保留下来。

【例 5-26】 根据 te_courses.txt 文件，在 studentdb 数据库中创建 te_courses 表，并将 te_courses.txt 文件内的数据导入 te_courses 表中。

第 1 步：创建 te_courses 表。

```
CREATE TABLE studentdb.te_courses(
    tename STRING,
    te_courses STRING,
    te_class STRING)
ROW FORMAT DELIMITED
FIELDS TERMINATED BY '\t'
LINES TERMINATED BY '\n'
```

```
STORED AS TEXTFILE
TBLPROPERTIES ("skip.header.line.count"="1");
```

第 2 步：将 te_courses.txt 文件内的数据导入 te_courses 表中。

```
LOAD DATA LOCAL INPATH '/home/hadoop/hivedata/student/te_courses.txt' OVERWRITE INTO TABLE
studentdb.te_courses;
```

第 3 步：查询 te_courses 表中的数据，结果如图 5-30 所示。

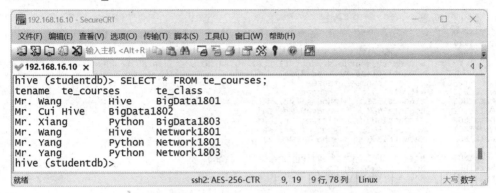

图 5-30　查询 te_courses 表中的数据

【例 5-27】　查询 student 表和 te_courses 表，找到每个学生的任课教师的姓名。

```
SELECT t1.class,t2.te_class,t1.stname,t2.tename
FROM studentdb.student t1 INNER JOIN studentdb.te_courses t2
ON t1.class=t2.te_class;
```

运行结果如图 5-31 所示。

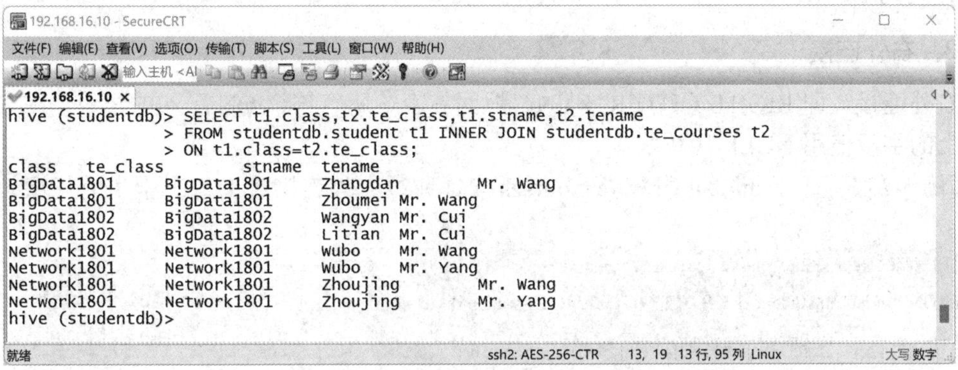

图 5-31　查询每个学生的任课教师的姓名 1

上述代码通过关联 student 表中的 class 列和 te_courses 表中的 te_class 列进行内连接。由图 5-31 可以看出，内连接会根据左表和右表的关联列，只返回相匹配的数据。因此，查询结果集中不会出现 te_class 为 BigData1803 和 Network1803 的数据。

2. 左外连接

左外连接，即 LEFT OUTER JOIN，返回左表中所有符合 ON 子句的记录，右表中匹配不上的字段值用 NULL 代替。

【例 5-28】　查询 student 表和 te_courses 表，通过左外连接查询每个学生的任课教师的姓名。

```
SELECT t1.class,t2.te_class,t1.stname,t2.tename
FROM studentdb.student t1 LEFT OUTER JOIN studentdb.te_courses t2
ON t1.class=t2.te_class;
```

运行结果如图 5-32 所示。

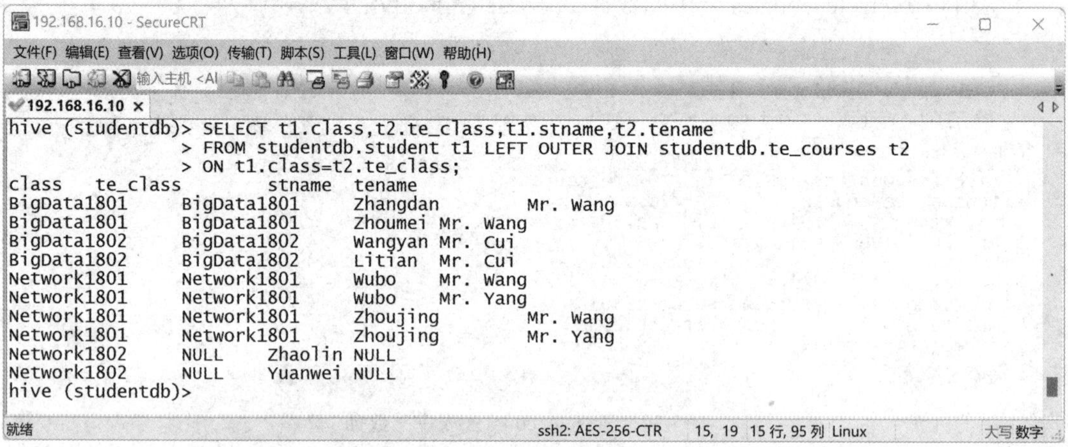

图 5-32　查询每个学生的任课教师的姓名 2

可以看出，使用左外连接返回左表 student 的全部数据，右表 te_courses 匹配不上的数据以 NULL 代替。例如，右表 te_courses 中没有关于 Network1802 班的任课教师的信息，因此左表 student 中来自 Network1802 班的 Zhaolin 和 Yuanwei 两个学生所在行的 te_class 列及 tename 列为 NULL。

3. 右外连接

右外连接，即 RIGHT OUTER JOIN，返回右表中所有符合 ON 子句的记录，左表中匹配不上的字段值用 NULL 代替。

【例 5-29】 查询 student 表和 te_courses 表，通过右外连接查询每个学生的任课教师的姓名。

```
SELECT t1.class,t2.te_class,t1.stname,t2.tename
FROM studentdb.student t1 RIGHT OUTER JOIN studentdb.te_courses t2
ON t1.class=t2.te_class;
```

运行结果如图 5-33 所示。

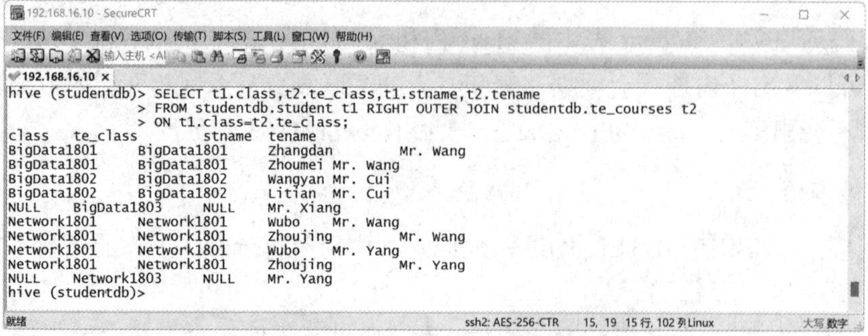

图 5-33　查询每个学生的任课教师的姓名 3

可以看出，右外连接返回右表的全部数据，左表 student 匹配不上的数据以 NULL 代替。例如，右表 te_courses 中有 BigData1803 班和 Network1803 班的任课教师的信息，而左表 student 中没有 BigData1803 班和 Network1803 班的学生信息，因此返回结果中 BigData1803 班和 Network1803 班的 class 列及 stname 列为 NULL。

4. 完全外连接

完全外连接，即 FULL OUTER JOIN，返回左表和右表中的全部数据，两个表中通过关联列匹配不上的字段值用 NULL 代替。

【例 5-30】 查询 student 表和 te_courses 表，通过完全外连接找到每个学生的任课教师的姓名。

```
SELECT t1.class,t2.te_class,t1.stname,t2.tename
FROM studentdb.student t1 FULL OUTER JOIN studentdb.te_courses t2
ON t1.class=t2.te_class;
```

运行结果如图 5-34 所示。

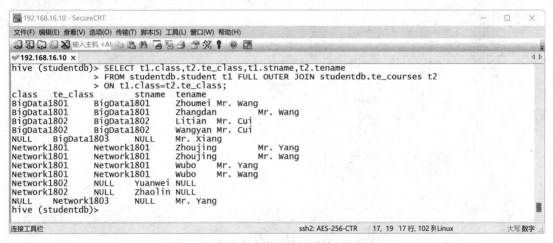

图 5-34　查询每个学生的任课教师的姓名 4

可以看出，完全外连接返回左表 student 和右表 te_courses 中的全部数据，两个表中通过关联列匹配不到的字段值以 NULL 代替。

5. 笛卡儿积连接

笛卡儿积连接，即 CROSS JOIN，左表的每行都会与右表的所有行进行交叉连接。左表的行数乘以右表的行数等于笛卡儿结果集的行数。

需要注意的是，首先，执行笛卡儿积连接时不需要指定关联列。其次，为了保障集群的稳定性，避免 JOIN 操作导致网络瘫痪，Hive 默认不支持笛卡儿积连接，因此需要先执行"set hive.strict.checks.cartesian.product=FALSE;"命令开启笛卡儿积连接功能。

【例 5-31】 通过笛卡儿积连接方式查询 student 表和 te_courses 表。

```
SELECT t1.class,t2.te_class,t1.stname,t2.tename
FROM studentdb.student t1 CROSS JOIN studentdb.te_courses t2;
```

运行结果如图 5-35 所示。

图 5-35　查询 student 表和 te_courses 表

需要注意的是，当涉及多个表执行 JOIN 连接操作时，Hive 总是按照从左到右的顺序执行。

5.1.8　排序子句

1. ORDER BY 子句

使用 ORDER BY 子句可以对查询结果集执行全局排序，即所有数据都通过一个 Reducer 进行处理。对于大数据集，建议一同使用 ORDER BY 子句和 LIMIT 子句，以控制排序后的输出显示条数。因为全局排序只有一个 Reducer 处理最终的排序输出，当输出结果集行数过大时，需要消耗漫长的时间来执行。

在 ORDER BY 子句中可以指定任意字段进行排序。若字段后面添加的是关键字 ASC，则表示按升序排列，也是默认值；若字段后面添加的是关键字 DESC，则表示按降序排列。ORDER BY 子句在 SELECT 语句的结尾处。

【例 5-32】 查询 studentdb 数据库的 student 表中的学生姓名、班级和"Hive"课程的成绩，先按班级升序排序，再按"Hive"课程的成绩降序排列。

```
SELECT stname,class,course_scores['Hive'] AS Hive
FROM student
ORDER BY class,Hive DESC;
```

运行结果如图 5-36 所示。

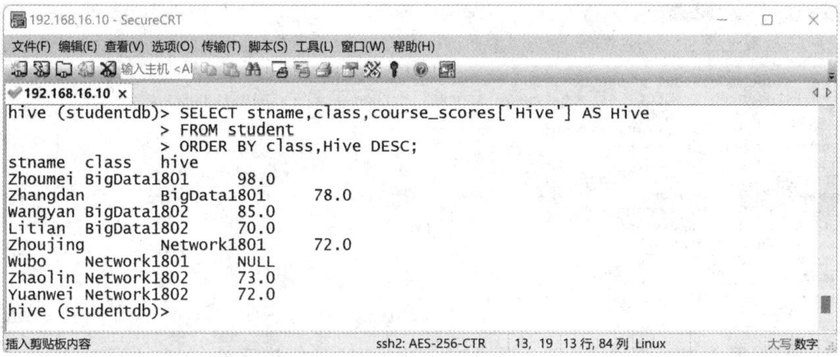

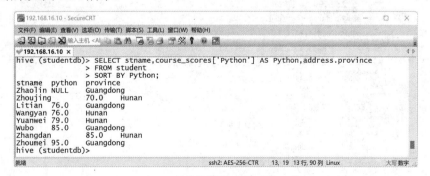

图 5-36　查询 student 表并先按班级升序排序再按"Hive"课程的成绩降序排列

2. SORT BY 子句

SORT BY 子句用于对查询结果做局部排序，并且只会在每个 Reducer 中对数据进行排序，也就是执行局部排序过程。这样可以保证每个 Reducer 的输出数据都是有序的，即局部有序，但是不能保证所有数据都是有序的，除非 Reducer 的个数为 1。

SORT BY 子句与 ORDER BY 子句相同，如果在字段后面添加关键字 ASC（默认值）就表示按升序排列，如果在字段后面添加关键字 DESC 就表示按降序排列。

【例 5-33】 查询 studentdb 数据库的 student 表中的学生姓名、"Python"课程的成绩、来自的省份，并使用 SORT BY 子句按"Python"课程的成绩升序排列。

```
SELECT stname,course_scores['Python'] AS Python,address.province
FROM student
SORT BY Python;
```

运行结果如图 5-37 所示。

图 5-37　按升序排列的 student 表

由于在默认情况下 Reduce 的个数为 1，局部排序也就是全局排序。但是，当使用的 Reduce 的个数大于 1 时，输出结果的排序就大不一样。MapReduce 中的 mapreduce.job.reduces 参数用于设置默认启动的 Reduce 的个数（默认值为1），也可以手动修改 Reduce 的个数。

【例 5-34】将 mapreduce.job.reduces 参数设置为 3 之后，查询 studentdb 数据库的 student 表中学生的姓名、"Python" 课程的成绩、来自的省份，并使用 SORT BY 子句按 "Python" 课程的成绩升序排列。

运行结果如图 5-38 所示。

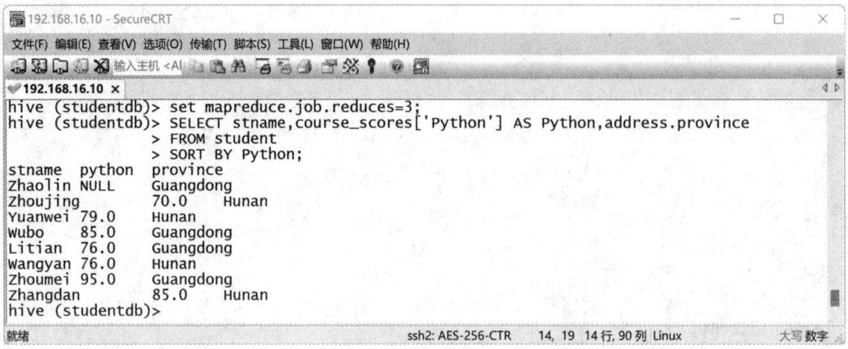

图 5-38　多个 Reduce 下通过 SORT BY 子句排序的 student 表 1

由上述结果可知，由于将 Reducer 的个数设置为 3，因此查询显示的数据在全局上是无序的。为了能看到每个 Reducer 的局部排序结果，可以将以上每个 Reducer 排序结果输出保存到本地的/home/hadoop/dataoutput/e.g.5-34 目录下。

第 1 步：执行以下代码。

```
INSERT OVERWRITE LOCAL DIRECTORY '/home/hadoop/dataoutput/e.g.5-34'
ROW FORMAT DELIMITED FIELDS TERMINATED BY ","
SELECT stname,course_scores['Python'] AS Python,address.province
FROM student
SORT BY Python;
```

第 2 步：查看/home/hadoop/dataoutput/e.g.5-34 目录下文件数据的排序情况，如图 5-39 所示。

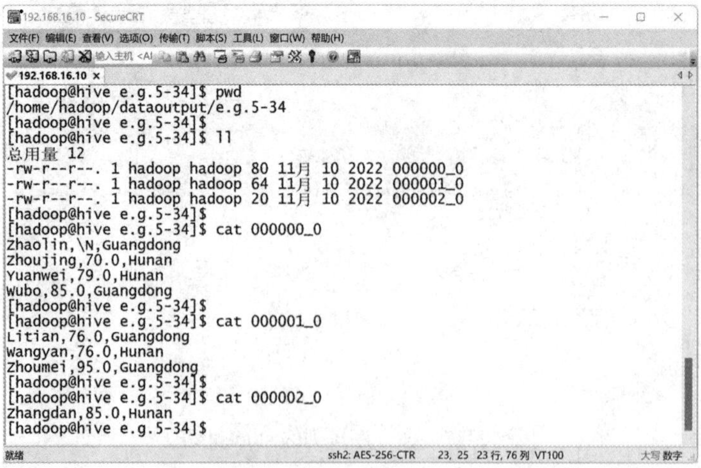

图 5-39　多个 Reduce 下通过 SORT BY 子句排序的 student 表 2

由上述结果可知，SORT BY 子句对 3 个 Reducer 进行了单独排序，3 个 Reducer 的输出结果按照"Python"课程的成绩升序排列。但是结果中每个省份学生的"Python"课程是无序的，如果需要对各个省份的学生的"Python"课程的成绩进行排列，就需要使用 DISTRIBUTE BY 子句指定分区规则，因此将 SORT BY 子句与 DISTRIBUTE BY 子句连用。

3. DISTRIBUTE BY 子句

DISTRIBUTE BY 子句用于指定分区规则，与 SORT BY 子句一起使用。DISTRIBUTE BY 子句的作用是控制 Map 端如何拆分数据并输出到 Reduce 端。DISTRIBUTE BY 子句默认采用 HashPartitioner 算法，在 Map 端将查询结果中 Hash 值相同的结果分发到对应的 Reduce 文件内。

【例 5-35】将 mapreduce.job.reduces 参数设置为 3 之后，查询 studentdb 数据库的 student 表中学生的姓名、"Python"课程的成绩及来自的省份，使用 DISTRIBUTE BY 子句按省份划分，使用 SORT BY 子句按"Python"课程的成绩升序排列，并将输出结果保存到本地目录/home/hadoop/dataoutput/e.g.5-35 下。

第 1 步：执行以下代码。

```
INSERT OVERWRITE LOCAL DIRECTORY '/home/hadoop/dataoutput/e.g.5-35'
ROW FORMAT DELIMITED FIELDS TERMINATED BY ","
SELECT stname,course_scores['Python'] AS Python,address.province
FROM student
DISTRIBUTE BY province
SORT BY Python;
```

第 2 步：查看/home/hadoop/dataoutput/e.g.5-35 目录下文件数据的排序情况，如图 5-40 所示。

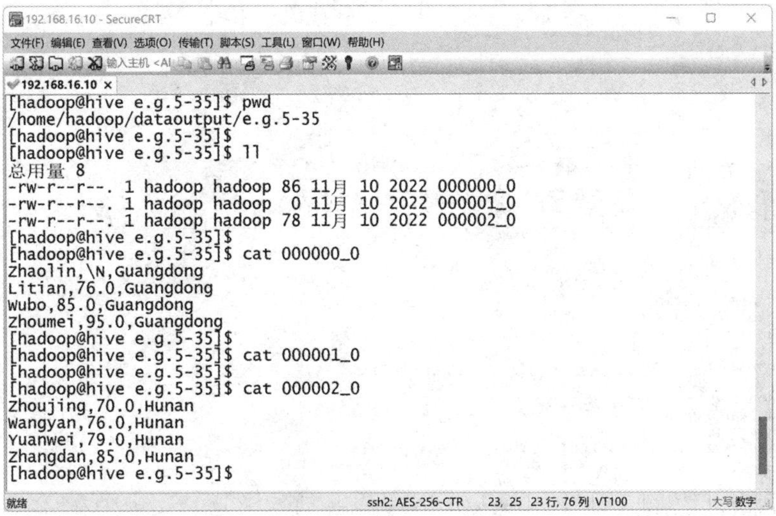

图 5-40　多个 Reduce 下通过 DISTRIBUTE BY+SORT BY 排序的 student 表

由上述结果可知，DISTRIBUTE BY 子句和 SORT BY 子句成功对不同省份的学生"Python"课程的成绩进行了排序，其中广东省最高分为 95 分，湖南省最高分为 85 分。

以上在 SORT BY 子句中添加 DISTRIBUTE BY 子句是根据分区字段 province 将相同省份的数据分发到同一个 Reducer 内，由于数据中只有广东省和湖南省，因此输出结果中的文件 000001_0 为空。

DISTRIBUTE BY 子句通常与 SORT BY 子句结合使用。DISTRIBUTE BY 子句与 GROUP BY 子句类似,用于控制 Reducer 如何接收一行行数据;SORT BY 子句则用于控制 Reducer 内的数据是如何排序的。

需要注意的是,Hive 要求 DISTRIBUTE BY 子句要放在 SORT BY 子句之前。

4．CLUSTER BY 子句

当 DISTRIBUTE BY 子句和 SORT BY 子句中涉及的列完全一致,并且采用升序排列方式时,可以使用 CLUSTER BY 子句代替。在默认情况下,CLUSTER BY 子句只支持升序排列,不支持降序排列。

【例 5-36】将 mapreduce.job.reduces 参数设置为 3 之后,查询 studentdb 数据库的 student 表中学生的姓名、来自的省份,并使用 DISTRIBUTE BY 子句按省份划分,使用 SORT BY 子句将按省份划分的结果升序排列。

由于本例中的 DISTRIBUTE BY 子句和 SORT BY 子句涉及的列完全一致,因此以下两种方式完全等价。

方式 1 的代码如下所示。

```
SELECT stname,address.province
FROM student
DISTRIBUTE BY province
SORT BY province;
```

方式 2 的代码如下所示。

```
SELECT stname,address.province
FROM student
CLUSTER BY province;
```

运行结果如图 5-41 所示。

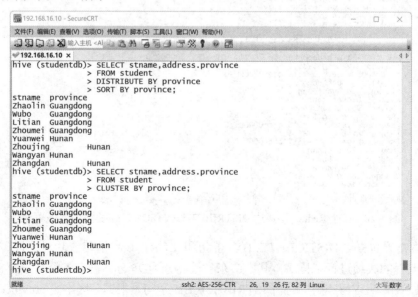

图 5-41　方式 1 与方式 2 完全等价

通过前面的任务，"大数据商业智能选址"项目的 Hive 仓库中已创建好运营层数据仓库和 DWD 层数据仓库，并且在运营层数据仓库的表中导入了各业务源数据。本任务实施将根据业务需求分为 3 个阶段完成数据分析计算：阶段 1 以运营层数据仓库的源数据为基础，分析、统计并获取 DWD 层数据仓库中的表数据；阶段 2 对已建址银行的经度/纬度信息、已建址银行的覆盖基站信息等进行统计，最终得到已建址银行评价要素值，并将数据存储到 DWM 层仓库中；阶段 3 计算山已建址银行两倍半径区域的范围，并过滤不可建址的区域。

5.1.9　分析统计"大数据商业智能选址"项目的 DWD 层数据

"大数据商业智能选址"项目的 DWD 层中只有 3 个表定义而无表数据。任务 3.1 中已经在 dwd_site 数据仓库中创建了 3 个表，分别为基站指标汇总表 dwd_bts_factor、基站基础属性汇总表 dwd_bts_info 和行业信息分类表 dwd_industry_category。本阶段将根据智能选址的实际业务需求对 ods_site 数据仓库中的数据进行统计分析，并将获得的结果数据导入 dwd_site 数据仓库的 3 个表中，为下一阶段做好 DWD 层的数据准备。

1. 统计 dwd_site 数据仓库的行业信息分类表 dwd_industry_category 中的数据

ods_site 数据仓库的行业信息码表 ods_code_industry_category 中存储的是行业大类和行业小类信息，行业信息明细表 ods_industry_info 中存储的是各行业的详细信息，包括行业所属的行业小类、名称、地址、经度和纬度。

根据行业信息明细表 ods_industry_info 的行业编码字段与行业信息码表 ods_code_industry_category 的行业小类编码字段关联执行 LEFT JOIN 操作，获取每个商铺的行业大类编码及名称，汇总生成 dwd_site 数据仓库的行业信息分类表 dwd_industry_category 中的数据。

执行如下代码获取数据，并将获取的数据导入行业信息分类表 dwd_industry_category 中。

```
INSERT OVERWRITE TABLE dwd_site.dwd_industry_category
SELECT b.category_code,
    b.category_name,
    b.sub_category_code,
    b.sub_category_name,
    a.name,
    a.address,
    a.longitude,
    a.latitude
FROM ods_site.ods_industry_info a
LEFT JOIN ods_site.ods_code_industry_category b
ON a.sub_category_code = b.sub_category_code;
```

验证并查看行业信息分类表 dwd_industry_category 中的数据，如图 5-42 所示。

```
192.168.16.10 - SecureCRT                                                                                    □  ×
文件(F) 编辑(E) 查看(V) 选项(O) 传输(T) 脚本(S) 工具(L) 窗口(W) 帮助(H)
📁📄📁📁❌  输入主机 <Al 🔍🔍🔍 💢 📋🔍💢  ❓ ❓  📋
✔192.168.16.10 ×
hive (dwd_site)> SELECT count(*) FROM dwd_site.dwd_industry_category;
_c0
1655
hive (dwd_site)> SELECT * FROM dwd_site.dwd_industry_category LIMIT 3;
category_code   category_name   sub_category_code   sub_category_name     name      address longitude       latitude
AAAA    餐饮    323     烧烤    1号炭火原味烤肉 通化市柳河县    125.739240      42.281800
EEEE    商业消费        102     超市    2元起综合超市   吉林省通化市柳河县柳河大街488号 125.752959      42.291166
AAAA    餐饮    323     烧烤    5毛撸    市政北路金达莱广场斜对面        125.742688      42.278906
hive (dwd_site)>
就绪                                                                 ssh2: AES-256-CTR    9, 18   9行, 133列 Linux    大写 数字
```

图 5-42　行业信息分类表 dwd_industry_category 中的数据

2. 统计 dwd_site 数据仓库的基站基础属性汇总表 dwd_bts_info 中的数据

ods_site 数据仓库的基站信息明细表 ods_bts_info 中存储的是每个基站的详细信息，包括基站归属地市编码、归属地市、归属区县编码、归属区县、基站编码、基站名称、位置区编码、位置区编码 4G、经度、纬度、基站类型编码、基站类型名称、高铁标识、公园标识和区域类型等信息，基站分数表 ods_bts_score 中存储的是各基站的分数。

根据基站信息明细表 ods_bts_info 的基站编码字段与基站分数表 ods_bts_score 的基站编码字段关联执行 JOIN 操作，获取每个基站的详细信息及基站分数，汇总生成 dwd_site 数据仓库的基站基础属性汇总表 dwd_bts_info 中的数据。

执行如下代码获取数据，并将获取的数据导入基站基础属性汇总表 dwd_bts_info 中。

```
INSERT OVERWRITE TABLE dwd_site.dwd_bts_info
SELECT a.city_code,
       a.city_name,
       a.district_code,
       a.district_name,
       a.bts_id,
       a.enodebid,
       a.longitude,
       a.latitude,
       a.lac,
       a.tac,
       a.area_type,
       a.bts_type,
       a.bts_type_name,
       b.bts_score,
       a.is_highrail,
       a.is_park
FROM ods_site.ods_bts_info a
JOIN ods_site.ods_bts_score b
ON a.bts_id = b.bts_id;
```

验证并查看基站基础属性汇总表 dwd_bts_info 中的数据，如图 5-43 所示。

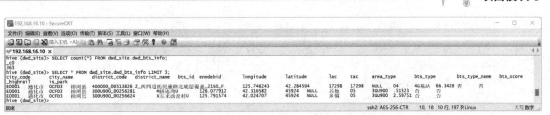

图 5-43　基站基础属性汇总表 dwd_bts_info 中的数据

3. 统计 dwd_site 数据仓库的基站指标汇总表 dwd_bts_factor 中的数据

1）创建基站行业中间表 mid_bts_industry

ods_site 数据仓库的基站对应行业信息表 ods_bts_industry 中存储的是每个基站所对应的行业数量信息，表中包含基站编码、行业分类编码和行业数量 3 个字段。其中，行业分类编码字段的详细信息如表 5-6 所示。

表 5-6　行业分类编码字段的详细信息

字段值	详细信息
024	商业消费
025	餐饮
026	银行
027	酒店宾馆
028	生活便捷
029	交通便捷
030	大学/政府
044	五大银行数据量
045	其他银行数据量

基站对应行业信息表 ods_bts_industry 中的数据按照基站编码字段分类汇总，统计出各基站对应的行业数量总和，并将数据保存到临时仓库 temp_site 对应的基站行业中间表 mid_bts_industry 中。基站行业中间表 mid_bts_industry 中定义的字段如表 5-7 所示。

表 5-7　基站行业中间表 mid_bts_industry 中定义的字段

字段名称	字段类型	描述
bts_id	STRING	基站编码
commercial_num	INT	商业消费
catering_num	INT	餐饮
bank_num	INT	银行
hotel_num	INT	酒店宾馆
life_convenient	INT	生活便捷
traffic_convenient_num	INT	交通便捷
gov_num	INT	大学/政府
five_bank_num	INT	五大银行数据量
other_bank_num	INT	其他银行数据量

创建临时仓库 temp_site，代码如下所示。

```
CREATE DATABASE temp_site;
```

创建基站行业中间表 mid_bts_industry，代码如下所示。

```
CREATE TABLE IF NOT EXISTS temp_site.mid_bts_industry(
```

```
        bts_id STRING COMMENT '基站编码',

        commercial_num INT COMMENT '商业消费',

        catering_num INT COMMENT '餐饮',

        bank_num INT COMMENT '银行',

        hotel_num INT COMMENT '酒店宾馆',

        life_convenient_num INT COMMENT '生活便捷',

        traffic_convenient_num INT COMMENT '交通便捷',

        gov_num INT COMMENT '大学/政府',

        five_bank_num INT COMMENT '五大银行数据量',

        other_bank_num INT COMMENT '其他银行数据量')

COMMENT '基站行业中间表'

ROW FORMAT DELIMITED FIELDS TERMINATED BY '\u0001' NULL DEFINED AS ''

STORED AS RCFILE;
```

执行如下代码获取数据，并将获取的数据导入基站行业中间表 mid_bts_industry 中。

```
INSERT OVERWRITE TABLE temp_site.mid_bts_industry

SELECT a.bts_id,

    sum(CASE WHEN a.category_code = '024' THEN nvl(a.num,0) ELSE 0 END ) AS commercial_num,

    sum(CASE WHEN a.category_code = '025' THEN nvl(a.num,0) ELSE 0 END ) catering_num,

    sum(CASE WHEN a.category_code = '026' THEN nvl(a.num,0) ELSE 0 END ) bank_num,

    sum(CASE WHEN a.category_code = '027' THEN nvl(a.num,0) ELSE 0 END ) hotel_num,

    sum(CASE WHEN a.category_code = '028' THEN nvl(a.num,0) ELSE 0 END ) life_convenient_num,

    sum(CASE WHEN a.category_code = '029' THEN nvl(a.num,0) ELSE 0 END ) traffic_convenient_num,

    sum(CASE WHEN a.category_code = '030' THEN nvl(a.num,0) ELSE 0 END ) gov_num,

    sum(CASE WHEN a.category_code = '044' THEN nvl(a.num,0) ELSE 0 END ) five_bank_num,

    sum(CASE WHEN a.category_code = '045' THEN nvl(a.num,0) ELSE 0 END ) other_bank_num

FROM ods_site.ods_bts_industry a

GROUP BY a.bts_id;
```

上述代码中的 nvl 函数用于判断是否为空值，如 nvl(expr1,expr2)，若 expr1 为 NULL，则返回值为 expr2，否则返回值为 expr1。nvl 函数适用于数字型、字符型和日期型，并且 expr1 和 expr2 的数据类型必须相同。

验证并查看基站行业中间表 mid_bts_industry 中的数据，如图 5-44 所示。

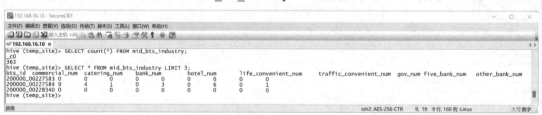

图 5-44　基站行业中间表 mid_bts_industry 中的数据

2）获取基站指标汇总表 dwd_bts_factor 中的数据

通过左外连接依次汇总银行 App 明细表 ods_bank_app、基站常住人口表 ods_resident_pop、基站流动人口表 ods_floating_pop、消费信息表 ods_consumption 及基站行业中间表 mid_bts_industry，以基站编码字段为连接条件，得到基站指标汇总表 dwd_bts_factor。由于前 4 个表为按月分区表，因此下面只汇总 201805 分区（即 2018 年 5 月）中的数据。

```
INSERT OVERWRITE TABLE dwd_site.dwd_bts_factor
SELECT a.bts_id,
       a.floating_app_num,
       a.resident_app_num,
       b.resident_num,
       c.floating_num,
       d.high_num,
       d.mid_num,
       d.low_num,
       e.Commercial_num,
       e.catering_num,
       e.bank_num,
       e.hotel_num,
       e.life_convenient_num,
       e.traffic_convenient_num,
       e.gov_num,
       e.five_bank_num,
       e.other_bank_num
FROM (SELECT * FROM ods_site.ods_bank_app WHERE month = '201805') a
LEFT JOIN (SELECT * FROM ods_site.ods_resident_pop WHERE month = '201805') b
ON a.bts_id = b.bts_id
LEFT JOIN (SELECT * FROM ods_site.ods_floating_pop WHERE month = '201805') c
ON a.bts_id = c.bts_id
LEFT JOIN (SELECT * FROM ods_site.ods_consumption WHERE month = '201805') d
ON a.bts_id = d.bts_id
LEFT JOIN temp_site.mid_bts_industry e
ON a.bts_id = e.bts_id;
```

验证并查看基站指标汇总表 dwd_bts_factor 中的数据，如图 5-45 所示。

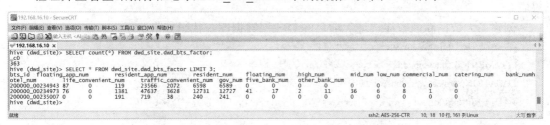

图 5-45　基站指标汇总表 dwd_bts_factor 中的数据

5.1.10　分析统计"大数据商业智能选址"项目的 DM 层已建址银行要素值

本阶段的业务目标是以 DWD 层数据为基础，在 DM 层创建 dm_site 数据仓库首先统计出已建址银行的经度/纬度信息，然后以已建址银行的经度/纬度坐标为圆心、1200 米为覆盖半径，统计此覆盖范围内的基站信息，最后根据统计的覆盖范围内的基站信息，实现计算出已建址银行的评价要素值的目标。

"分析计算已建址银行要素值"的数据处理流程如图 5-46 所示。

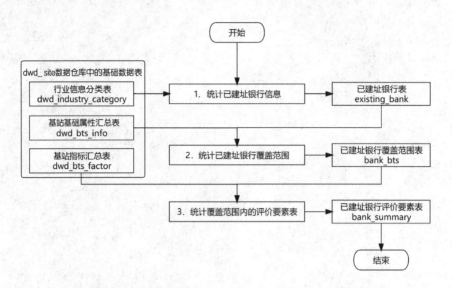

图 5-46   "分析计算已建址银行要素值"的数据处理流程

为了分析智能选址中已建址银行要素，此阶段将依次创建用于存储分析结果数据的 DM 层数据库，先统计已建址银行的经度/纬度信息，再统计已建址银行覆盖基站信息，最后计算已建址银行评价要素值。

1. 创建"大数据商业智能选址"项目的 DM 层数据库

根据图 2-5，在数据仓库 Hive 中创建 DM 库，经过分析计算已建址要素、分析清除不可建址区域、分析计算选址点、计算并评价选址点四大任务，将最终在 DM 中的获得选址结果表。

创建"大数据商业智能选址"项目的 DM 层数据库，代码如下所示。

```
CREATE DATABASE dm_site
COMMENT 'Business intelligence site selection project'
LOCATION '/project/warehouse/intelligent_site/dm_site.db'
WITH DBPROPERTIES ('Project Leader'='Ms. Wang','Editor'='Mr. Liu','Date'='2022-02-10');
```

2. 统计 dm_site 数据仓库中已建址银行的经度/纬度信息

在 dm_site 数据仓库中创建已建址银行经度/纬度表 dm_existing_bank，该表定义的字段如表 5-8 所示。

表 5-8   已建址银行经度/纬度表 dm_existing_bank 中定义的字段

字段名称	字段类型	描述
bank_name	STRING	银行名称
longitude	DECIMAL(10,6)	经度
latitude	DECIMAL(10,6)	纬度

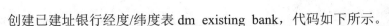

创建已建址银行经度/纬度表 dm_existing_bank，代码如下所示。

```
CREATE TABLE dm_site.dm_existing_bank(
    bank_name STRING COMMENT '银行名称',
    longitude DECIMAL(10,6) COMMENT '经度',
    latitude DECIMAL(10,6) COMMENT '纬度')
COMMENT '已建址银行经度/纬度表'
ROW FORMAT DELIMITED FIELDS TERMINATED BY '\u0001' NULL DEFINED AS ''
STORED AS RCFILE;
```

查询 dwd_site 数据仓库中的行业信息分类表 dwd_industry_category，根据名称 name 字段找到已建中国工商银行的经度和纬度位置信息，但不包含自助 ATM 机，并将查询数据结果写入 dm_site 数据仓库的已建址银行经度/纬度表 dm_existing_bank 中，代码如下所示。

```
INSERT INTO dm_site.dm_existing_bank
SELECT name,longitude,latitude
FROM dwd_site.dwd_industry_category
WHERE name LIKE '%中国工商银行%' AND name NOT LIKE '%自助%';
```

查看已建址银行经度/纬度表 dm_existing_bank 中的数据，共有 3 行数据，如图 5-47 所示。

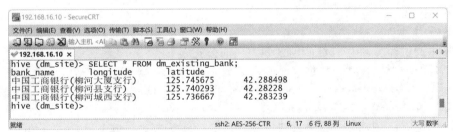

图 5-47　查看已建址银行经度/纬度表 dm_existing_bank 中的数据

3. 统计 dm_site 数据仓库中已建址银行覆盖基站信息

在 dm_site 数据仓库中创建已建址银行覆盖基站信息表，表名为 dm_bank_bts_1200m，用于存储以已建址银行坐标位置为圆心且半径为 1200 米的范围内的基站信息。已建址银行覆盖基站信息表 dm_bank_bts_1200m 中定义的字段如表 5-9 所示。

表 5-9　已建址银行覆盖基站信息表 dm_bank_bts_1200m 中定义的字段

字段名称	字段类型	描述
bank_name	STRING	银行名称
longitude	DECIMAL(10,6)	经度
latitude	DECIMAL(10,6)	纬度
bts_id	STRING	基站编码

创建已建址银行覆盖基站信息表 dm_bank_bts_1200m，代码如下所示。

```
CREATE TABLE dm_site.dm_bank_bts_1200m(
    bank_name STRING COMMENT '银行名称',
    longitude DECIMAL(10,6) COMMENT '经度',
    latitude DECIMAL(10,6) COMMENT '纬度',
```

```
    bts_id STRING COMMENT '基站编码')
COMMENT '已建址银行 2400 米内覆盖基站范围表'
ROW FORMAT DELIMITED FIELDS TERMINATED BY '\u0001' NULL DEFINED AS ''
STORED AS RCFILE;
```

通过左外连接联合查询 dwd_site 数据仓库的基站基础属性汇总表 dwd_bts_info 和 dm_site 数据仓库的已建址银行经度/纬度表 dm_existing_bank，统计以已建址银行经度/纬度表 dm_existing_bank 中 3 个已建中国工商银行经度/纬度为圆心且 1200 米为半径的区域内的基站编码数据，并导入已建址银行覆盖基站信息表 dm_bank_bts_1200m 中，代码如下所示。

```
INSERT INTO dm_site.dm_bank_bts_1200m
SELECT b.bank_name, b.longitude, b.latitude, a.bts_id
FROM dwd_site.dwd_bts_info a
LEFT JOIN dm_site.dm_existing_bank b ON 1 = 1
WHERE
6378137*2*ASIN(SQRT(POWER(SIN((a.latitude-b.latitude)*ACOS(-1)/360),2) +
COS(a.latitude*ACOS(-1)/180)*COS(b.latitude*ACOS(-1)/180)*POWER(SIN((a.longitude-b.longitude)*ACOS(-1)/360),2)))<
1200;
```

需要注意的是，在执行上述代码时请确定 "hive.strict.checks.cartesian.product" 已经设置为 FALSE。

提示：

Hive 中通过经度/纬度计算两地之间距离的公式如下：

```
6378137*2*ASIN(SQRT(POWER(SIN((start_point_lat-end_point_lat)*ACOS(-1)/360),2) +
COS(start_point_lat*ACOS(-1)/180)*COS(end_point_lat*ACOS(-1)/180)*POWER(SIN((start_point_lng-end_point_lng)*ACOS
(-1)/360),2)))
```

其中，start_point_lng 为起点经度，start_point_lat 为起点纬度，end_point_lng 为终点经度，end_point_lat 为终点纬度。

查询已建址银行覆盖基站信息表 dm_bank_bts_1200m 中的数据，如图 5-48 所示。

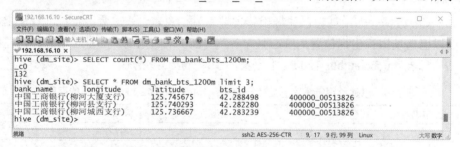

图 5-48 已建址银行覆盖基站信息表 dm_bank_bts_1200m 中的数据

4. 统计 dm_site 数据仓库中已建址银行评价要素

在 dm_site 数据仓库中创建已建址银行评价要素表，表名为 dm_bank_summary，用于存储 dm_site 数据仓库的已建址银行覆盖基站信息表 dm_bank_bts_1200m 和 dwd_site 数据仓库的基站指标汇总表 dwd_bts_factor 关联统计已建址银行的各项评价要素信息。已建址银行评价要素表 dm_bank_summary 中定义的字段如表 5-10 所示。

表 5-10　已建址银行评价要素表 dm_bank_summary 中定义的字段

字段名称	字段类型	描述
bank_name	STRING	银行名称
longitude	DECIMAL(10,6)	经度
latitude	DECIMAL(10,6)	纬度
resident_num	INT	常住人口
floating_num	INT	流动人口
resident_app_num	INT	常住人口使用 App 数量
floating_app_num	INT	流动人口使用 App 数量
high_num	INT	流动人口高消费
mid_num	INT	流动人口中消费
low_num	INT	流动人口低消费
commercial_num	INT	商业消费
catering_num	INT	餐饮
bank_num	INT	银行
hotel_num	INT	酒店宾馆
life_convenient_num	INT	生活便捷
traffic_convenient_num	INT	交通便捷
gov_num	INT	大学/政府
five_bank_num	INT	五大银行数据量
other_bank_num	INT	其他银行数据量

创建已建址银行评价要素表 dm_bank_summary，代码如下所示。

```
CREATE TABLE dm_site.dm_bank_summary (
    bank_name STRING COMMENT '银行名称',
    longitude DECIMAL(10,6) COMMENT '经度',
    latitude DECIMAL(10,6) COMMENT '纬度',
    resident_num INT COMMENT '常住人口',
    floating_num INT COMMENT '流动人口',
    resident_app_num INT COMMENT '常住人口使用 App 数量',
    floating_app_num INT COMMENT '流动人口使用 App 数量',
    high_num INT COMMENT '流动人口高消费',
    mid_num INT COMMENT '流动人口中消费',
    low_num INT COMMENT '流动人口低消费',
    commercial_num INT COMMENT '商业消费',
    catering_num INT COMMENT '餐饮',
    bank_num INT COMMENT '银行',
    hotel_num INT COMMENT '酒店宾馆',
    life_convenient_num INT COMMENT '生活便捷',
    traffic_convenient_num INT COMMENT '交通便捷',
    gov_num INT COMMENT '大学/政府',
    five_bank_num INT COMMENT '五大银行数据量',
    other_bank_num INT COMMENT '其他银行数据量')
```

```
COMMENT '已建址银行评价要素表'
ROW FORMAT DELIMITED FIELDS TERMINATED BY '\u0001' NULL DEFINED AS "
STORED AS RCFILE;
```

通过左外连接联合查询 dm_site 数据仓库的已建址银行覆盖基站信息表 dm_bank_bts_1200m 和 dwd_site 数据仓库的基站指标汇总表 dwd_bts_factor，按银行名称、经度、纬度分组，汇总统计常住人口、流动人口、常住人口使用 App 数量、流动人口使用 App 数量、流动人口高消费、流动人口中消费、流动人口低消费、商业消费、餐饮、银行、酒店宾馆、生活便捷、交通便捷、大学/政府、五大银行数据量、其他银行数据量共 16 项评价要素值，并将数据写入已建址银行评价要素表 dm_bank_summary 中，代码如下所示。

```
INSERT INTO dm_site.dm_bank_summary
SELECT a.bank_NAME, a.longitude, a.latitude, sum(resident_num), sum(floating_num),
    sum(resident_app_num), sum(floating_app_num), sum(high_num), sum(mid_num), sum(low_num),
sum(commercial_num), sum(catering_num), sum(bank_num), sum(hotel_num), sum(life_convenient_num),
sum(traffic_convenient_num), sum(gov_num), sum(five_bank_num), sum(other_bank_num)
FROM dm_site.dm_bank_bts_1200m a
LEFT JOIN dwd_site.dwd_bts_factor b ON a.bts_id = b.bts_id
GROUP BY a.bank_NAME,a.longitude,a.latitude;
```

查询已建址银行评价要素表 dm_bank_summary 中的数据，如图 5-49 所示。

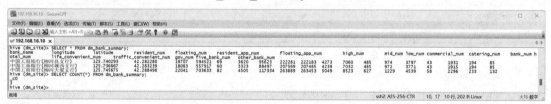

图 5-49　已建址银行评价要素表 dm_bank_summary 中的数据

5.1.11　分析过滤"大数据商业智能选址"项目的 DM 层不可建址区域

本阶段的业务目标是以 DWD 层的数据为基础，在 DM 层的数据库中首先根据已建址银行经度/纬度表 dm_existing_bank，以已建址银行经度/纬度坐标为圆心，2400（1200×2）米为覆盖半径，统计此覆盖范围内的基站信息，然后在基站基础表副本中过滤已建址两倍半径范围内的基站、经度/纬度为空的基站、高铁/公园位置的基站，清除不可建址区域，实现计算出可建址基站基础数据的目标。

"分析过滤不可建址区域"的数据处理流程如图 5-50 所示。

智能选址项目需要过滤不可建址的区域，此阶段先计算出已建址银行两倍半径区域的范围，再过滤已建址银行两倍半径内高铁、公园等这些不能建址的区域。

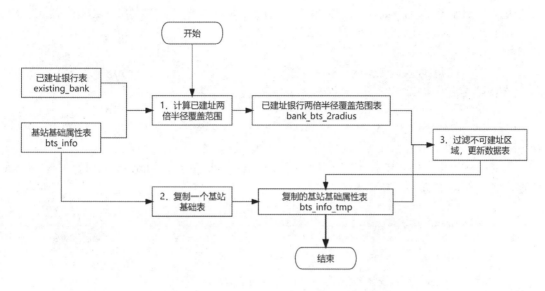

图 5-50　"分析过滤不可建址区域"的数据处理流程

1. 统计 dm_site 数据仓库中的已建址银行两倍半径区域

在项目选址区域内，已经建有中国工商银行所在位置的两倍半径（即 2400 米）范围内不可以再建址，否则会造成该区域内中国工商银行过于密集。因此，需要以已建址银行坐标为圆心，选出两倍半径（即 2400 米）覆盖范围内的基站信息，并将数据写入 DM 层的已建址银行两倍半径覆盖范围内基站表 dm_bank_bts_2400m 中。已建址银行两倍半径覆盖范围内基站表 dm_bank_bts_2400m 中定义的字段如表 5-11 所示。

表 5-11　已建址银行两倍半径覆盖范围内基站表 dm_bank_bts_2400m 中定义的字段

字段名称	字段类型	描述
bank_name	STRING	银行名称
Longitude	DECIMAL(10,6)	经度
latitude	DECIMAL(10,6)	纬度
bts_id	STRING	基站编码

创建已建址银行两倍半径覆盖范围内基站表 dm_bank_bts_2400m，代码如下所示。

```
CREATE TABLE dm_site.dm_bank_bts_2400m(
    bank_name STRING COMMENT '银行名称',
    longitude DECIMAL(10,6) COMMENT '经度',
    latitude DECIMAL(10,6) COMMENT '纬度',
    bts_id STRING COMMENT '基站编码')
COMMENT '已建址银行两倍半径覆盖范围内基站表'
ROW FORMAT DELIMITED FIELDS TERMINATED BY '\u0001' NULL DEFINED AS ''
STORED AS RCFILE;
```

通过左外连接联合查询 dwd_site 数据仓库的基站基础属性汇总表 dwd_bts_info 和 dm_site 数据仓库的已建址银行经度/纬度表 dm_existing_bank，统计以已建址银行经度/纬度表 dm_existing_bank 中 3 个已建中国工商银行经度/纬度为圆心且 2400 米为半径的区域内的基站编码数据，并导入已建址银行两倍半径覆盖范围内基站表 dm_bank_bts_2400m 中，代码如下所示。

```
INSERT INTO dm_site.dm_bank_bts_2400m
SELECT b.bank_name, b.longitude, b.latitude, a.bts_id
FROM dwd_site.dwd_bts_info a
LEFT JOIN dm_site.dm_existing_bank b ON 1 = 1
WHERE
6378137*2*ASIN(SQRT(POWER(SIN((a.latitude-b.latitude)*ACOS(-1)/360),2) +
COS(a.latitude*ACOS(-1)/180)*COS(b.latitude*ACOS(-1)/180)*POWER(SIN((a.longitude-b.longitude)*ACOS(-1)/360),
2)))<1200*2;
```

查询已建址银行两倍半径覆盖范围内基站表 dm_bank_bts_2400m，发现该表中有 249 条数据，如图 5-51 所示。

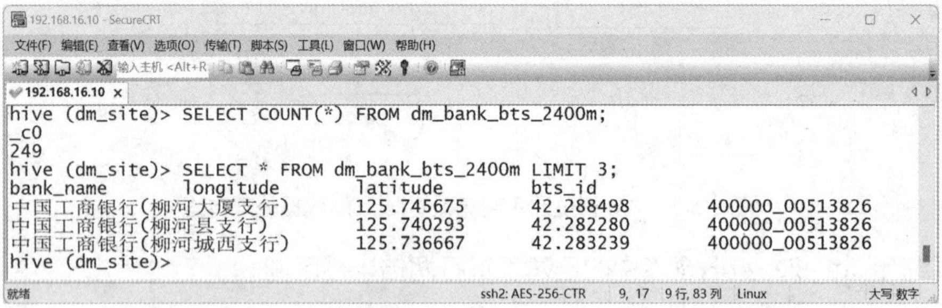

图 5-51 已建址银行两倍半径覆盖范围内基站表 dm_bank_bts_2400m 中的数据

2. 统计 dm_site 数据仓库中的可建址区域

在项目选址区域内，有些位置不可用来建址，如已建址银行两倍半径内、高铁、公园等位置。需要逐一获取不可建址位置的基站，并从基站基础信息中过滤此类基站，最终获取到可建址基站基础信息。

通过复制 ods_site 数据仓库的基站信息明细表 ods_bts_info 的表结构，在 dm_site 数据仓库中创建可建址基站基础信息表，表名为 dm_bts_info_tmp，代码如下所示。

```
DROP TABLE dm_site.dm_bts_info_tmp;
CREATE TABLE dm_site.dm_bts_info_tmp LIKE ods_site.ods_bts_info;
```

先依次过滤基站信息明细表 ods_bts_info 中已建址银行两倍半径内、高铁、公园等位置的基站信息，再次数据导入可建址基站基础信息表 dm_bts_info_tmp 中，代码如下所示。

```
INSERT OVERWRITE TABLE dm_site.dm_bts_info_tmp
SELECT * FROM ods_site.ods_bts_info
WHERE bts_id NOT IN (SELECT bts_id FROM dm_site.dm_bank_bts_2400m) AND is_highrail != '是' AND is_park != '是' AND longitude IS NOT NULL;
```

查看可建址基站基础信息表 dm_bts_info_tmp 中的数据，如图 5-52 所示。

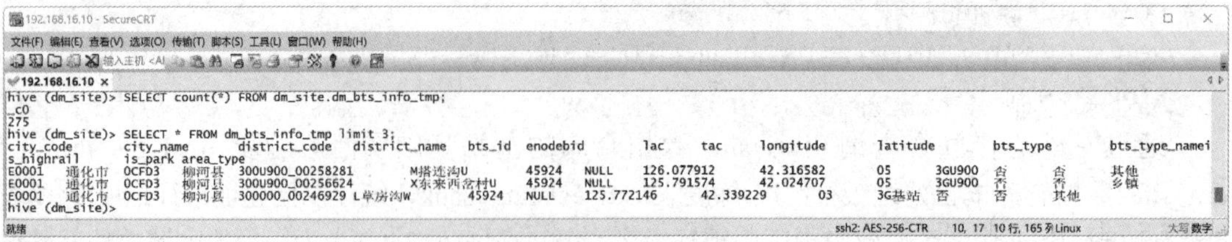

图 5-52 可建址基站基础信息表 dm_bts_info_tmp 中的数据

由上述结果可知，可建址基站为 275 个，而过滤前 ods_site 数据仓库的基站信息明细表 ods_bts_info 中的基站为 363 个，即 88 个基站被过滤掉。

至此，"大数据商业智能选址"项目已经完成阶段性的数据分析统计，但并没有完全结束，限于本书篇幅及难度控制，对智能选址项目有研究兴趣的读者可参照随书附带的"大数据商业智能选址"项目包探索完成后续的选址数据分析。

任务小结

通过学习本任务，读者不仅可以掌握所有的数据分析技能，还可以将其灵活地综合应用到智能选址项目的数据分析中。在分析仓库数据时，可能会遇到相对复杂的宽表和多表联合分析，各数据分析技能在实际项目业务分析中反复综合应用，技术难度明显提升时读者需要调整好心态，分析技术本身不难，但结合业务需求处理问题时必然会复杂，要着力理解好数据本身的业务信息。通过本模块的"实践创新"部分深入研读附录 C 和附录 D，根据已有的业务数据完成分析任务，读者可以在独立实践探索中创新并磨炼数据分析的技能。

任务 5.2 导出仓库数据

 任务分析

至此，"大数据商业智能选址"项目已经完成了阶段性的数据分析统计，在项目分析到某些阶段或完成时，通常需要把分析获得的数据单独持久性地存储，以便用于下一阶段的数据分析或数据可视化呈现。

本任务以"学生信息系统"项目和"大数据商业智能选址"项目为实操载体，帮助读者完成使用多种方式灵活将分析结果数据导出的学习目标。

技术准备

通过 Hive 分析统计后的结果数据通常存储在本地文件系统或 HDFS 中，下面以"学生信息系统"项目为实操载体，介绍 Hive 中常用的 INSERT...SELECT 语句、EXPORT 语句、-e 重定向命令和 dfs -get 命令等的语法和基本应用。

5.2.1 使用 INSERT...SELECT 语句导出数据

Hive 支持将在表中查询到的数据导出到文件系统内，语法格式如下所示。

```
INSERT OVERWRITE [LOCAL] DIRECTORY 'directoryname'
```

[ROW FORMAT row_format] [STORED AS file_format]

SELECT select_fields FROM from_statement;

INSERT...SELECT 语句的语法解释如表 5-12 所示。

表 5-12　INSERT...SELECT 语句的语法解释

关键字	语法解释
INSERT OVERWRITE	表示覆盖插入，将数据导出到指定文件系统目录下并覆盖替换之前的所有内容
LOCAL	可选项，若指定 LOCAL，则数据导出插入本地文件系统中，否则数据导出插入 HDFS 中
DIRECTORY 'directoryname'	directoryname 用于指定文件系统的路径
[ROW FORMAT row_format]	可选项，用于指定序列化方式。其含义与创建表的语法含义相同
[STORED AS file_format]	可选项，用于指定文件存储格式。其含义与创建表的语法含义相同
SELECT select_fields FROM from_statement	用于指定查询语句，可以是针对 Hive 生态系统的任何 SELECT 语句

在执行 INSERT 语句时，一个或多个文件将被写入 directoryname 中，具体的文件个数取决于调用的 Reducer 的个数。

【例 5-37】将 studentdb 数据库的 phy_course_football 表中的数据导出到 HDFS 的/output 目录下，导出字段之间的分隔符为 ","。

第 1 步：执行以下语句。

INSERT OVERWRITE DIRECTORY "/output"

ROW FORMAT DELIMITED FIELDS TERMINATED BY ','

SELECT * FROM phy_course_football;

第 2 步：查看 HDFS 的/output 目录下的文件内容，如图 5-53 所示。

```
192.168.16.10 - SecureCRT                                          —   □   ×
文件(F) 编辑(E) 查看(V) 选项(O) 传输(T) 脚本(S) 工具(L) 窗口(W) 帮助(H)
输入主机 <Al
192.168.16.10 ×
hive (studentdb)> dfs -ls /;
Found 7 items
drwxr-xr-x   - hadoop supergroup          0 2022-02-18 18:44 /hadoop
drwxr-xr-x   - hadoop supergroup          0 2022-10-26 00:39 /hivedata
drwxr-xr-x   - hadoop supergroup          0 2022-03-16 18:59 /home
drwxr-xr-x   - hadoop supergroup          0 2022-01-25 01:01 /project
drwxr-xr-x   - hadoop supergroup          0 2022-09-27 01:16 /test
drwx-wx-wx   - hadoop supergroup          0 2022-02-22 19:25 /tmp
drwxr-xr-x   - hadoop supergroup          0 2022-10-23 00:29 /user
hive (studentdb)> INSERT OVERWRITE DIRECTORY "/output"
               > ROW FORMAT DELIMITED FIELDS TERMINATED BY ','
               > SELECT * FROM phy_course_football;
stname  stid    class   opt_cour
hive (studentdb)> dfs -ls /output;
Found 1 items
-rwxr-xr-x   1 hadoop supergroup        702 2022-11-11 17:21 /output/000000_0
hive (studentdb)> dfs -cat /output/000000_0;
student3,10120002,Network_1401,football
student5,10120004,Network_1401,football
student10,10120009,Network_1401,football
student19,10120018,Network_1401,football
student20,10120019,Network_1401,football
student37,10120036,Network_1401,football
student61,10120060,Network_1402,football
student62,10120061,Network_1402,football
student77,10120076,Network_1402,football
student78,10120077,Network_1402,football
student102,10120101,Network_1403,football
student104,10120103,Network_1403,football
student109,10120108,Network_1403,football
student118,10120117,Network_1403,football
student119,10120118,Network_1403,football
student136,10120135,Network_1403,football
student160,10120159,Network_1404,football
hive (studentdb)>
就绪                              ssh2: AES-256-CTR   35, 19  35 行, 95 列 Linux        大写 数字
```

图 5-53　HDFS 的/output 目录下的文件内容 1

由上述结果可知，在数据导出插入前 HDFS 中不存在/output 目录，而在插入时 Hive 自动创建了该目录，并且导出的数据列之间使用的分隔符为"，"。

【例 5-38】 将 studentdb 数据库的 phy_course_hdfs 表中选修了"basketball"课程的学生数据导出到 HDFS 的/output 目录下，导出字段之间的分隔符为 "_"。

第 1 步：执行以下语句。

```
INSERT OVERWRITE DIRECTORY '/output'
ROW FORMAT DELIMITED FIELDS TERMINATED BY '_'
SELECT * FROM phy_course_hdfs WHERE opt_cour='basketball';
```

第 2 步：查看 HDFS 的/output 目录下的文件内容，如图 5-54 所示。

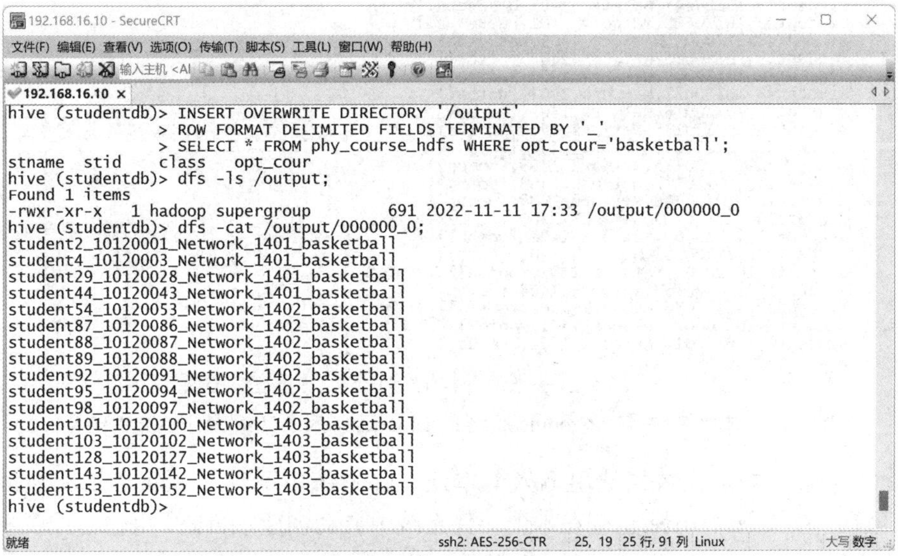

图 5-54　HDFS 的/output 目录下的文件内容 2

由上述结果可知，由于导出插入目录依然为/output，因此后面导出的"选修了'basketball'课程的学生数据"覆盖了前面导出的"选修了'football'课程的学生数据"。这是由于 OVERWRITE 表示覆盖导出，因此导出路径一定要写具体，否则很可能误删 HDFS 中的数据。

【例 5-39】 将 studentdb 数据库的 phy_course_hdfs 表中选修了"football"课程和"basketball"课程的数据导出到本地文件系统的/home/hadoop/dataoutput/e.g.5-39 目录下，导出字段之间的分隔符为"，"。

第 1 步：执行以下语句。

```
INSERT OVERWRITE LOCAL DIRECTORY "/home/hadoop/dataoutput/e.g.5-39"
ROW FORMAT DELIMITED FIELDS TERMINATED BY ","
SELECT * FROM phy_course_hdfs
WHERE opt_cour='football' OR opt_cour='basketball'
ORDER BY opt_cour;
```

第 2 步：查看本地文件系统的/home/hadoop/dataoutput/e.g.5-39 目录下的文件内容，如图 5-55 所示。

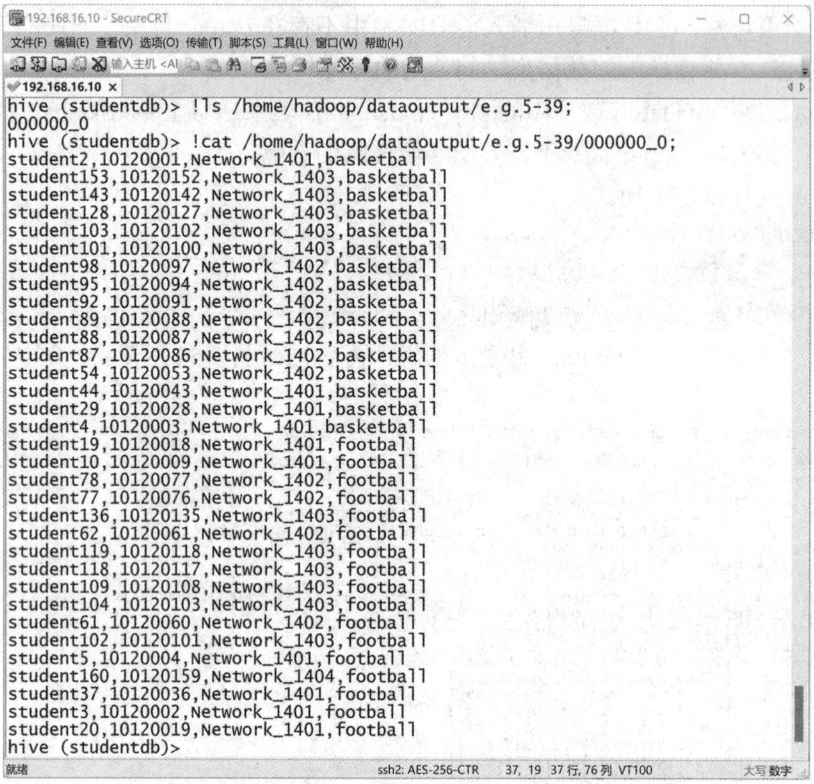

图 5-55 本地文件系统的/home/hadoop/dataoutput/e.g.5-39 目录下的文件内容

由上述结果可知，在数据导出插入前本地文件系统中不存在/home/hadoop/dataoutput/
e.g.5-39 目录，在插入时 Hive 也会在本地文件系统中自动创建该目录，并且导出的数据列之
间使用的分隔符为","，按照 opt_cour 列排序。

5.2.2 使用 EXPORT 语句导出数据

Hive 支持使用 EXPORT 语句将表内的数据导出到 HDFS 中，语法格式如下。

```
EXPORT TABLE tablename [PARTITION (part_column="value"[, ...])]
TO 'hdfsdirectoryname' [ FOR replication('eventid') ];
```

EXPORT 语句的语法解释如表 5-13 所示。

表 5-13 EXPORT 语句的语法解释

关键字	语法解释
EXPORT TABLE	表示导出数据表
PARTITION (part_column="value"[, ...])	可选项，用于导出分区表的指定分区
hdfsdirectoryname	表示将数据表的数据及元数据导出到 HDFS 的指定路径下

需要注意的是，HDFS 的 hdfsdirectoryname 目录必须是空的，否则会导出失败。EXPORT
语句和 IMPORT 语句主要用于两个 Hadoop 集群之间 Hive 表迁移，不能直接导出到本地文
件系统中。

【例 5-40】 将 studentdb 数据库的 student 表中的数据通过 EXPORT 语句导出到 HDFS

的/dataoutput/student 目录下。

第 1 步：执行以下语句。

```
EXPORT TABLE student TO '/dataoutput/student';
```

第 2 步：查看 HDFS 的/dataoutput/student 目录下的文件内容，如图 5-56 所示。

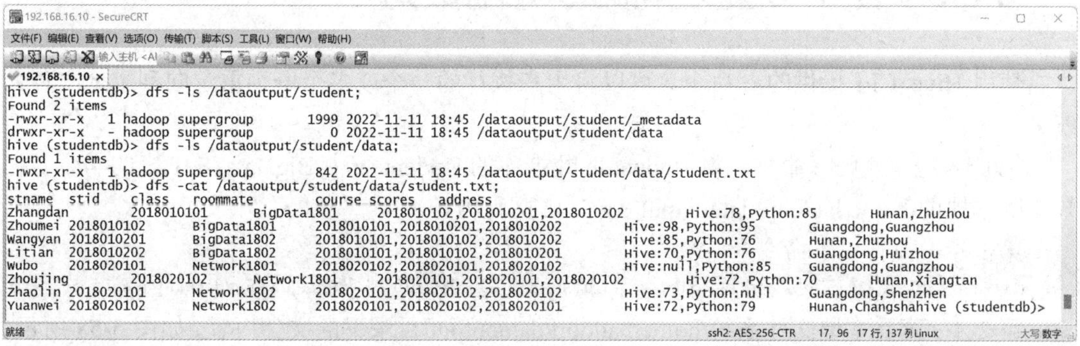

图 5-56　HDFS 的/dataoutput/student 目录下的文件内容

由上述结果可知，在 HDFS 的/dataoutput/student 目录下有_metadata 文件和 data 目录。其中，_metadata 文件中存储的是 student 表的元数据，data 目录下存储的是 student 表的数据。

【例 5-41】　将 studentdb 数据库的分区表 phy_course_dynamic_partition 中 opt_cour= swimming 的分区数据通过 EXPORT 语句导出到 HDFS 的/dataoutput/swimming 目录下。

第 1 步：执行以下语句。

```
EXPORT TABLE phy_course_dynamic_partition
PARTITION (opt_cour="swimming")
TO '/dataoutput/swimming';
```

第 2 步：查看 HDFS 的/dataoutput/swimming 目录下的文件内容，如图 5-57 所示。

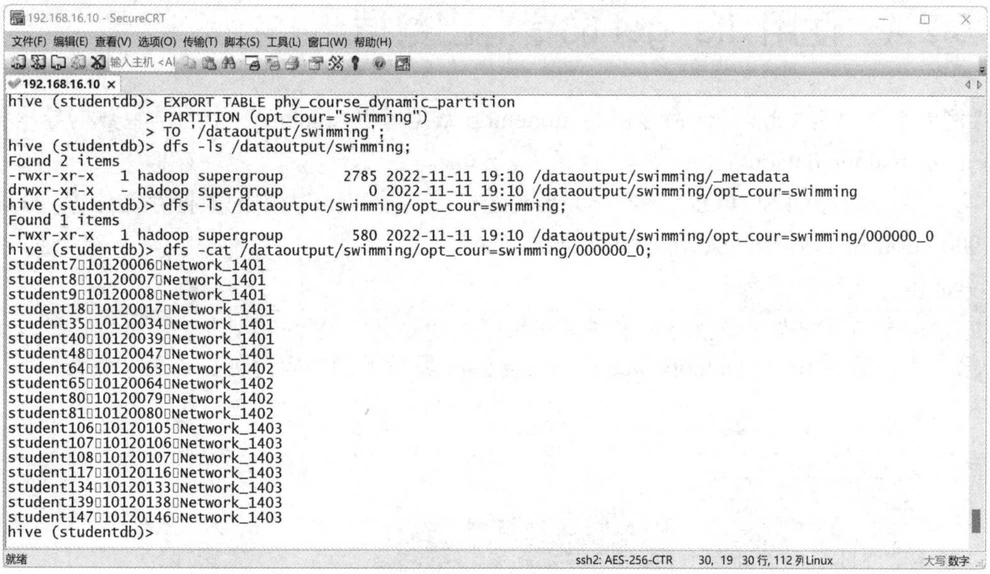

图 5-57　HDFS 的/dataoutput/swimming 目录下的文件内容

由上述结果可知，在 HDFS 的/dataoutput/swimming 目录下出现了_metadata 文件和

opt_cour=swimming 目录。其中，_metadata 文件中存储的是分区 opt_cour=swimming 的元数据，opt_cour=swimming 目录下存储的是分区 opt_cour=swimming 的数据。

5.2.3　使用-e 重定向命令导出数据

使用 Hive CLI 提供的-e 命令，可以将用户执行的一个或多个查询重定向到本地文件系统中。

【例 5-42】 使用-e 命令，将 studentdb 数据库的 student 表中 BigData1801 班的学生数据导出到本地的/home/hadoop/dataoutput/e.g.5-42 文件内。

第 1 步：执行以下命令。

```
$ hive -e "SELECT * FROM studentdb.student WHERE class='BigData1801' " >/home/hadoop/dataoutput/e.g.5-42
```

第 2 步：查看本地文件系统/home/hadoop/dataoutput 目录下的文件内容，如图 5-58 所示。

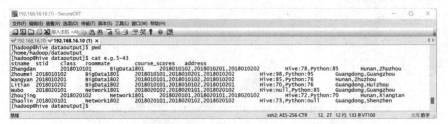

图 5-58　本地文件系统/home/hadoop/dataoutput 目录下的文件内容

由上述结果可知，在本地文件系统/home/hadoop/dataoutput 目录下自动生成了名为 e.g.5-42 的文件，并且该文件内存储了 student 表中 BigData1801 班的所有学生信息。

5.2.4　使用 dfs -get 命令导出数据

【例 5-43】 使用 dfs -get 命令，将 studentdb 数据库的 student 表中的学生数据导出到本地的/home/hadoop/dataoutput/e.g.5-43 目录下。

第 1 步：通过 DESC FORMATTED student;查询到 student 表中的数据存储位置为 hdfs://hive:9000/user/hive/warehouse/studentdb.db/student。

第 2 步：执行以下命令。

```
dfs -get /user/hive/warehouse/studentdb.db/student/student.txt /home/hadoop/dataoutput/e.g.5-43;
```

第 3 步：查看/home/hadoop/dataoutput/e.g.5-43 目录下的内容，如图 5-59 所示。

图 5-59　/home/hadoop/dataoutput/e.g.5-43 目录下的内容

由上述结果可知，在本地文件系统的/home/hadoop/dataoutput 目录下自动生成了名为 e.g.5-43 的文件，并且该文件中存储了 student 表存储目录下的所有数据。

Hive 支持将在表中查询到的数据导出到另一个 Hive 表中。

任务实施

"大数据商业智能选址"项目的 ods_site 数据仓库中的所有数据均为业务源数据，而 dwd_site 数据仓库中的数据是经过分析计算后得到的，通常会将这类数据导出后存储。下面采用 INSERT...SELECT 语句将行业信息分类表 dwd_industry_category 和基站指标汇总表 dwd_bts_factor 内的数据导出到本地文件系统中，并指定字段分隔符为逗号 ","；选择 hive -e 重定向方式将基站基础属性汇总表 dwd_bts_info 内的数据导出到本地文件系统中。

5.2.5 导出"大数据商业智能选址"项目的 dwd_site 数据仓库中的数据

将 dwd_site 数据仓库的行业信息分类表 dwd_industry_category、基站基础属性汇总表 dwd_bts_info 和基站指标汇总表 dwd_bts_factor 中的数据导出存储到本地/home/hadoop/hivedata/intelligent_site/dwd_site 目录下。

1. 导出行业信息分类表 dwd_industry_category 中的数据

第 1 步：执行以下语句导出 Hive 表中的数据。

```
INSERT OVERWRITE LOCAL DIRECTORY "/home/hadoop/hivedata/intelligent_site/dwd_site"
ROW FORMAT DELIMITED FIELDS TERMINATED BY ','
SELECT * FROM dwd_site.dwd_industry_category;
```

第 2 步：查看导出的文件 000000_0，并重命名为 dwd_industry_category，如图 5-60 所示。

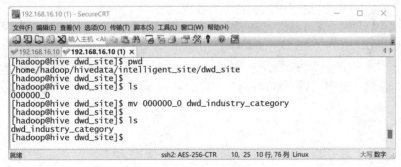

图 5-60 行业信息分类表导出的文件

第 3 步：查看 dwd_industry_category 文件中的数据，如图 5-61 所示。

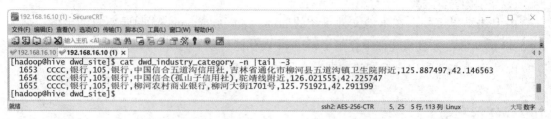

图 5-61　dwd_industry_category 文件中的数据

由上述结果可知，从 Hive 的 dwd_site 数据仓库的行业信息分类表 dwd_industry_category 中导出 1655 条数据，并保存到本地文件系统中，各字段之间通过","分隔。

2. 导出基站基础属性汇总表 dwd_bts_info 中的数据

第 1 步：执行以下 hive -e 命令，将查询结果通过重定向把数据导出到本地指定的文件中。

```
$ hive -e "set hive.cli.print.header=FALSE;SELECT * FROM dwd_site.
dwd_bts_info" >/home/hadoop/hivedata/intelligent_site/dwd_site/dwd_bts_info
```

上述 "set hive.cli.print.header=FALSE;" 设置不输出标题行，否则标题行也会作为数据输出到本地。

第 2 步：查看基站基础属性汇总表 dwd_bts_info 中的数据，如图 5-62 所示。

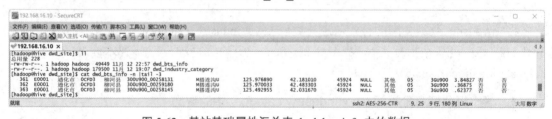

图 5-62　基站基础属性汇总表 dwd_bts_info 中的数据

由上述结果可知，在指定目录下自动创建了基站基础属性汇总表 dwd_bts_info，并存储了查询到的 363 条数据，各字段之间以默认分隔符分隔。

3. 导出基站指标汇总表 dwd_bts_factor 中的数据

第 1 步：执行以下语句导出 Hive 表中的数据。

```
INSERT OVERWRITE LOCAL DIRECTORY "/home/hadoop/hivedata/intelligent_site/dwd_site"
ROW FORMAT DELIMITED FIELDS TERMINATED BY ','
SELECT * FROM dwd_site.dwd_bts_factor;
```

第 2 步：查看导出的文件 000000_0，并重命名为 dwd_bts_factor，如图 5-63 所示。

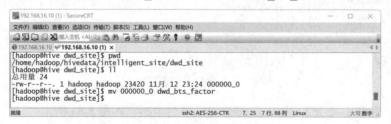

图 5-63　基站指标汇总表导出的文件

由上述结果可知，/home/hadoop/hivedata/intelligent_site/dwd_site 目录下原有的两个数据导出文件消失了，这是因为 INSERT OVERWRITE 语句覆盖了输出数据，所以原有的数据丢失。使用 INSERT OVERWRITE 语句时的存储目录尽量为空目录，以避免数据丢失。

第 3 步：查看基站指标汇总表 dwd_bts_factor 中的数据，如图 5-64 所示。

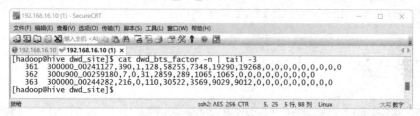

图 5-64　基站指标汇总表 dwd_bts_factor 中的数据

任务小结

通过学习本任务，读者能使用多种方式导出仓库数据。需要注意的是，应根据实际情况合理选择数据导出方式。通过本模块的"实践创新"部分的"大数据智慧旅游"项目，读者可以在独立实践探索中创新并磨炼出精益求精的技能。

模块总结

通过学习本模块，读者能熟练使用各种 HiveQL 语句分析统计 Hive 表中的数据，并将分析获得的数据导出到对应表中。本模块包括的知识点和技能点如下。

（1）SELECT 语句：可以是 UNION 查询的一部分或另一个查询的子查询。需要注意的是，ALL 和 DISTINCT 用于指定是否返回结果集中的重复行。

（2）FROM 子句：用于指定从哪个数据表中查询数据。关于查询的输入，既可以是表、视图，又可以是联合查询或子查询。FROM 子句有两种使用方式，第一种是在 SELECT 语句之后，第二种是在 SELECT 语句之前。

（3）LIMIT 子句：用于限制返回的行数。LIMIT [offset,] rows 子句显示返回查询结果中限定的前 rows 条数据，或者从索引 offset 开始之后的 rows 条数据。

（4）WHERE 子句：用于查询符合条件的记录。需要注意的是，WHERE 子句必须紧随 FROM 子句。WHERE 子句后面的列名必须用真实列名，不能使用自定义的别名；WHERE 子句后面跟谓词表达式或逻辑表达式。

（5）GROUP BY 子句。GROUP BY 子句后面跟一个或多个字段名，表示根据这些字段进行分组。GROUP BY 子句通常与聚合函数一起使用，其后可紧跟 HAVING 子句表示通过过滤找出特定的分组。需要注意的是，在使用 GROUP BY 子句时，SELECT 后面只能跟普通列名或聚合函数，并且 SELECT 后面跟随的非聚合列必须出现在 GROUP BY 后面作为分组字段。

（6）JOIN 连接：包括内连接、左外连接、右外连接、完全外连接、笛卡儿积连接。需要注意的是，ON 子句中可以使用 AND 运算符，但不可以使用 OR 运算符。当涉及多个表执行 JOIN 连接操作时，Hive 总是按照从左到右的顺序执行。

（7）排序子句：包括 ORDER BY 子句、SORT BY 子句、DISTRIBUTE BY 子句+SORT BY 子句、CLUSTER BY 子句 4 种排序方式。需要重点区分这 4 种排序方式的区别，ORDER BY 子句用于实现全局排序，SORT BY 子句用于实现局部排序，DISTRIBUTE BY 子句+SORT BY 子句用于实现分区局部排序，CLUSTER BY 子句用于实现特殊的分区且局部排序。

 实践创新

实践工单 5　分析"大数据智慧旅游"项目中的数据

班级：＿＿＿＿＿＿＿＿＿　　姓名：＿＿＿＿＿＿＿＿＿　　实践用时：＿＿＿＿＿＿＿＿＿

一、实践描述

在本次实践过程中要认真研读附录 C 和附录 D，由此厘清实施项目分析的思路、步骤，同时能给出正确的数据分析研究方案并实施。

二、实践目标

独立完成相关项目文档的研读。

独立完成"大数据智慧旅游"项目的分析统计。

三、实践内容

✎研读文档

1. 研读附录 C "大数据智慧旅游"项目的数据处理流程。

　　□ 完成　　　　　　　□ 未完成，困难＿＿＿＿＿＿＿＿＿＿＿＿＿＿＿＿＿＿

2. 研读附录 D "大数据智慧旅游"项目的逻辑模型设计。

　　□ 完成　　　　　　　□ 未完成，困难＿＿＿＿＿＿＿＿＿＿＿＿＿＿＿＿＿＿

✎分析并获取游客搜索景区关键词表 CUST_KEYWORDS_DAY 中的数据

1. 通过关键词游客搜索接口表 S_CUST_FROM_KEYWORDS 与景区信息表 D_SCENIC_BASE_INFO，获取用户对景区的关键词搜索数据。

　　□ 完成　　　　　　　□ 未完成，困难＿＿＿＿＿＿＿＿＿＿＿＿＿＿＿＿＿＿

2. 将关键词游客搜索接口表 S_CUST_FROM_KEYWORDS 与各省地市编码表 D_CODE_PROV 进行关联，将取出的游客对景区的关键词搜索数据中的各地市编码转换为中文，并将数据插入游客搜索景区关键词表 CUST_KEYWORDS_DAY 中。

　　□ 完成　　　　　　　□ 未完成，困难＿＿＿＿＿＿＿＿＿＿＿＿＿＿＿＿＿＿

✎分析并获取关键词全国用户搜索表 KEYWORDS_SEEK_DAY 中的数据

1. 将关键词全国用户搜索接口表 S_KEYWORDS_SEEK 与景区信息表 D_SCENIC_BASE_INFO 进行关联，获取用户对景区的关键词搜索数据。

　　□ 完成　　　　　　　□ 未完成，困难＿＿＿＿＿＿＿＿＿＿＿＿＿＿＿＿＿＿

2. 将关键词全国用户搜索接口表 S_KEYWORDS_SEEK 与各省地市编码表 D_CODE_PROV 进行关联，将取出的用户对景区的关键词搜索数据中的各地市编码转换为中文，并将数据插入关键词全国用户搜索表 KEYWORDS_SEEK_DAY 中。

　　□ 完成　　　　　　　□ 未完成，困难＿＿＿＿＿＿＿＿＿＿＿＿＿＿＿＿＿＿

✎分析并获取全网搜索关键词 D_KEYWORDS_DAY_N 中的数据

1. 合并关键词全国用户搜索表 KEYWORDS_SEEK_DAY 与游客搜索景区关键词表 CUST_KEYWORDS_DAY 中的数据，获得全部的用户关键词搜索信息数据。

　　□ 完成　　　　　　　□ 未完成，困难＿＿＿＿＿＿＿＿＿＿＿＿＿＿＿＿＿＿

2. 将景区关键词表 SCENIC_WORDS 与全部的用户关键词搜索信息数据进行关联，取出我们想要关注的用户搜索关键词数据。

　　□ 完成　　　　　　　□ 未完成，困难＿＿＿＿＿＿＿＿＿＿＿＿＿＿＿＿＿＿

3. 将上述获得的我们想要关注的用户搜索关键词数据与联通用户全国各地市占比情况表 D_CODE_CUST_PROV 进行关联，通过各地市占比推算出全国用户搜索关键词数据，并将其插入全网搜索关键词表 D_KEYWORDS_DAY_N 中。

□ 完成　　　　　□ 未完成，困难＿＿＿＿＿＿＿＿＿＿＿＿＿＿＿＿＿＿＿＿＿

四、出错记录

请将你在任务实践过程中出现的错误及其解决方法记录在下表中。

序号	出现的错误	错误提示	解决方法
1			
2			

五、实践评价

请对你的实践做出星级评价。

□ ★★★★★　　□ ★★★★　　□ ★★★　　□ ★★　　□ ★

检测反馈

一、填空题

1. Hive 支持通常的 SQL JOIN 语句，但是只支持＿＿＿＿＿，不支持＿＿＿＿＿。

2. ＿＿＿＿＿除了具有 DISTRIBUTE BY 子句的功能，还兼具 SORT BY 子句的功能。

3. ＿＿＿＿＿将返回所有表中符合 WHERE 子句条件的所有记录。

4. SELECT 句式的 HAVING 子句必须配合＿＿＿＿＿子句一同使用。

5. IMPORT 和＿＿＿＿＿分别代表导入和导出。

二、判断题

1. WHERE 子句可以使用谓词表达式，当谓词表达式的结果为 FALSE 时，该行会被过滤掉。　　　　（　　）

2. 对于 SORT BY 子句，在每个 Reducer 内部进行排序，对全局结果集来说不是排序。　　　　（　　）

3. 聚合函数不可以对多行记录进行计算，只得到一个结果值。　　（　　）

4. SELECT 句式的 HAVING 子句和 WHERE 子句都可以使用聚合函数。　（　　）

5. EXPORT 用于将数据表的数据及元数据导出到本地文件系统的指定位置。（　　）

三、单选题

1. 标准的 SQL 基本查询语句的格式为（　　）。

　A. SELECT...FROM...WHERE

　B. SELECT...WHERE...FROM

　C. SELECT...WHERE...GROUP BY

　D. SELECT...FROM...ORDER BY

2. Hive 中的列别名使用的关键字是（　　　）。

  A．FOR   B．AS   C．WHERE   D．SELECT

3. 查询 student 表中的前 2 条数据的语法格式是（　　　）。

  A．hive> SELECT name,salary FROM student LIMIT 2,2;

  B．hive> SELECT name,salary FROM student LIMIT 0,2;

  C．hive> SELECT name,salary FROM student LIMIT 2,0;

  D．hive> SELECT name,salary FROM student LIMIT 2;

4. 在下列选项中，关于 SELECT 句式的语法格式描述正确的是（　　　）。

  A．DISTINCT 关键字用于去重查询

  B．LIMIT 子句用于限制查询的行数

  C．ORDER BY 子句用于局部排序处理

  D．CLUSTER BY 子句用于分组处理

四、简答题

1. 简述 ORDER BY 子句、SORT BY 子句和 CLUSTER BY 子句的作用及区别。

2. Hive 提供了哪几种方式导出数据？

五、思考题

2020 年 4 月，长江存储宣布 128 层 TLC 和 QLC 技术研发成功。2021 年 9 月，Tech Insights 拆解采用长江存储 128 层 TLC 3D NAND 闪存芯片的 Asgard（阿斯加特）SSD 时发现，其存储密度达到了时下业界最高的 8.48GB/mm。2021 年 12 月，长江存储发布了自有品牌致态系列 Ti Pro 7000，搭载的同样是 128 层 TLC 闪存颗粒。

两款产品的发布代表长江存储 128 层 TLC 工艺良品率正式进入量产等级。根据 Tech Insights 的说法，长江存储的 128 层 TLC 工艺在容量、位密度和 I/O 速度方面实现了行业领先的新标准，与三星（V-NAND）、美光（CTF CuA）和 SK 海力士（4D PUC）的现有 128 层 512GB 3D TLC NAND 产品相比，裸片尺寸也更小。

值得关注的是，长江存储 2017 年宣布 32 层 MLC 技术研发成功，2018 年对外发布 Xtacking 技术，2019 年宣布 64 层 TLC 技术研发成功，实现了从 32 层到 64 层再到 128 层的跨越，这意味着中国在存储芯片领域正在逐渐缩小与美国和韩国的差距。

1. 请通过搜索引擎了解长江存储及其发展历程。

2. 请谈谈你了解的计算的存储的发展历程。

应用函数统计分析

同传统的关系型数据库一样，Hive 也有大量的内置函数。使用内置函数可以实现某些固定功能，方便用户直接使用，可以满足日常开发中所涉及的常见的开发需求。

但是，在设计任何一个系统时都不可能将实际用户的所有需求都事先考虑周全。对于一些特殊的用户需求，Hive 已提供的内置函数是满足不了的，因此一个系统的开放性就显得尤为重要。也就是说，虽然不能事先考虑到所有可能的用户需求，但可以提供一个开发的接口，允许开发人员根据个性化的需求来定义特殊功能函数的实现，这就是 Hive 自定义函数（可以根据实际使用场景编写函数）。自定义函数包括 UDF（用户自定义函数）、UDAF（用户自定义聚合函数）和 UDTF（用户自定义表生成函数）。

本模块以"学生信息系统"项目和"大数据智慧旅游"项目为实操载体，介绍"应用 Hive 内置函数"和"应用 Hive 自定义函数"两个任务，帮助读者完成熟练掌握 Hive 内置函数和 Hive 自定义函数的学习目标。

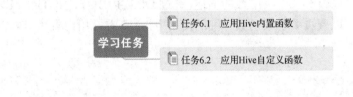

学习任务
- 任务6.1　应用Hive内置函数
- 任务6.2　应用Hive自定义函数

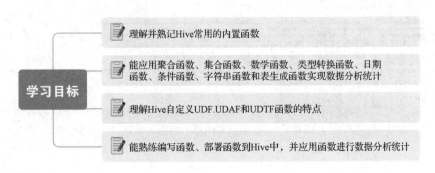

学习目标
- 理解并熟记Hive常用的内置函数
- 能应用聚合函数、集合函数、数学函数、类型转换函数、日期函数、条件函数、字符串函数和表生成函数实现数据分析统计
- 理解Hive自定义UDF、UDAF和UDTF函数的特点
- 能熟练编写函数、部署函数到Hive中，并应用函数进行数据分析统计

任务 6.1　应用 Hive 内置函数

Hive 内部提供了多种类型的函数供用户使用，包括聚合函数、集合函数和数学函数等，这些函数统称为 Hive 内置函数。灵活运用 Hive 内置函数，可以提高程序的可读性及执行速度。

本任务以"学生信息系统"项目为实操载体，帮助读者完成理解 Hive 函数和函数的分类，以及应用聚合函数、集合函数、数学函数、类型转换函数、日期函数、条件函数、字符串函数和表生成函数等学习目标。

与传统的关系型数据库一样，Hive 包括大量的内置函数，方便用户直接使用，通过 SHOW FUNCTIONS 语句不仅可以查看系统所有的内置函数，还可以查看函数的描述和使用方法。

6.1.1　初识 Hive 函数

在 Hive 客户端，通过 SHOW FUNCTIONS 语句能查看系统所有的内置函数，默认内置 271 个函数。不同版本的 Hive 的内置函数的数量稍有不同。通过 DESCRIBE FUNCTION <function_name>语句可以查看关于某函数的描述，通过 DESCRIBE FUNCTION EXTENDED <function_name>语句可以查看关于某函数详细的使用方法。查看常用内置函数 COUNT 的相关信息，如图 6-1 所示。

```
hive (studentdb)> DESCRIBE FUNCTION COUNT;
tab_name
COUNT(*) - Returns the total number of retrieved rows, including rows containing NULL values.
COUNT(expr) - Returns the number of rows for which the supplied expression is non-NULL.
COUNT(DISTINCT expr[, expr...]) - Returns the number of rows for which the supplied expression(s) are unique and non-NULL.
hive (studentdb)> DESCRIBE FUNCTION EXTENDED COUNT;
tab_name
COUNT(*) - Returns the total number of retrieved rows, including rows containing NULL values.
COUNT(expr) - Returns the number of rows for which the supplied expression is non-NULL.
COUNT(DISTINCT expr[, expr...]) - Returns the number of rows for which the supplied expression(s) are unique and non-NULL.
Synonyms: count
Function class:org.apache.hadoop.hive.ql.udf.generic.GenericUDAFCount
Function type:BUILTIN
hive (studentdb)>
```

图 6-1　内置函数 COUNT 的相关信息

微课

6.1.2 Hive 函数的分类

Hive 中的内置函数可以划分为聚合函数、集合函数、数学函数、类型转换函数、日期函数、条件函数、字符串函数和表生成函数，也可以划分为 UDF、UDTF 和 UDAF。

UDF（User-Defined-Function，也称为普通函数）的特点是一进一出，即输入一行数据就输出一行数据，如 UPPER 函数、SUBSTRING 函数。

通过 DESCRIBE FUNCTION EXTENDED UPPER 语句可以验证 UPPER 函数为 UDF，如图 6-2 所示。

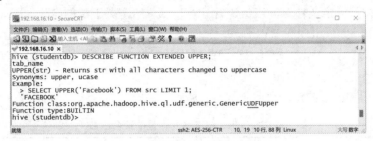

图 6-2　验证 UPPER 函数为 UDF

UDAF（User-Defined Aggregation Function，也称为聚合函数）的特点是多进一出，即输入多行数据，输出一行数据，如 COUNT 函数、SUM 函数。

通过 DESCRIBE FUNCTION EXTENDED SUM 语句可以验证 SUM 函数为 UDAF，如图 6-3 所示。

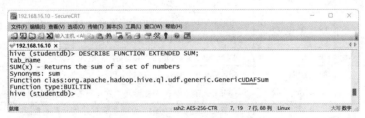

图 6-3　验证 SUM 函数为 UDAF

UDTF（User-Defined Table-generating Function，也称为表生成函数或炸裂函数）的特点是一进多出，即输入一行数据，输出多行数据，如 EXPLODE 函数。

通过 DESCRIBE FUNCTION EXTENDED EXPLODE 语句可以验证 EXPLODE 函数为 UDTF，如图 6-4 所示。

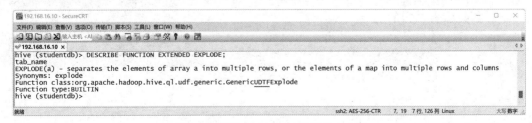

图 6-4　验证 EXPLODE 函数为 UDTF

上面介绍了 Hive 函数、Hive 函数的分类，以及使用语句查看内置函数的描述和使用方法。常用的内置函数有聚合函数、集合函数、数学函数、类型转换函数、日期函数、条件函数、字符串函数和表生成函数，灵活运用 Hive 内置函数能够帮助我们完成后续的各种统计分析。

6.1.3 聚合函数

聚合函数按照特定条件对一组值进行计算，以总结出关于组的结论。因此，聚合函数通常与 SELECT 语句和 GROUP BY 子句一起使用，即针对某组数据进行计算。聚合函数中常用的就是 COUNT 和 AVG。COUNT 函数用于计算有多少行数据或某列有多少个值，AVG 函数用于返回指定列的平均值。

Hive 中常用的内置的聚合函数如表 6-1 所示。

表 6-1　Hive 中常用的内置的聚合函数

聚合函数名	返回值类型	用法描述
COUNT	BIGINT	COUNT(*)：统计总行数，包括包含 NULL 值的行。 COUNT(expr)：统计提供非 NULL 值的 expr 表达式的行数。 COUNT(DISTINCT expr[, expr])：统计提供非 NULL 值且去重后的 expr 表达式的行数
SUM	DOUBLE	SUM(col)：求指定列的和。 SUM(DISTINCT col)：求去重后的列的和
AVG	DOUBLE	AVG(col)：求指定列的平均值。 AVG(DISTINCT col)：求去重后的列的平均值
MIN	DOUBLE	MIN(col)：求指定列的最小值
MAX	DOUBLE	MAX(col)：求指定列的最大值
COLLECT_SET	ARRAY	COLLECT_SET(col)：返回消除了重复元素的数组
COLLECT_LIST	ARRAY	COLLECT_LIST(col)：返回允许有重复元素的数组

通常，可以通过设置 hive.map.aggr 属性的值为 TRUE 来提高聚合的性能，这个设置会触发在 map 阶段进行的顶级聚合过程。非顶级的聚合过程将在执行 GROUP BY 子句之后进行。但是，这个设置需要更多的内存。

【例 6-1】　使用 COUNT 函数统计 student 表中参加了"Hive"课程学习的人数。

```
SELECT COUNT(course_scores['Hive']) FROM student;
```

运行结果如图 6-5 所示。

图 6-5　统计参加了"Hive"课程学习的人数

【例 6-2】　使用 COUNT 函数统计 student 表中学生来自几个城市。

```
SELECT COUNT(DISTINCT address.city) FROM student;
```

运行结果如图 6-6 所示。

图 6-6　统计学生来自几个城市

使用关键字 DISTINCT 可以过滤重复记录，只保留一条。因此，student 表中相同的 city 在统计时只计算一条。

【例 6-3】　使用 AVG 函数分班级统计 student 表中各班级"Hive"课程和"Python"课程的平均分。

```
SELECT class,
    AVG(course_scores['Hive']) AS avg_Hive_score,
    AVG(course_scores['Python']) AS avg_Python_score
FROM student
GROUP BY class;
```

运行结果如图 6-7 所示。

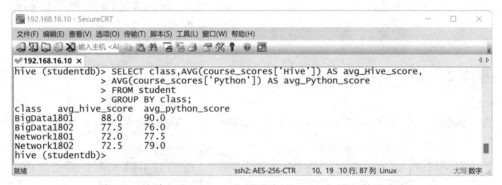

图 6-7　统计各班级"Hive"课程和"Python"课程的平均分

【例 6-4】　使用 MIN 函数和 MAX 函数分别统计 student 表中各班级"Python"课程的最低分和最高分。

```
SELECT class,
    MIN(course_scores['Python']) AS min_Python_score,
    MAX(course_scores['Python']) AS max_Python_score
FROM student
GROUP BY class;
```

运行结果如图 6-8 所示。

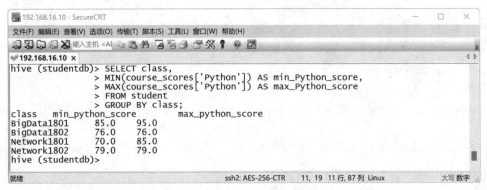

图 6-8　统计各班级"Python"课程的最低分和最高分

【例 6-5】　使用 COLLECT_SET 函数统计 student 表中学生来自各省份的哪些城市。

```
SELECT address.province,COLLECT_SET(address.city) city
FROM student
GROUP BY address.province;
```

运行结果如图 6-9 所示。

图 6-9　统计学生来自各省份的哪些城市

6.1.4　集合函数

集合函数主要针对集合数据类型进行操作。Hive 中常用的内置的集合函数如表 6-2 所示。

表 6-2　Hive 中常用的内置的集合函数

集合函数名	返回值类型	用法描述
SIZE	INT	SIZE (MAP)：求 MAP 数据类型列的长度。 SIZE (ARRAY)：求 ARRAY 数据类型列的长度
MAP_KEYS	ARRAY	MAP_KEYS(Map)：返回 MAP 数据类型列的所有 KEY
MAP_VALUES	ARRAY	MAP_VALUES(Map)：返回 MAP 数据类型列的所有 VALUE
ARRAY_CONTAINS	BOOLEAN	ARRAY_CONTAINS(ARRAY,value)：返回 ARRAY 数据类型列中是否包含值 value，若包含，则返回值为 TRUE，反之返回值为 FALSE
SORT_ARRAY	ARRAY	SORT_ARRAY(ARRAY)：按自然顺序对 ARRAY 数据类型列中的值进行排序

【例 6-6】　使用 SIZE 函数统计 student 表中 Zhangdan 同学的室友人数。

```
SELECT SIZE(roommate) FROM student WHERE stname='Zhangdan';
```

运行结果如图 6-10 所示。

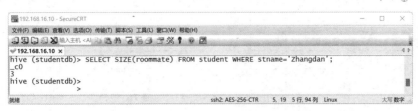

图 6-10 统计 Zhangdan 同学的室友人数

【例 6-7】 使用 ARRAY_CONTAINS 函数统计 student 表中学号为 2018010201 的室友的名字。

SELECT stname,ARRAY_CONTAINS(roommate,'2018010201') is_roommate

FROM student;

运行结果如图 6-11 所示。

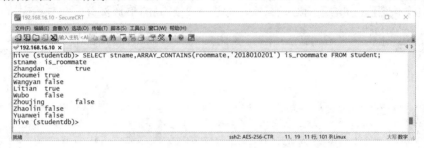

图 6-11 统计学号为 2018010201 的室友的名字

【例 6-8】 使用 SORT_ARRAY 函数和 COLLECT_LIST 函数将所有学生的"Hive"课程按照分数排序。

SELECT SORT_ARRAY(COLLECT_LIST(course_scores['Hive']))

FROM student;

运行结果如图 6-12 所示。

图 6-12 将所有学生的"Hive"课程按照分数排序

6.1.5 数学函数

数学函数针对数字类型的值进行计算。Hive 中常用的内置的数学函数如表 6-3 所示。

表 6-3 Hive 中常用的内置的数学函数

数学函数名	返回值类型	用法描述
ROUND	DOUBLE	ROUND (DOUBLE a)：返回数字 a 四舍五入之后的值。ROUND (DOUBLE a,INT b)：返回数字 a 四舍五入之后的值，保留小数点后 b 位
FLOOR	BIGINT	FLOOR(DOUBLE a)：返回数字 a 向下取整的值

数学函数名	返回值类型	用法描述
CEIL	BIGINT	CEIL(DOUBLE a)：返回数字 a 向上取整的值
RAND	DOUBLE	RAND()：返回 0~1 的随机值。 RAND(INT seed)：通过随机因子 seed 返回 0~1 的随机值
EXP	DOUBLE	EXP(DOUBLE/DECIMAL a)：返回自然常数 e 的 a 次方值
POW	DOUBLE	POW(DOUBLE/DECIMAL a,DOUBLE/DECIMAL p)：返回 a 的 p 次方值
SQRT	DOUBLE	SQRT(DOUBLE/DECIMAL a)：返回 a 的平方根
ABS	DOUBLE	ABS(DOUBLE a)：返回 a 的绝对值
PI	DOUBLE	返回圆周率 PI 的值
SIGN	DOUBLE	SIGN (DOUBLE/DECIMAL a)：如果 a 是正数，那么返回 1.0；如果 a 是负数，那么返回-1.0；如果 a 是 0，那么返回 0.0

【例 6-9】 使用 FLOOR 函数求每个学生课程平均分的整数部分，即直接舍弃小数部分。

```
SELECT stname,FLOOR((course_scores['Hive']+course_scores['Python'])/2) AS av_score
FROM student;
```

运行结果如图 6-13 所示。

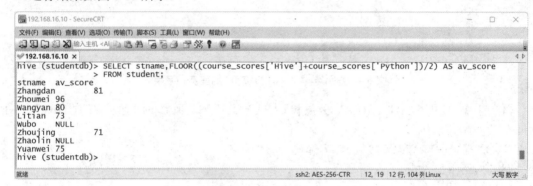

图 6-13 求每个学生课程平均分的整数部分

6.1.6 类型转换函数

类型转换函数对查询结果的数据类型进行转换，适用于基本数据类型数据的操作。Hive 中常用的内置的类型转换函数如表 6-4 所示。

表 6-4 Hive 中常用的内置的类型转换函数

类型转换函数名	返回值类型	用法描述
BINARY	BINARY	BINARY(STRING|BINARY)：将列中的值转换为二进制形式
CAST	TYPE	CAST(expr AS <TYPE>)：将 expr 转换为数据类型 TYPE。 例如，CAST("1" AS BIGINT)用于将字符串"1"转换为 BIGINT 类型，若转换失败，则返回 NULL

【例 6-10】 使用 CAST 函数将每个学生的"Hive"课程的成绩转换为 INT 格式。

```
SELECT stname,course_scores['Hive']hive_score,CAST(course_scores['Hive'] AS INT) int_hive_score
FROM student;
```

运行结果如图 6-14 所示。

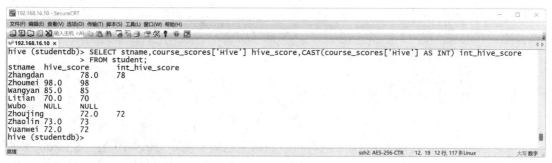

图 6-14　将每个学生的"Hive"课程的成绩转换为 INT 格式

6.1.7　日期函数

日期函数用于对日期类型的数据进行操作。Hive 中常用的内置的日期函数如表 6-5 所示。

表 6-5　Hive 中常用的内置的日期函数

日期函数名	返回类型	用法描述
FROM_UNIXTIME	STRING	FROM_UNIXTIME(BIGINT unixtime, STRING format)：将 unixtime（UNIX 时间戳）转换为 format 格式，format 可以为 "yyyy-MM-dd HH:mm:ss"、"yyyy-MM-dd" 和 "yyyy-MM-dd HH" 等格式。若 HH 为小写 hh，则使用 12 小时制
UNIX_TIMESTAMP	BIGINT	UNIX_TIMESTAMP()：获取本地 UNIX 时间戳。 UNIX_TIMESTAMP(STRING date)：将日期字符串 date 转换为 UNIX 时间戳
TO_DATE	STRING	TO_DATE(STRING date)：获取日期字符串 date 的日期
YEAR	INT	YEAR(STRING date)：获取日期字符串 date 的年份
MINUTE	INT	MINUTE(STRING date)：获取日期字符串 date 的分钟
SECOND	INT	SECOND(STRING date)：获取日期字符串 date 的秒
WEEKOFYEAR	INT	WEEKOFYEAR(STRING date)：获取日期字符串 date 在一年中的第几周
DATEDIFF	INT	DATEDIFF(STRING enddate, STRING startdate)：计算从开始日期 startdate 到结束日期 enddate 相差多少天
CURRENT_DATE	DATE	CURRENT_DATE()：获取当前日期
MONTHS_BETWEEN	DOUBLE	MONTHS_BETWEEN(STRING date1, STRING date2)：比较两个时间 date1 和 date2 相差几个月
DATE_FORMAT	STRING	DATE_FORMAT(STRING date, STRING format)：以指定格式 format 格式化日期 date

【例 6-11】 北京天安门广场国旗的升/降时间是根据北京的日出/日落时间确定的。清晨，当太阳上部边缘与天安门广场所见地平线相平时，为升旗时间；傍晚，当太阳上部边缘与天安门广场地平线相平时，为降旗时间。中华人民共和国成立 70 周年当日的升旗时间为 2019 年 10 月 1 日 06:10:00，请使用 MINUTE 函数获取升旗时间中的分钟。

```
SELECT MINUTE("2019-10-01 06:10:00") minute;
```

运行结果如图 6-15 所示。

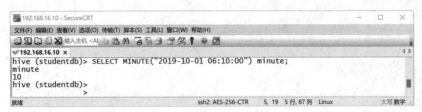

图 6-15　使用 MINUTE 函数获取分钟

上述结果表明，使用 MINUTE 函数可以获取到日期字符串"2019-10-01 06:10:00"中的分钟。

【例 6-12】学生 Zhangdan 的生日是每年的 12 月 31 日，从当天开始算起，距离 Zhangdan 生日还有多少天呢？

```
SELECT DATEDIFF("2024-12-31",CURRENT_DATE()) days;
```

运行结果如图 6-16 所示。

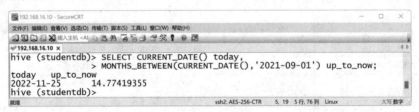

图 6-16　使用 DATEDIFF 函数计算两个日期相差的天数

上述结果表明，使用 CURRENT_DATE 函数可以获取到当前会话时区中的当前日期，使用 DATEDIFF 函数可以获取到当天与"2022-12-31"两个日期相差的天数。

【例 6-13】 《中华人民共和国数据安全法》自 2021 年 9 月 1 日起施行，请使用 MONTHS_BETWEEN 函数计算至今该法已经实施了多少个月。

```
SELECT CURRENT_DATE() today,
    MONTHS_BETWEEN(CURRENT_DATE(),'2021-09-01') up_to_now;
```

运行结果如图 6-17 所示。

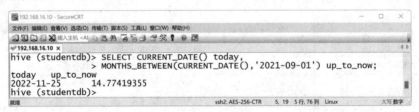

图 6-17　使用 MONTHS_BETWEEN 函数计算两个日期相差的月数

上述结果表明，使用 MONTHS_BETWEEN 函数可以计算出当前日期为 2022-11-25，与 2021 年 9 月 1 日相差 14.774 193 55 个月。

6.1.8　条件函数

条件函数用来根据条件判断结果返回指定值。Hive 中常用的内置的条件函数如表 6-6 所示。

表 6-6　Hive 中常用的内置的条件函数

条件函数名	返回类型	用法描述
IF	T	IF(BOOLEAN testCondition, T valueTrue, T valueFalseOrNull)：若指定判断条件 testCondition 的返回结果为 TRUE，则返回值为 valueTrue，否则返回值为 valueFalseOrNull
CASE	T	CASE a WHEN b THEN c WHEN d THEN e ELSE f END：若 a=b，则返回 c；若 a=d，则返回 e；否则，返回 f。 CASE WHEN a THEN b WHEN c THEN d ELSE e END：若 a 为 TRUE，则返回 b；若 c 为 TRUE，则返回 d；否则，返回 e
ISNULL	BOOLEAN	ISNULL(a)：若 a 为 NULL，则返回 TRUE；否则，返回 FALSE。与 a IS NULL 一致
ISNOTNULL	BOOLEAN	ISNOTNULL(a)：若 a 为 NULL，则返回 FALSE；否则，返回 TRUE。与 a IS NOT NULL 一致

【例 6-14】　使用 IF 函数对每个学生的"Hive"课程评定等级，90 分及以上评定为"优秀"，其他评定为"合格"。

```
SELECT stname,IF(course_scores['Hive'] >= 90,'优秀','合格')grade
FROM student;
```

运行结果如图 6-18 所示。

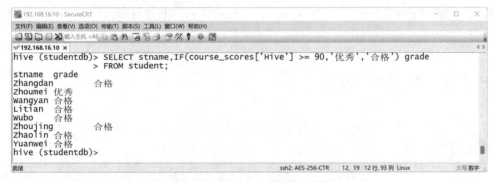

图 6-18　使用 IF 函数进行判断

上述结果表明，使用 IF 函数进行判断，当列 course_scores['Hive']的值大于或等于 90 时，返回"优秀"，否则返回"合格"，共两种情况。学生 Zhoumei 的"Hive"课程的分数为 98 分，被评定为"优秀"；其他同学的"Hive"课程被评定为"合格"。

【例 6-15】　使用 CASE 分支表达式对每个学生的"Hive"课程评定等级，90 分及以上评定为"优秀"，80～90 分（包含 80 分，不包含 90 分）评定为"良好"，60～80 分（包含 60 分，不包含 80 分）评定为"合格"，其他评定为"不合格"。

```
SELECT stname,CASE
WHEN course_scores['Hive'] >= 90 THEN '优秀'
WHEN course_scores['Hive'] >= 80 AND course_scores['Hive'] < 90    THEN '良好'
WHEN course_scores['Hive'] >= 60 AND course_scores['Hive'] < 80    THEN '合格'
ELSE '不合格'
END
FROM studentdb.student;
```

运行结果如图 6-19 所示。

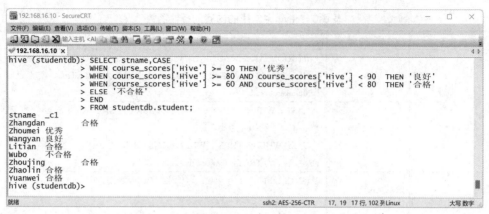

图 6-19　使用 CASE 分支表达式进行判断

上述结果表明，使用 CASE 分支表达式进行判断，当 course_scores['Hive']的值大于或等于 90 时，返回"优秀"；当 course_scores['Hive']的值大于或等于 80 且小于 90 时，返回"良好"；当 course_scores['Hive']的值大于或等于 60 且小于 80 时，返回"合格"；否则返回"不合格"。学生 Zhoumei 的"Hive"课程的分数为 98 分，被评定为"优秀"；学生 Wangyan 的"Hive"课程的分数为 85 分，被评定为"良好"；学生 Zhangdan 等的"Hive"课程的分数为 60～80 分，被评定为"合格"；学生 Wubo 的"Hive"课程的分数为 NULL，被评定为"不合格"。

6.1.9　字符串函数

字符串函数主要针对字符串数据类型的列或数据进行操作。Hive 中常用的内置的字符串函数如表 6-7 所示。

表 6-7　Hive 中常用的内置的字符串函数

字符函数名	返回类型	用法描述
CONCAT	STRING	CONCAT(STRING|BINARY A, STRING|BINARY B,...)：对二进制字节码或字符串按顺序进行拼接，没有分隔符
SUBSTR	STRING	SUBSTR(STRING|BINARY str, INT start)：从 start 位置开始截取二进制字节码或字符串 str。 SUBSTR(STRING|BINARY str, INT start, INT len)：从 start 位置开始截取二进制字节码或字符串 str 的指定长度 len
CONCAT_WS	STRING	CONCAT_WS(STRING SEP, STRING A, STRING B...)：以指定分隔符 SEP 对字符串按顺序进行拼接。 CONCAT_WS(STRING SEP, ARRAY<STRING>)：以指定分隔符 SEP 将 ARRAY 中的元素拼接成字符串
GET_JSON_OBJECT	STRING	GET_JSON_OBJECT(STRING json_string, STRING path)：从指定路径 path 上的 JSON 字符串中抽取出 JSON 对象 json_string 的值
LENGTH	INT	LENGTH(STRING str)：获取字符串 str 的长度
LOCATE	INT	LOCATE(STRING substr, STRING str, INT pos)：查找字符串 str 的 pos 位置后面，字符串 substr 第一次出现的位置

续表

字符函数名	返回类型	用法描述
LOWER	STRING	LOWER(STRING str)：将字符串 str 的所有字母转换为小写形式
LTRIM	STRING	LTRIM(STRING str)：去除字符串 str 左侧的空格
RTRIM	STRING	RTRIM(STRING str)：去除字符串 str 右侧的空格
TRIM	STRING	TRIM(STRING str)：去除字符串 str 前后的空格
SPLIT(S)	ARRAY	SPLIT(STRING str, STRING patten)：按照正则表达式 patten 来分割字符串 str，将分割后的字符串以数组的形式返回
STR_TO_MAP	MAP	STR_TO_MAP(TEXT,DELIMITER1,DELIMITER2)：将字符串 TEXT 转换为 MAP，DELIMITER1 是键-值对之间的分隔符，默认为 "，"，DELIMITER2 是键-值对之间的分隔符，默认为 "="
SUBSTR	STRING	SUBSTR(STRING|BINARY str, INT start)：从 start 位置开始截取二进制字节码或字符串 str。SUBSTR(STRING|BINARY str, INT start, INT len)：从 start 位置开始截取二进制字节码或字符串 str 的指定长度 len
SUBSTRING_INDEX	STRING	SUBSTRING_INDEX(STRING str, STRING delim, INT count)：截取字符串 str 第 count 分隔符 delim 之前的内容，若 count 为正数，则从左侧开始截取，若 count 为负数，则从右侧开始截取
UPPER	STRING	UPPER(STRING str)：将字符串 str 的所有字母转换为大写
INITCAP	STRING	NITCAP(STRING str)：将字符串 str 的首字母大写
SENTENCES	ARRAY<ARRAY<STRING>>	SENTENCES(STRING str, STRING lang, STRING locale)：字符串 str 将被转换成单词数组，如 SENTENCES('Hello there! How are you?') =(("Hello", "there"), ("How", "are", "you"))
NGRAMS	ARRAY<STRUCT<STRING, DOUBLE>>	NGRAMS(ARRAY<ARRAY<STRING>>, INT N, INT K, INT pf)：返回出现次数 TOP K 的子序列，N 表示子序列的长度

【例 6-16】 使用 CONCAT 函数将 student 表中的 stid 和 stname 依次拼接显示。

SELECT CONCAT('学号：',stid,', 姓名：',stname) FROM studentdb.student;

运行结果如图 6-20 所示。

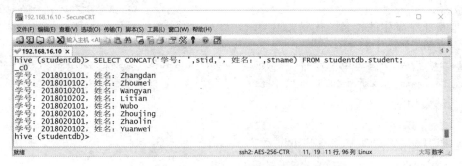

图 6-20　使用 CONCAT 函数拼接字符串

上述结果显示，4 个字符串 "'学号：'"、"stid"、"'，姓名：'" 和 "stname" 依次拼接在一起。

【例 6-17】 使用 CONCAT_WS 函数将字段 stid、stname 和 class 使用分隔符 "," 进行连接。

SELECT CONCAT_WS(',',stid,stname,class) FROM studentdb.student;

运行结果如图 6-21 所示。

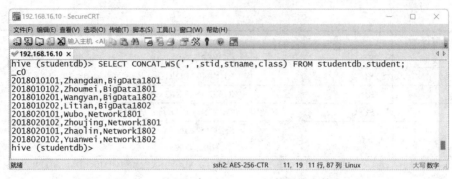

图 6-21　使用 CONCAT_WS 函数拼接字符串

上述结果显示，CONCAT_WS 函数中的第 1 个参数逗号为分隔符，将之后所有的参数使用该分隔符进行分隔显示。

【例 6-18】　以下是 JSON 格式的学生数据信息，请使用 GET_JSON_OBJECT 函数获取第 1 个学生的姓名。

学生数据信息如下所示。

```
{
"student": [{
"stid": "2018010101",
"stname": "Zhangdan"
}, {
"stid": "2018010102",
"stname": "Zhoumei"
}, {
stid": "2018010201",
"stname": "Wangyan"
}]
}
```

获取第 1 个学生的姓名，代码如下所示。

```
SELECT GET_JSON_OBJECT(
'{"student":[{"stid":"2018010101","stname":"Zhangdan"},{"stid":"2018010102","stname":"Zhoumei"},{"stid":"20180102
01","stname":"Wangyan"}]}','$.student[0].stname') stname;
```

运行结果如图 6-22 所示。

```
hive (studentdb)> SELECT GET_JSON_OBJECT(
              > '{"student":[{"stid":"2018010101","stname":"Zhangdan"},{"stid":"2018010102",
"stname":"Zhoumei"},{"stid":"2018010201","stname":"Wangyan"}]}','$.student[0].stname') stname;

stname
Zhangdan
hive (studentdb)>
```

图 6-22　使用 GET_JSON_OBJECT 函数获取 JSON 格式的学生数据信息 1

上述结果显示，使用 GET_JSON_OBJECT 函数获取了第 1 个参数（JSON 数据中的第 0 个数据）的 stname 信息，即 Zhangdan。第 2 个参数先使用 "$" 表示 JSON 变量标识（此处的"$"可以理解为 JSON 对象本身），再使用"."或"[]"读取对象或数组。

【例 6-19】 以下是对象包含数组类型的 JSON 格式的学生数据信息，请使用 GET_JSON_OBJECT 函数获取第 2 个学生的姓名。

学生数据信息如下所示。

```
{
"class": {
"classname": "BigData1801",
"student": [{
"stid": "2018010101",
"stname": "Zhangdan"
    }, {
"stid": "2018010102",
"stname": "Zhoumei"
    }, {
"stid": "2018010201",
"stname": "Wangyan"
}]
}
}
```

获取第 2 个学生的姓名，代码如下所示。

```
SELECT GET_JSON_OBJECT(
'{"class":{"classname":"BigData1801","student":[{"stid":"2018010101","stname":"Zhangdan"},{"stid":"2018010102","stname":"Zhoumei"},{"stid":"2018010201","stname":"Wangyan"}]}}','$.class.student[1].stname') stname;
```

运行结果如图 6-23 所示。

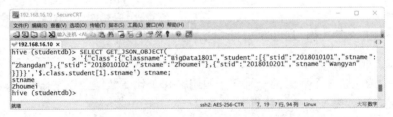

图 6-23 使用 GET_JSON_OBJECT 函数获取 JSON 格式的学生数据信息 2

【例 6-20】 使用 LENGTH 函数计算学生姓名的长度。

```
SELECT stname,LENGTH(stname) stname_length FROM studentdb.student;
```

运行结果如图 6-24 所示。

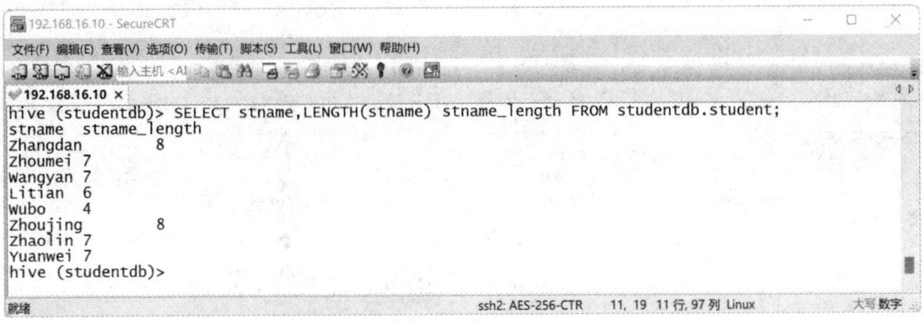

图 6-24 使用 LENGTH 函数计算学生姓名的长度

上述结果显示，当使用 LENGTH 函数统计字符串的长度时，一个空格也算一个字符。

【例 6-21】 使用函数 LTRIM、RTRIM 和 TRIM 删除字符串中各位置的空格。

```
SELECT CONCAT_WS(',','Begin',LTRIM('      Hello Hive      '),'End');
SELECT CONCAT_WS(',','Begin',RTRIM('      Hello Hive      '),'End');
SELECT CONCAT_WS(',','Begin',TRIM('      Hello Hive      '),'End');
```

运行结果如图 6-25 所示。

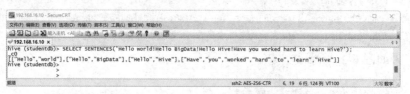

图 6-25 使用函数 LTRIM、RTRIM 和 TRIM 删除字符串中各位置的空格

上述结果显示，使用 LTRIM 函数可以删除原字符串左侧的空格，使用 RTRIM 函数可以删除字符串右侧的空格，使用 TRIM 函数可以删除字符串左右两侧的空格。

【例 6-22】 使用 SENTENCES 函数将字符串'Hello world!Hello BigData!Hello Hive!Have you worked hard to learn Hive?'转换为句子数组。

```
SELECT SENTENCES('Hello world!Hello BigData!Hello Hive!Have you worked hard to learn Hive?');
```

运行结果如图 6-26 所示。

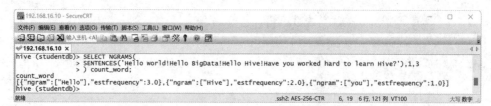

图 6-26 使用 SENTENCES 函数将字符串转换为句子数组

上述结果显示，使用 SENTENCES 函数将字符串以"!"和"?"符号作为第一维度分隔符，将 str 拆分成包含 3 个元素的一维句子数组，每个句子数组又以空格作为第二维度分隔符分隔出单词元素并转换为单词数组。

【例 6-23】 使用 NGRAMS 函数统计字符串分词后出现频次最高的 3 个单词。

```
SELECT NGRAMS(
SENTENCES('Hello world!Hello BigData!Hello Hive!Have you worked hard to learn Hive?'),1,3
) count_word;
```

运行结果如图 6-27 所示。

图 6-27 使用 NGRAMS 函数统计字符串词频

上述结果显示，NGRAMS 函数通常与 SENTENCES 函数一起使用，首先分词，然后对连续 1 个单词序列（即每个单词）做词频统计，之后倒序排列分词统计结果，最后将出现频次最高的前 3 个单词统计结果返回。

【例 6-24】 使用 SPLIT 函数分割字符串。

```
SELECT SPLIT('I love big data technology',' ') split_string;
```

运行结果如图 6-28 所示。

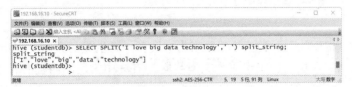

图 6-28　使用 SPLIT 函数分割字符串

上述结果显示，SPLIT 函数以空格为分隔符将字符串分割为 5 个部分，并将分割后 5 个部分的字符串以数组形式返回。

【例 6-25】 使用 STR_TO_MAP 函数将字符串按照指定的分隔符转换为 MAP。

```
SELECT STR_TO_MAP('stname:Wubo,class:Network1801') map1,
STR_TO_MAP('stname=Zhangdan/class=BigData1801','/','=') map2;
```

运行结果如图 6-29 所示。

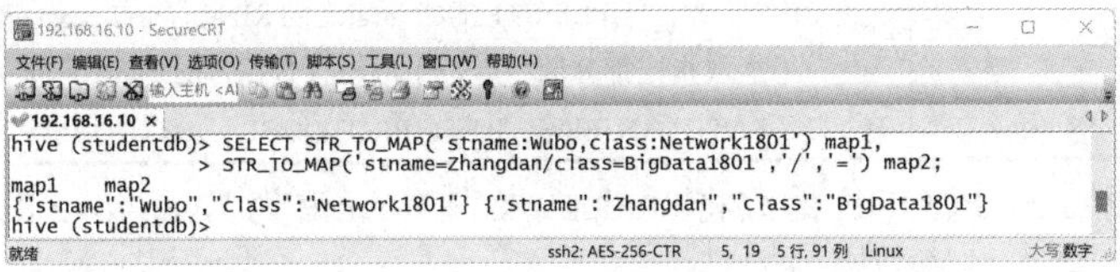

图 6-29　使用 STR_TO_MAP 函数转换字符串

上述结果显示，第 1 个 STR_TO_MAP 函数使用默认分隔符分隔键-值对，使用默认分隔符分隔键与值；第 2 个 STR_TO_MAP 函数使用指定分隔符"/"分隔键-值对，使用指定分隔符"="分隔键与值。

【例 6-26】 使用 SUBSTR 函数获取 student 表中学生的年级和专业。

```
SELECT stname,
    CONCAT('Grade-',SUBSTR(stid,0,4)) Grade,
    CONCAT('Major-',SUBSTR(class,0,length(class)-4)) Major
FROM studentdb.student;
```

运行结果如图 6-30 所示。

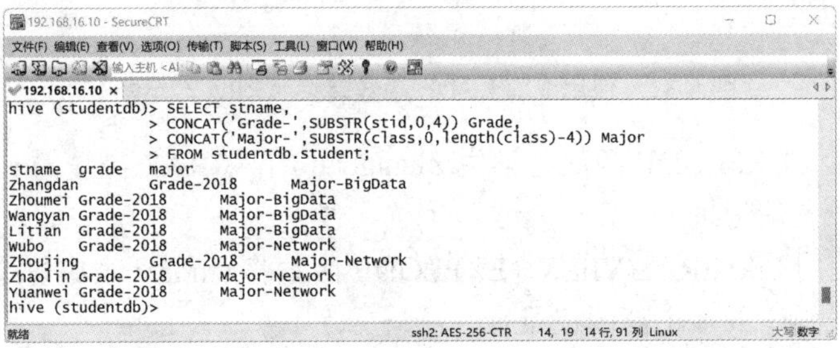

图 6-30　使用 SUBSTR 函数获取 student 表中学生的年级和专业

上述结果显示，第 1 个 SUBSTR 函数截取 stid 字段中从 0 开始的 4 个字符，并与字符串'Grade-'连接；第 2 个 SUBSTR 函数截取 class 字段中从 0 开始的 length(class)-4 个字符，并与字符串'Major-'连接。

6.1.10 表生成函数

与聚合函数"相反的"一类函数就是表生成函数。表生成函数用于将指定数据或列中的数据拆分成多行数据，主要应用于集合类型数据。Hive 中常用的内置的表生成函数如表 6-8 所示。

表 6-8 Hive 中常用的内置的表生成函数

表生成函数名	用法描述
EXPLODE	EXPLODE(ARRAY)：将 ARRAY 中的每个元素转换为一行
	EXPLODE(MAP)：将 ARRAY 中的每个键-值对转换为两行，其中一行数据包含键，另一行数据包含值
POSEXPLODE	POSEXPLODE(ARRAY)：将 ARRAY 中的每个元素所在位置转换为一行
JSON_TUPLE	JSON_TUPLE(STRING jsonstr)：将指定 JSON 对象的值放在一行数据中
PARSE_URL_TUPLE	PARSE_URL_TUPLE(STRING urlstr, STRING partToExtract)：返回从 URL 字符串 urlstr 中抽取指定部分的内容，生成一行数据，partToExtract 是指抽取的部分，包含 HOST、PATH、QUERY、REF、PROTOCOL、AUTHORITY、FILE 和 USERINFO

【例 6-27】 使用 EXPLODE 函数将 student 表中 stname 为 Zhangdan 的 roommate 字段的内容转换成零个或多个新的记录行。

```
SELECT EXPLODE(roommate) AS sub_roommate
FROM student
WHERE stname='Zhangdan';
```

运行结果如图 6-31 所示。

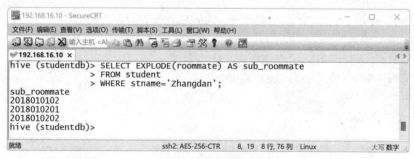

图 6-31 使用 EXPLODE 函数转换 ARRAY 元素 1

上述结果显示，EXPLODE 函数将学生 Zhangdan 的 ARRAY 类型的 roommate 字段的每个元素都转换为一条新记录。

【例 6-28】 使用 LATERAL VIEW +EXPLODE 函数将 student 表中每个学生的 roommate 字段的内容转换成零个或多个新的记录行。

```
SELECT stname,view_roommate
FROM student LATERAL VIEW EXPLODE(roommate) subroommate AS view_roommate;
```

运行结果如图 6-32 所示。

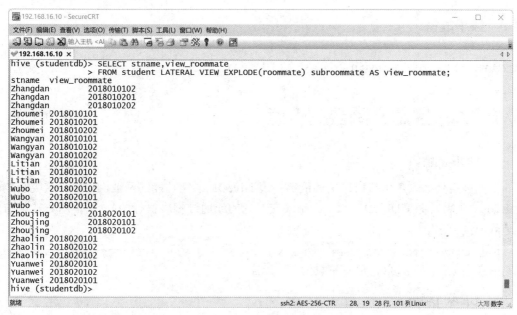

图 6-32　使用 EXPLODE 函数转换 ARRAY 元素 2

上述结果显示，使用 LATERAL VIEW+EXPLODE 函数可以将每个学生的 roommate 字段与 stname 字段进行笛卡儿积连接后显示。

任务小结

通过学习本任务，读者不仅能了解 Hive 函数和 Hive 函数的分类，还可以了解聚合函数、集合函数、数学函数、类型转换函数、日期函数、条件函数、字符串函数和表生成函数的使用方法。通过本模块的"实践创新"部分的"大数据智慧旅游"项目，读者可以独立使用 Hive 内置函数完成查询统计任务，同时可以在独立实践探索中创新并磨炼出精益求精的技能。

任务 6.2　应用 Hive 自定义函数

任务分析

Hive 内置函数的实现规则是固定的。开发人员在实际使用时会遇到内置函数也无法解决的业务场景，此时可以通过 Hive 提供的开放接口，自定义满足当前业务场景的特殊函数，这种特殊函数就是 Hive 自定义函数。

本任务以"学生信息系统"项目为实操载体，帮助读者认识自定义函数 UDF、UDAF 和 UDTF 的特点，应用 UDF 函数统计分析，以及提高应用自定义函数解决实际问题的能力。

Hive 自定义函数分为 UDF、UDAF 和 UDTF。

6.2.1　自定义函数的特点

1. UDF 的特点

用户自定义函数是用户自定义的能够扩展 HiveQL 语句功能的函数。Hive 把这类函数称为 UDF。只需要将 UDF 加入用户会话（交互式的或通过脚本执行的），其使用方式就与内置函数一致。

标准 UDF 的特点是一进一出，即输入单一参数（行/列）输出单一参数（行/列）。UDF 需要继承 org.apache.hadoop.hive.ql.UDF 类。

2. UDAF 的特点

UDAF 的特点是多进一出，即输入多个参数（行/列）输出单一参数（行/列），类似于 COUNT 函数和 MAX 函数。与 Hive 内置的聚合函数相似，UDAF 也需要使用 MapReduce 程序实现，将输入的多行数据聚合成一行数据。

3. UDTF 的特点

UDTF 的特点是一进多出，即输入单个参数（行/列）输出多个参数（行/列），类似于字符串的分割。与 Hive 内置的表生成函数相似，UDTF 将输入的一行数据拆分为多行或多列数据的形式。

下面以"学生信息系统"项目为实操载体，依次介绍新建 Maven 项目、添加项目依赖、编写 UDF 的 Java 代码、将 UDF 部署到 Hive 环境中、应用 UDF 等内容，最终通过编写 Java 程序实现 UDF，用于比较 studentdb 数据库的 student 表中学生的多门课程成绩，得到分数最高的课程成绩。若分数最高的课程成绩大于 90 分，则输出"优秀"；若分数最高的课程成绩大于 60 分且小于 90 分，则输出"中等"；若分数最高的课程成绩小于 60 分，则输出"不合格"。

6.2.2　新建 Maven 项目环境

1. 新建 Maven 项目

打开 IntelliJ IDEA 开发工具，新建 Maven 项目，配置项目使用的 JDK，如图 6-33 所示，单击"Next"按钮。

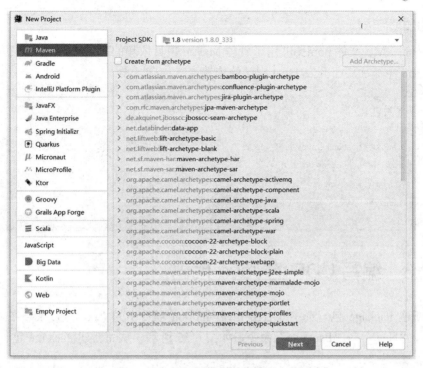

图 6-33　新建 Maven 项目

打开"New Project"对话框，在"Name"文本框中输入项目名称，在"Location"文本框中设置项目的存储位置，如图 6-34 所示，单击"Finish"按钮。

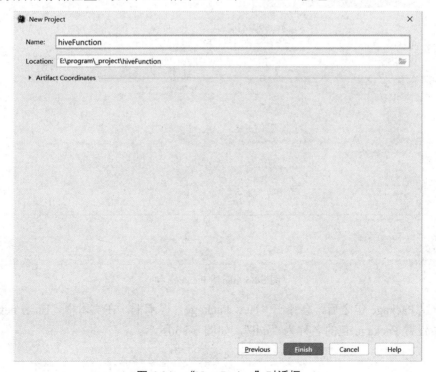

图 6-34　"New Project"对话框

2. 添加项目依赖

项目中的 XML 文件 pom.xml 用于管理 Maven 项目依赖的配置文件。本项目需要在配置文件 pom.xml 中添加用于开发 Hive 程序的依赖。

```xml
<dependencies>
    <!--Hive 依赖-->
    <dependency>
        <groupId>org.apache.hive</groupId>
        <artifactId>hive-exec</artifactId>
        <version>2.3.4</version>
    </dependency>
</dependencies>
```

6.2.3　编写 UDF 的 Java 代码

（1）新建 Package 包。选中并右击 hiveFunction 项目中的"java"目录，在弹出的菜单中依次选择"New"→"Package"命令，如图 6-35 所示，从而新建 Package 包。

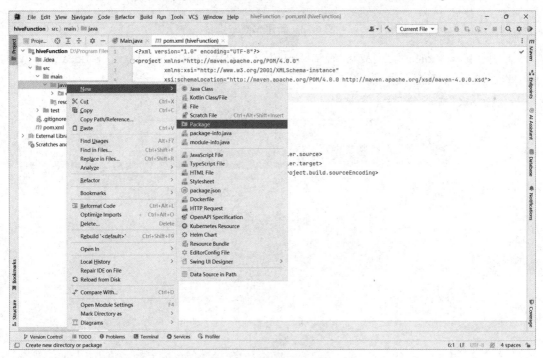

图 6-35　新建 Package 包

在新建 Package 包之后，会弹出"New Package"提示框，在文本框"Enter new package name"中设置 Package 包的名称为"udf"，如图 6-36 所示。

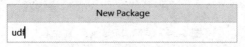

图 6-36　设置 Package 包的名称

（2）创建 UDF 主类。选中"udf"包并右击，在弹出的菜单中依次选择"New"→"Java Class"命令，如图 6-37 所示，新建 Java 类。

图 6-37　新建 Java 类

在新建 Java 类之后，会弹出"New Java Class"提示框，在"Name"文本框中输入"HiveUDF"设置类名称，如图 6-38 所示。

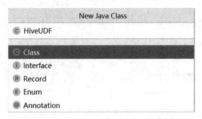

图 6-38　输入 Java 类的名称

编写 UDF 的代码如下所示。

```java
package udf;

import org.apache.hadoop.hive.ql.exec.UDF;
import org.apache.hadoop.io.Text;
import java.util.*;

public class HiveUDF extends UDF {
    public Text evaluate(Map<String,Float> cs){
        float max = 0;
        String best_subject;
        Set keySet = cs.keySet();                  // 获取键的集合
        Iterator it = keySet.iterator();           // 迭代键的集合
```

```
        while (it.hasNext()) {
            Object key = it.next();
            Float value = cs.get(key);              // 获取每个键所对应的值
            if(value!=null && value>max){
                max = value;
            }
        }
        if(max>=90){
            best_subject = "优秀";
        }else if(max >= 60 && max <90){
            best_subject = "中等";
        }
        else {
            best_subject = "不合格";
        }
        return new Text(new Text(best_subject));
    }
}
```

6.2.4 将 UDF 部署到 Hive 环境中

（1）封装 jar 包。在 IntelliJ IDEA 的主界面，依次选择"View"→"Tool Windows"→"Maven"命令，打开 Maven 窗口，如图 6-39 所示；展开"Lifecycle"节点，双击"package"节点，封装 jar 包，如图 6-40 和图 6-41 所示。

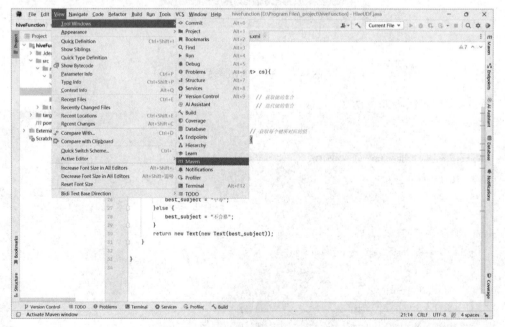

图 6-39   打开 Maven 窗口

图 6-40　封装 jar 包

图 6-41　成功封装 jar 包

（2）上传 jar 包。根据控制台提示 jar 包所在的目录找到封装完成的 jar 包，为了便于后续区分其他 jar 包，这里将 jar 包重命名为 best_subject.jar。

在虚拟机中创建目录/hive_jar，如下所示。

```
[hadoop@hive ~]$ mkdir hive_jar
```

运行结果如图 6-42 所示。

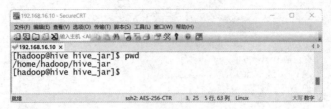

图 6-42　创建目录/hive_jar

使用 SecureFX 工具将 best_subject.jar 包上传到/hive_jar 目录下，如图 6-43 所示。

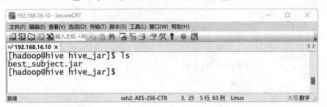

图 6-43　将 best_subject.jar 包上传到/hive_jar 目录下

将 best_subject.jar 包添加到 Hive 中，并执行 LIST JARS 语句，查看当前 Hive 中包含的 jar 包，如图 6-44 所示。

```
hive (default)> ADD JAR /home/hadoop/hive_jar/best_subject.jar
```

图 6-44　将 best_subject.jar 包添加到 Hive 中

6.2.5　应用 UDF

创建临时函数，将临时函数命名为 best_subject，并指定类名。临时函数只在当前会话窗口中有效，关闭窗口或在另一个窗口中临时函数都不会存在，在当前窗口时可以在任意数据库中调用该临时函数。

```
CREATE TEMPORARY FUNCTION best_subject AS 'udf.HiveUDF';
```

执行 SHOW FUNCTIONS LIKE 'best*'语句，查看创建的函数 best_subject，若不指定 LIKE 子句，则会查询 Hive 中的所有函数，包括内置函数，如图 6-45 所示。

图 6-45　创建临时函数

使用函数 best_subject 查看学生成绩最好的科目的等级，代码如下所示。

```
SELECT stname, best_subject(course_scores) FROM student;
```

UDF 的实现效果如图 6-46 所示。

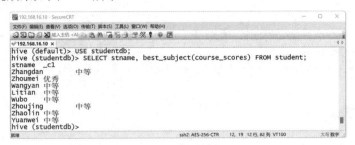

图 6-46　UDF 的实现效果

如果想要创建持久函数，就需要提前将 jar 包上传到 HDFS 上。在 Hive 中创建持久函数的示例如下。

```
CREATE FUNCTION best_subject AS 'udf.HiveUDF' USING JAR 'hdfs://best_subject.jar';
```

删除函数的语法格式如下所示。

```
DROP [TEMPORARY] FUNCTION [if exists] function_name;
```

删除在 Hive 中创建的持久函数 best_subject，具体示例如下。

```
DROP FUNCTION IF EXISTS best_subject;
```

运行结果如图 6-47 所示。

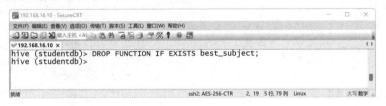

图 6-47　删除持久函数 best_subject

任务小结

通过学习本任务，读者不仅能够了解自定义函数的特点，还可以了解新建 Maven 项目、添加项目依赖、编写 UDF 的 Java 代码、将 UDF 部署到 Hive 环境中、应用 UDF 等内容。通过独立完成本模块的"实践创新"部分的"大数据智慧旅游"项目的 UDF 的应用，读者可以在独立实践探索中创新并磨炼出精益求精的技能。

 模块总结

通过学习本模块，读者能够灵活运用 Hive 的内置函数进行更多的统计分析，并且能够针对特别的业务场景自定义 Hive 函数解决实际问题。本模块包括的知识点和技能点如下。

（1）Hive 中的内置函数可以划分为聚合函数、集合函数、数学函数、类型转换函数、日期函数、条件函数、字符串函数和表生成函数，也可以划分为 UDF、UDTF 和 UDAF。

（2）Hive 自定义函数分为 UDF、UDAF 和 UDTF。

（3）标准 UDF 的特点是一进一出，即输入单一参数（行/列）输出单一参数（行/列），重点是能部署 Hive 自定义函数项目环境，能编写自定义函数代码，能将自定义函数部署到 Hive 环境中，能应用自定义函数。

（4）UDAF 的特点是多进一出，类似于 COUNT 函数和 MAX 函数；UDTF 的特点是一进多出，类似于内置表生成函数。

实践创新

实践工单 6 　应用函数分析"大数据智慧旅游"项目中的数据		
班级：＿＿＿＿＿＿　　姓名：＿＿＿＿＿＿　　实践用时：＿＿＿＿＿＿		

一、实践描述

在本次实践过程中要认真研读附录 C 和附录 D，由此厘清项目分析思路。

前面已经完成"大数据智慧旅游"项目表的创建和数据导入工作，本次实践要求使用 Hive 的内置函数和自定义函数对已有数据进行统计分析。

二、实践目标

本次实践要求独立完成内置函数的使用，以及 UDF、UDAF 和 UDTF 的创建与使用。

三、操作步骤

✎应用内置函数

1. 使用聚合函数统计表中数据总条数。

　　表中数据总条数＿＿＿＿　　☐ 完成　　　　　　　☐ 未完成，困难＿＿＿＿＿

2. 使用集合函数统计表中数据总条数。

　　表中数据总条数＿＿＿＿　　☐ 完成　　　　　　　☐ 未完成，困难＿＿＿＿＿

3. 使用数学函数统计表中数据总条数。

　　表中数据总条数＿＿＿＿　　☐ 完成　　　　　　　☐ 未完成，困难＿＿＿＿＿

4. 使用表生成函数统计表中数据总条数。

　　表中数据总条数＿＿＿＿　　☐ 完成　　　　　　　☐ 未完成，困难＿＿＿＿＿

✎应用自定义函数

1. 创建 Maven 项目环境。

　　（1）新建项目类型：＿＿＿＿＿＿＿＿＿

　　（2）项目依赖：＿＿＿＿＿＿＿＿＿

　　（3）实操：　　　　　　☐ 完成　　　　　　　☐ 未完成，困难＿＿＿＿

2. 编写自定义函数代码。

　　（1）包名：＿＿＿＿＿＿＿＿＿

　　（2）类名：＿＿＿＿＿＿＿＿＿

　　（3）实操：　　　　　　☐ 完成　　　　　　　☐ 未完成，困难＿＿＿＿

3. 部署自定义函数。

　　（1）jar 包名：＿＿＿＿＿＿＿＿＿

　　（2）上传 jar 包目录：＿＿＿＿＿＿＿＿＿

　　（3）jar 包是否重命名：　☐ 是，重命名为＿＿＿＿＿＿＿　　☐ 否

　　（4）是否添加到 Hive 中：　☐ 是　　　　　　　☐ 否

　　（5）实操：　　　　　　☐ 完成　　　　　　　☐ 未完成，困难＿＿＿＿

4. 调用自定义函数。

　　（1）函数名：＿＿＿＿＿＿＿＿＿＿＿

　　（2）临时函数：　　　　☐ 是　　　　　　　☐ 否

（3）永久函数：	☐ 是	☐ 否	
（4）调用是否成功：	☐ 是	☐ 否	
（5）实操：	☐ 完成	☐ 未完成，困难_____	

四、出错记录

请将你在任务实践过程中出现的错误及其解决方法记录在下表中。

序号	出现的错误	错误提示	解决方法
1			
2			

五、实践评价

请对你的实践做出星级评价。

☐ ★★★★★　　　☐ ★★★★　　　☐ ★★★　　　☐ ★★　　　☐ ★

检测反馈

一、填空题

1．在 SUM 函数中添加关键字_____，计算指定列中不重复值的累加值。

2．当聚合函数与_____子句一同使用时，可以对某组数据进行计算。

3．用于返回数字四舍五入的数学函数是_____。

4．用于获取日期字符串中日期的日期函数是_____。

5．用于去除字符串前后空格的字符串函数是_____。

二、判断题

1．数学函数 RAND 返回的是 0～1 的随机值。　　　　　　　　　　（　　）

2．ROUND 函数的返回值类型是 INT。　　　　　　　　　　　　　（　　）

3．用于格式化日期的日期函数是 DATE_FORMAT。　　　　　　　　（　　）

4．UDAF 表示用户自定义聚合函数。　　　　　　　　　　　　　　（　　）

5．表生成函数可以将列中的数据拆分为多行。　　　　　　　　　　（　　）

三、单选题

1．在下列选项中，属于聚合函数的是（　　　）。

    A．COLLECT_LISTS　　　　　　B．COLLECT_SET

    C．RAND　　　　　　　　　　　D．PI

2．在下列选项中，属于数学函数的是（　　　）。

    A．VAR_POP　　　　　　　　　B．SIZE

    C．RAND　　　　　　　　　　　D．BINARY

3．在下列选项中，用于返回数字向上取整值的函数是（　　　）。

    A．FLOOR　　　　　　　　　　B．CEIL

    C．POW　　　　　　　　　　　D．TAN

4. 在下列选项中，不属于数学函数的是（　　）。

    A．FLOOR　　　　　　　　　　B．CEIL

    C．ROUND　　　　　　　　　　D．MAX

5. 在下列选项中，用于字符串首字母大写的字符串函数是（　　）。

    A．UPPER　　　　　　　　　　B．SUBSTR

    C．INITCAP　　　　　　　　　　D．INSTR

四、简答题

1. 简述 Hive 中 UDF、UDAF 和 UDTF 的区别。

2. 简述自定义函数的应用步骤。

五、思考题

2022 年 11 月 29 日晚，搭载神舟十五号载人飞船的长征二号 F 遥十五运载火箭在酒泉卫星发射中心点火发射。神舟十五号载人飞船与火箭成功分离后顺利进入预定轨道，发射取得圆满成功。神舟十五号发射成功标志着我国空间站正式建造完成，进入运营阶段。

本次发射让神舟十五号、神舟十四号两个乘组在太空"会师"，6 名航天员同时在轨执行任务，以验证空间站支持乘组轮换能力。神舟十五号承担着我国空间站的最后一步建造重任，对我国空间站建造具有里程碑意义。此后，我国空间站将进入应用与发展阶段。

1. 请详细了解我国载人飞船的发展过程。

2. 请谈谈你对神舟十五号成功发射事件的感受。

项目模块 7

迁移平台数据方法

"大数据商业智能选址"项目涉及数据的采集、预处理、存储、加工、查询和可视化分析等数据处理全流程的各种典型操作。前面已经完成了统计分析工作，分析结果存储在 Hive 中，由于基于 Hadoop 平台的 Hive 同样不适用于实时查询和低延迟访问，因此后续如果要进行数据的可视化等操作，就需要将数据迁移到关系型数据库 MySQL 中。

在大数据应用项目的开发设计、应用分析和管理决策实施过程中，经常需要进行数据的迁移整合。数据有时存储在 Hive 中，有时存储在 MySQL 中，如何将数据汇总存储到同一个平台上呢？使用数据迁移工具 Sqoop 可以在 Hadoop（Hive）与传统数据库（MySQL）之间进行数据的传递。

本模块以"大数据商业智能选址"项目和"大数据智慧旅游"项目为实操载体，介绍"部署和配置 Sqoop"及"应用 Sqoop 迁移数据"两个任务，帮助读者熟练掌握数据在 Hive 和 MySQL 之间迁移的方法。

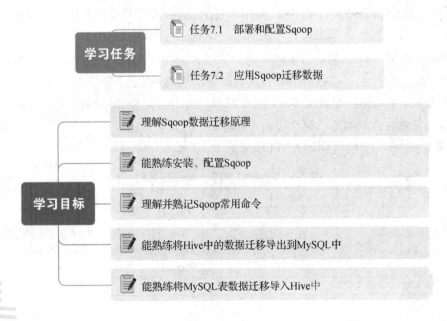

数据仓库 Hive 应用实战

任务 7.1　部署和配置 Sqoop

任务分析

Hadoop 是一个越来越通用的分布式计算平台，主要用来处理大数据、云计算。随着大数据的发展，更多的用户需要将数据集在 Hadoop 和传统数据库之间传递，因此数据传输工具变得更加重要。Sqoop 就是这样一款工具，可以在 Hadoop 和关系型数据库之间传递大量数据。

本任务以"大数据商业智能选址"项目为实操载体，帮助读者达成理解 Sqoop 架构、部署和配置 Sqoop 的学习目标。

技术准备

使用 Sqoop 迁移数据，需要先了解 Sqoop 目前的版本信息。虽然 Sqoop 1 和 Sqoop 2 在功能上有很大的区别，但是 Sqoop 2 是在 Sqoop 1 的基础上进行的改进。Sqoop 最主要的功能是导入和导出数据。Sqoop 将导入或导出命令翻译成 MapReduce 程序来实现，这对于了解 Sqoop 架构是很重要的。

7.1.1　Sqoop 介绍

Sqoop 是 SQL-to-Hadoop 的简称，是用于在 Hadoop 和关系型数据库服务器之间传递数据的工具，主要在 Hadoop 生态组件（如 Hive、HBase、HDFS）与传统数据库（如 MySQL、Oracle、PostgreSQL 等）之间进行数据传递。应用 Sqoop 可以将关系型数据库内的数据导入 Hadoop 的 HDFS 中，也可以将 HDFS 内的数据导出到关系型数据库中。

目前，Sqoop 有 Sqoop 1 和 Sqoop 2 两个版本。Sqoop 1 是指 Sqoop 1.4.*x* 系列版本，Sqoop 2 是指 Sqoop 1.99.*x* 系列版本，两个版本不兼容。

Sqoop 1 和 Sqoop 2 的区别如表 7-1 所示。

表 7-1　Sqoop 1 和 Sqoop 2 的区别

功能	Sqoop 1	Sqoop 2
用于所有主要 RDBMS 的连接器	支持	不支持 解决办法：使用已在以下数据库中执行测试的通用 JDBC 连接器，如 SQL Server、PostgreSQL、MySQL 和 Oracle
Kerberos 安全集成	支持	不支持

续表

功能	Sqoop 1	Sqoop 2
数据从 RDBMS 传输到 Hive 或 HBase 中	支持	不支持 解决办法：按照如下步骤操作。先将数据从 RDBMS 导入 HDFS 中，再在 Hive 中使用相应的工具和命令（如 LOAD DATA 语句），手动将数据导入 Hive 或 HBase 中
数据从 Hive 或 HBase 传输到 RDBMS 中	不支持 解决办法：按照如下步骤操作。从 Hive 或 HBase 将数据提取到 HDFS（作为文本或 Avro 文件）中，使用 Sqoop 将上一步的输出导出到 RDBMS 中	不支持，按照与 Sqoop 1 相同的解决方法操作

与 Sqoop 1 相比，Sqoop 2 在以下几方面进行了改进。

- 在架构上，Sqoop 2 引入了 Sqoop Server，集中化管理 connector 等。
- 在访问方式上，除了 CLI 控制台访问方式，Sqoop 2 还增加了 REST API、Java API 和 WebUI 三种访问方式。
- 在安全性能上，Sqoop 2 引入了基于角色的安全机制，管理员可以在 Sqoop Server 上配置不同的角色。当通过 CLI 方式访问时，新增交互过程界面，以保障输入的密码不会泄露。

7.1.2 Sqoop 架构

Sqoop 是连接关系型数据库和 Hadoop 的桥梁，主要包括导入和导出两方面功能。

- 导入：将关系型数据库的数据导入 Hadoop 及其相关系统中，如 HDFS、Hive 和 HBase。
- 导出：将数据从 Hadoop 系统内抽取并导出到关系型数据库中，如 MySQL 和 Oracle。

使用 Sqoop 导入和导出数据的示意图如图 7-1 所示。

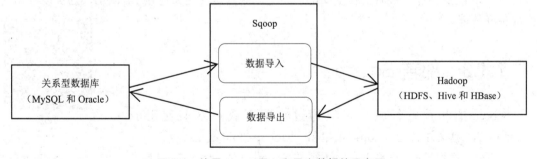

图 7-1 使用 Sqoop 导入和导出数据的示意图

Sqoop 可以高效、可控地利用资源，可以通过调整任务数来控制任务的并发度，可以自动完成数据映射和转换。Sqoop 可以自动根据数据库的类型转换到 Hadoop 中，用户也可以自定义两者之间的映射关系。

Sqoop 将导入或导出命令翻译成 MapReduce 程序来实现，翻译成的 MapReduce 程序主要对 InputFormat 和 OutputFormat 进行定制。Sqoop 使用客户端直接提交代码，采用 CLI 命令行控制台方式访问，在命令或脚本中指定用户数据库名和密码。

Sqoop 接收到客户端的 shell 命令或 Java API 命令后，通过 Sqoop 中的任务翻译器（Task Translator）先将命令转换为对应的 MapReduce 任务，再将关系型数据库和 Hadoop 中的数据进行相互转移，进而完成数据的复制，如图 7-2 所示。

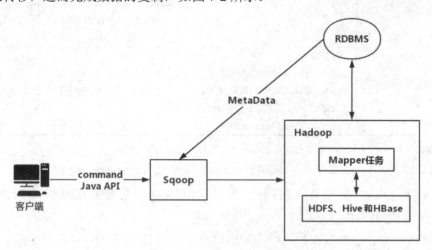

图 7-2　Sqoop 工作的流程图

Sqoop 架构部署简单、使用方便，但也存在一些缺点，如命令行方式容易出错、格式紧耦合、无法支持所有数据类型、安全机制不够完善、安装需要 root 权限、connector 必须符合 JDBC 模型等。

Sqoop 是 Apache 的顶级项目，是一款开源工具。读者可以直接在官网下载 Sqoop 安装包，先使用 SecureFX 工具将下载的安装包上传到 Hive 服务器上，再配置 Sqoop 的环境变量、编辑 Sqoop 配置文件，最后上传 MySQL 驱动，测试是否能够连接 MySQL，为实现数据迁移准备好环境。

7.1.3　部署 Sqoop

Sqoop 的相关发行版本可以通过官网下载。本书使用的是 Sqoop1.4.7，包文件名为 sqoop-1.4.7.bin__hadoop-2.6.0.tar.gz。

第 1 步：使用 SecureFX 工具将下载的 Sqoop 文件 sqoop-1.4.7.bin__hadoop-2.6.0.tar.gz 上传到 Hive 服务器的/home/hadoop/software/目录下。

```
[hadoop@hive ~]$ ll /home/hadoop/software/ |grep sqoop
-rw-rw-r--. 1 hadoop hadoop   17953604 6 月   21 08:46 sqoop-1.4.7.bin__hadoop-2.6.0.tar.gz
```

第 2 步：使用 tar 命令将 sqoop-1.4.7.bin__hadoop-2.6.0.tar.gz 解压缩到/home/hadoop/server/目录下并重命名。

```
[hadoop@hive software]$ tar -zxvf sqoop-1.4.7.bin_hadoop-2.6.0.tar.gz -C /home/hadoop/server/
[hadoop@hive ~]$ mv /home/hadoop/server/sqoop-1.4.7.bin_hadoop-2.6.0/ /home/hadoop/server/sqoop-1.4.7
```

7.1.4　配置 Sqoop

第 1 步：在/etc/profile 目录下设置 Sqoop 环境变量并使其生效。

```
[hadoop@hive ~]$ sudo vi /etc/profile
export SQOOP_HOME=/home/hadoop/server/sqoop-1.4.7
export PATH=$PATH:$JAVA_HOME/bin:$HADOOP_HOME/sbin:$HADOOP_HOME/bin:$HIVE_HOME/bin:
$SQOOP_HOME/bin
[hadoop@hive ~]$ source /etc/profile
```

第 2 步：配置$SQOOP_HOME 下的 bin/configure-sqoop 文件。

修改 bin/configure-sqoop 文件，注释文件中关于 HBase、ZooKeeper 等的检查，如下所示。

```
[hadoop@hive ~]$ vi /home/hadoop/server/sqoop-1.4.7/bin/configure-sqoop
#if [ ! -d "${HBASE_HOME}" ]; then
#   echo "Warning: $HBASE_HOME does not exist! HBase imports will fail."
#   echo 'Please set $HBASE_HOME to the root of your HBase installation.'
#fi
## Moved to be a runtime check in sqoop.
#if [ ! -d "${HCAT_HOME}" ]; then
#   echo "Warning: $HCAT_HOME does not exist! HCatalog jobs will fail."
#   echo 'Please set $HCAT_HOME to the root of your HCatalog installation.'
#fi
#if [ ! -d "${ACCUMULO_HOME}" ]; then
#   echo "Warning: $ACCUMULO_HOME does not exist! Accumulo imports will fail."
#   echo 'Please set $ACCUMULO_HOME to the root of your Accumulo installation.'
#fi
#if [ ! -d "${ZOOKEEPER_HOME}" ]; then
#   echo "Warning: $ZOOKEEPER_HOME does not exist! Accumulo imports will fail."
#   echo 'Please set $ZOOKEEPER_HOME to the root of your Zookeeper installation.'
#fi
```

第 3 步：配置$SQOOP_HOME 下的 conf/sqoop-env.sh 文件。

当不存在 sqoop-env.sh 文件时，先复制 sqoop-env-template.sh 文件，再修改为 sqoop-env.sh 文件，并添加配置信息。

```
[hadoop@hive ~]$ cd /home/hadoop/server/sqoop-1.4.7/conf
[hadoop@hive conf]$ cp sqoop-env-template.sh sqoop-env.sh
[hadoop@hive conf]$ vi sqoop-env.sh
export HADOOP_COMMON_HOME=/home/hadoop/server/hadoop-2.9.2
export HADOOP_MAPRED_HOME=/home/hadoop/server/hadoop-2.9.2
export HIVE_HOME=/home/hadoop/server/apache-hive-2.3.4-bin
```

第 4 步：验证 Sqoop 的版本信息。

```
[hadoop@hive ~]$ sqoop version
21/08/19 05:58:23 INFO sqoop.Sqoop: Running Sqoop version: 1.4.7
Sqoop 1.4.7
git commit id 2328971411f57f0cb683dfb79d19d4d19d185dd8
Compiled by maugli on Thu Dec 21 15:59:58 STD 2017
```

第 5 步：将 MySQL 驱动包复制到/home/hadoop/server/sqoop-1.4.7 的 lib 目录下。

```
[hadoop@hive lib]$ ll /home/hadoop/server/sqoop-1.4.7/lib |grep mysql
-rw-rw-r--. 1 hadoop hadoop 1004840 2 月   26 2018 mysql-connector-java-5.1.46-bin.jar
```

第 6 步：测试连接 MySQL，通过 sqoop list-databases 命令查询本地 MySQL 中的所有数据库。

```
[hadoop@hive lib]$ sqoop list-databases --connect jdbc:mysql://192.168.16.10:3306/ --username root -P
```

运行结果如图 7-3 所示。

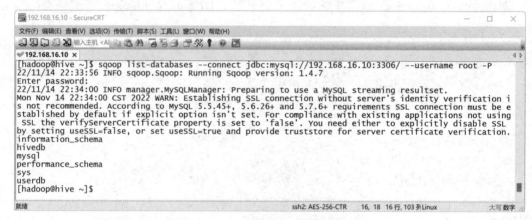

图 7-3　Sqoop 连接 MySQL 成功

上述命令中的参数--connect、--username 和-P 的功能如下。

- --connect：用于指定连接的关系型数据库。此处表示 Sqoop 将连接 IP 地址为 192.168.16.10 的主机上的 MySQL。
- --username：用于指定连接数据库的用户名。此处表示将以 root 用户的身份访问 MySQL。
- -P：用于指定将从控制台读取输入的密码作为连接数据库的密码。

任务小结

通过学习本任务，读者不仅能理解 Sqoop 的功能和架构（Sqoop 主要用于在 Hadoop 和关系型数据库之间传递数据），还能部署和配置 Sqoop（通过 sqoop version 命令可以验证 Sqoop 是否安装成功）。读者可以尝试安装 Sqoop 的其他版本，在独立实践探索中创新并磨炼出精益求精的技能。

任务 7.2 应用 Sqoop 迁移数据

 **任务分析**

任务 7.1 介绍了 Sqoop 的部署和配置。要实现数据迁移，还需要使用 sqoop import 命令和 sqoop export 命令。

本任务以"大数据商业智能选址"项目为实操载体，帮助读者完成熟悉 Sqoop 常用命令、理解 Sqoop 数据迁移方式、将 Hive 表数据迁移到 MySQL 中、将 MySQL 表数据迁移到 Hive 中等学习目标。

 **技术准备**

Sqoop 使用命令来实现数据的迁移，使用 sqoop help 命令可以查看 Sqoop 支持的所有命令，使用 sqoop help command-name 命令可以查看每条命令的帮助信息。Sqoop 的主要功能是实现 Hadoop 大数据集群和关系型数据库之间的数据传递。

7.2.1 Sqoop 常用命令

Sqoop 提供了一系列命令来执行数据迁移操作，使用 sqoop help 命令可以查看 sqoop 支持的所有命令，如图 7-4 所示。

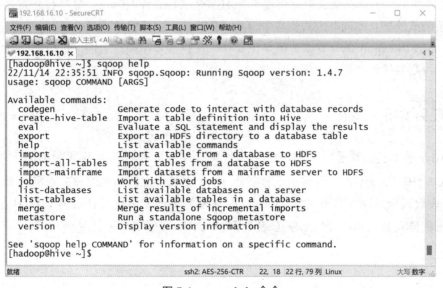

图 7-4 sqoop help 命令

Sqoop 的常用命令如表 7-2 所示。

表 7-2　Sqoop 的常用命令

命令	功能描述
list-databases	列出所有数据库名
list-tables	列出某数据库中的所有表
import	将关系型数据库的数据导入 Hadoop 中
export	将 Hadoop 的数据导入关系型数据库中
create-hive-table	创建 Hive 表
import-all-tables	将某数据库的所有表导入 HDFS 中
merge	将 HDFS 中不同目录下的数据合在一起，并存储到指定的目录下
help	打印 Sqoop 帮助信息
version	打印 Sqoop 版本信息

通过 sqoop help command-name 命令可以查看每条命令的帮助信息，如果要查看命令 import，就使用 sqoop help import。

7.2.2　Sqoop 数据迁移方式

1．Sqoop 数据导入

Sqoop 数据导入是指从非大数据集群（如 RDBMS）向大数据集群（如 HDFS、Hive 和 HBase）等具有分布式存储结构的文件系统中传输数据，表中的每行被视为一条记录，所有记录默认以文本文件格式逐行存储。

Sqoop 实现数据导入采用 import 命令。

2．Sqoop 数据导出

Sqoop 数据导出是指从大数据集群（如 HDFS、Hive 和 HBase）等具有分布式存储结构的文件系统或数据仓库向非大数据集群（如 RDBMS）中传输数据。

Sqoop 使用 export 命令完成数据导出操作。在执行导出操作之前，目标表必须在目标数据库中，否则会导致数据导出失败。

 任务实施

将 Hive 表数据迁移导出到 MySQL 中时，需要掌握将 Hive 非分区表和 Hive 分区表导出到 MySQL 中；将 MySQL 表数据迁移导入 Hive 中时，根据不同的业务需求，需要掌握将 MySQL 表数据全量导入 Hive 中，将 MySQL 表数据筛选子集导入 Hive 中，将 MySQL 表数据查询子集导入 Hive 中，将 MySQL 表数据导入 Hive 分区表中。

7.2.3　将 Hive 表数据迁移到 MySQL 中

1.　将 Hive 的非分区表数据迁移到 MySQL 中

【例 7-1】　将 Hive 的 ods_site 数据仓库的 ods_bts_industry 表数据迁移到 MySQL 中。

将 Hive 表数据迁移到 MySQL 中之前，必须在 MySQL 中提前创建好目标表，并且该表的结构应与 Hive 中对应表的元数据结构一致。

第 1 步：在 MySQL 中创建数据库 mysql_ods_site，并在 MySQL 中执行以下代码。

```
CREATE DATABASE mysql_ods_site default character set utf8mb4 collate utf8mb4_unicode_ci;
```

运行结果如图 7-5 所示。

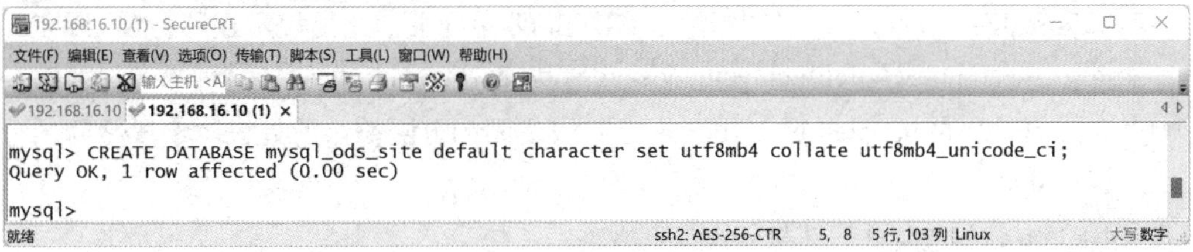

图 7-5　在 MySQL 中创建数据库 mysql_ods_site

第 2 步：在 mysql_ods_site 数据库中创建数据表 mysql_ods_bts_industry，用于存储从 Hive 的 ods_bts_industry 表中迁移的数据，并在 MySQL 中执行以下代码。

```
CREATE TABLE mysql_ods_site.mysql_ods_bts_industry(
    bts_id VARCHAR(200) NOT NULL COMMENT '基站编码',
    category_code VARCHAR(200) NOT NULL COMMENT '行业分类编码',
    num INT NOT NULL COMMENT '行业数量'
);
```

运行结果如图 7-6 所示。

图 7-6　在 MySQL 中创建数据表 mysql_ods_bts_industry

第 3 步：将 Hive 的 ods_site 数据仓库的 ods_bts_industry 表的数据迁移到 MySQL 的 mysql_ods_site 数据库的 mysql_ods_bts_industry 表中，并在 Linux 中执行以下命令。

```
sqoop export \
--connect jdbc:mysql://192.168.16.10:3306/mysql_ods_site \
--username root \
```

```
-P \
--table mysql_ods_bts_industry \
--num-mappers 1 \
--export-dir /project/warehouse/intelligent_site/ods_site.db/ods_bts_industry \
--input-fields-terminated-by "\0001"
```

上述命令中的参数--table、--num-mappers、--export-dir 和--input-fields-terminated-by 的功能如下。

- --table：用于指定关系型数据库的表名。此处表示迁移到 mysql_ods_site 数据库的 mysql_ods_bts_industry 表中。

- --num-mappers：启动 N 个 Map 并行迁移数据，默认值为 4。此处表示启动 1 个 Map 将数据迁移到 MySQL 中。

- --export-dir：用于指定存储数据的 HDFS 的源目录。此处表示迁移导出 HDFS 的 /project/warehouse/intelligent_site/ods_site.db/ods_bts_industry 目录下的数据文件。

- --input-fields-terminated-by：用于指定字段之间的分隔符。此处表示字段之间的分隔符为"\0001"。

执行 sqoop export 命令的结果如图 7-7 所示。

图 7-7 执行 sqoop export 命令的结果

由上述数据迁移结果可知，将 Hive 的 ods_site 数据仓库的 ods_bts_industry 表中的 3267 条数据迁移到 MySQL 的 mysql_ods_site 数据库的 mysql_ods_bts_industry 表中。

第 4 步：验证数据自 Hive 迁移到 MySQL 中，即查询 mysql_ods_bts_industry 表中的数据量如图 7-8 所示。

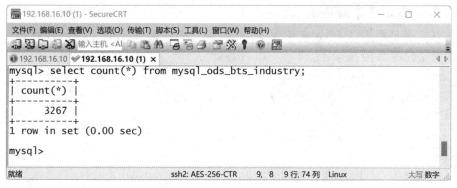

图 7-8　查询 mysql_ods_bts_industry 表中的数据量

2. 将 Hive 的分区表数据迁移到 MySQL 中

【例 7-2】　将 Hive 的 ods_site 数据仓库的分区表 ods_resident_pop 中的分区字段为 month=201805 的数据迁移到 MySQL 中。

第 1 步：在 mysql_ods_site 数据库中创建数据表 mysql_ods_resident_pop_201805，用于存储从 Hive 的 ods_resident_pop 分区表中分区字段为 month=201805 迁移的数据，并在 MySQL 中执行以下代码。

```
CREATE TABLE mysql_ods_site.mysql_ods_resident_pop_201805(
    bts_id VARCHAR(200) NOT NULL COMMENT '基站编码',
    resident_num INT NOT NULL COMMENT '常住人口数'
);
```

运行结果如图 7-9 所示。

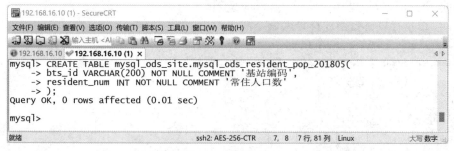

图 7-9　创建数据表 mysql_ods_resident_pop_201805

第 2 步：将 Hive 的 ods_site 数据仓库的分区表 ods_resident_pop 中分区字段为 month= 201805 的数据迁移到 mysql_ods_site 数据库的 mysql_ods_resident_pop_201805 表中，并在 Linux 中执行以下命令。

```
$ sqoop export \
--connect jdbc:mysql://192.168.16.10:3306/mysql_ods_site \
--username root \
-P \
--table mysql_ods_resident_pop_201805 \
--num-mappers 1 \
--export-dir /project/warehouse/intelligent_site/ods_site.db/ods_resident_pop/month=201805 \
```

```
--input-fields-terminated-by "\0001"
```

第 3 步：验证数据自 Hive 迁移到 MySQL 中，即查询 mysql_ods_resident_pop_201805 表中的数据量如图 7-10 所示。

```
192.168.16.10 (1) - SecureCRT                                    —    □    ×
文件(F) 编辑(E) 查看(V) 选项(O) 传输(T) 脚本(S) 工具(L) 窗口(W) 帮助(H)
 输入主机 <AL                    
 192.168.16.10    192.168.16.10 (1)  ×
mysql> SELECT COUNT(*) FROM mysql_ods_resident_pop_201805;
+----------+
| COUNT(*) |
+----------+
|      363 |
+----------+
1 row in set (0.00 sec)

mysql>
就绪                        ssh2: AES-256-CTR    9, 8   9行, 81列  Linux        大写 数字
```

图 7-10　查询 mysql_ods_resident_pop_201805 表中的数据量

由上述结果可知，将 Hive 的分区表 ods_resident_pop 中分区字段为 month=201805 的 363 条数据迁移到了 mysql_ods_site 数据库的 mysql_ods_resident_pop_201805 表中。

7.2.4　将 MySQL 表数据迁移到 Hive 中

1. MySQL 表数据全量导入 Hive 中

将 MySQL 的 mysql_ods_site 数据库的 mysql_ods_bts_industry 表中的数据迁移到 Hive 的 ods_site 数据仓库的 mysql_ods_bts_industry_all 表中。

第 1 步：执行以下数据迁移导入命令。

```
$ sqoop import \
--connect jdbc:mysql://192.168.16.10:3306/mysql_ods_site \
--username root \
-P \
--table mysql_ods_bts_industry \
--num-mappers 1 \
--hive-table ods_site.mysql_ods_bts_industry_all \
--create-hive-table \
--hive-import
```

上述命令中的参数--hive-table、--create-hive-table 和--hive-import 的功能如下。

- --hive-table：用于指定要创建的 Hive 表，默认使用 MySQL 的表名。此处表示要在 Hive 的 ods_site 数据仓库中创建名为 mysql_ods_bts_industry_all 的表。
- --create-hive-table：用于指定创建 Hive 目标表，默认是 FALSE，如果目标表已经存在，那么创建任务失败。
- --hive-import：用于指定将数据从关系型数据库导入 Hive 表中。

执行 sqoop import 命令返回的结果如图 7-11 所示。

图 7-11　执行 sqoop import 命令返回的结果

由上述数据迁移结果可知，已经完成数据迁移导入。

第 2 步：验证数据是否从 MySQL 全量迁移导入 Hive 表中，即查看 mysql_ods_bts_industry_all 表，如图 7-12 所示。

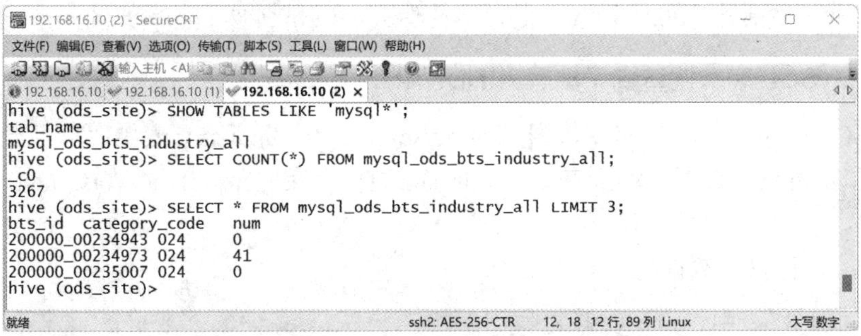

图 7-12　查看 mysql_ods_bts_industry_all 表

由上述结果可知，在 Hive 的 ods_site 数据仓库中自动创建了 mysql_ods_bts_industry_all 表，并且该表中存储了自 MySQL 全量迁移导入的 3267 条数据。

2. 将 MySQL 表数据筛选子集导入 Hive 中

将 MySQL 的 mysql_ods_site 数据库的 mysql_ods_bts_industry 表中"行业数量"大于 0 的数据迁移到 Hive 的 ods_site 数据仓库的 mysql_ods_bts_industry_numgt0 表中。

第 1 步：执行以下数据迁移导入命令。

```
$ sqoop import \
--connect jdbc:mysql://192.168.16.10:3306/mysql_ods_site \
--username root \
-P \
--table mysql_ods_bts_industry \
```

```
--num-mappers 1 \
--hive-table ods_site.mysql_ods_bts_industry_numgt0 \
--create-hive-table \
--hive-import \
--where "num > 0"
```

上述命令中的参数--where 用于指定从关系型数据库导入数据时的查询条件，此处表示只有满足条件 num > 0 的数据才会被迁移导入 Hive 表中。

第 2 步：验证满足过滤条件的数据子集是否从 MySQL 迁移导入 Hive 表中，即查看 mysql_ods_bts_industry_numgt0 表，如图 7-13 所示。

```
192.168.16.10 (2) - SecureCRT                                    —    □    ×
文件(F) 编辑(E) 查看(V) 选项(O) 传输(T) 脚本(S) 工具(L) 窗口(W) 帮助(H)
   输入主机 <Al
192.168.16.10   192.168.16.10 (1)   192.168.16.10 (2) ×
hive (ods_site)> SHOW TABLES LIKE 'mysql*';
tab_name
mysql_ods_bts_industry_all
mysql_ods_bts_industry_numgt0
hive (ods_site)> SELECT COUNT(*) FROM mysql_ods_bts_industry_numgt0;
_c0
1054
hive (ods_site)> SELECT * FROM mysql_ods_bts_industry_numgt0 LIMIT 3;
bts_id      category_code    num
200000_00234973  024       41
200000_00234585  024       146
200000_00231517  024       126
hive (ods_site)>
就绪                          ssh2: AES-256-CTR    13, 18   13 行, 89 列 Linux        大写 数字
```

图 7-13　查看 mysql_ods_bts_industry_numgt0 表

由上述结果可知，在 Hive 的 ods_site 数据仓库中自动创建了 mysql_ods_bts_industry_numgt0 表，并且该表中存储了自 MySQL 迁移导入的满足条件 num > 0 的 1054 条数据。

3. 将 MySQL 表数据查询子集导入 Hive 中

将 MySQL 的 mysql_ods_site 数据库的 mysql_ods_bts_industry 表中"行业数量"大于 0 的 bts_id 列和 num 列的数据迁移到 Hive 的 ods_site 数据仓库的 mysql_ods_bts_industry_numgt0_nocode 表中。

第 1 步：执行以下数据迁移导入命令。

```
$ sqoop import \
--connect jdbc:mysql://192.168.16.10:3306/mysql_ods_site \
--username root \
-P \
--num-mappers 1 \
--hive-table ods_site.mysql_ods_bts_industry_numgt0_nocode \
--create-hive-table \
--target-dir /project/warehouse/intelligent_site/ods_site.db/mysql_ods_bts_industry_numgt0_nocode \
--hive-import \
--query 'SELECT bts_id,num FROM mysql_ods_bts_industry WHERE num > 0 AND $CONDITIONS'
```

在上述代码中，参数--query 用于指定将查询结果的数据导入 Hive 中，并且在使用时必须伴随参数--target-dir 和--hive-table。若查询中有 WHERE 条件，则条件后面必须加上 $CONDITIONS 关键字。

第 2 步：验证满足查询条件的数据子集是否从 MySQL 迁移导入 Hive 表中，即查看 mysql_ods_bts_industry_numgt0_nocode 表，如图 7-14 所示。

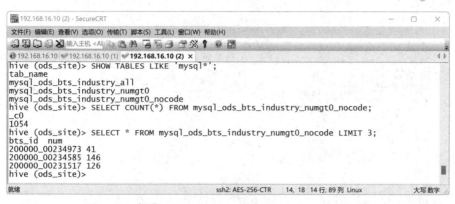

图 7-14　查看 mysql_ods_bts_industry_numgt0_nocode 表

由上述结果可知，在 Hive 的 ods_site 数据仓库中自动创建了 mysql_ods_bts_industry_numgt0_nocode 表，并且该表中存储了自 MySQL 迁移导入的满足条件 num > 0 的只有 bts_id 列和 num 列的 1054 条数据。

4. 将 MySQL 表数据导入 Hive 分区表中

1）将 MySQL 表数据全量导入 Hive 分区表中

将 MySQL 的 mysql_ods_site 数据库的 mysql_ods_resident_pop_201805 表中的数据迁移到 Hive 的 ods_site 数据仓库的分区表 mysql_ods_resident_pop_1 的 month=201805 的分区字段中。

第 1 步：执行以下数据迁移导入命令。

```
$ sqoop import \
--connect jdbc:mysql://192.168.16.10:3306/mysql_ods_site \
--username root \
-P \
--table mysql_ods_resident_pop_201805 \
--num-mappers 1 \
--hive-database ods_site \
--hive-table mysql_ods_resident_pop_1 \
--hive-partition-key month \
--hive-partition-value 201805 \
--create-hive-table \
--hive-import
```

上述命令中的参数--hive-partition-key 和--hive-partition-value 的功能如下。

- --hive-partition-key：用于指定创建分区，后面直接跟分区名，分区字段的默认类型为 STRING。此处表示在表中创建名为 month 的分区字段。

- --hive-partition-value：用于导入数据时指定某个分区的值。此处表示将数据导入 month=201805 的分区中。

第 2 步：查看分区表 mysql_ods_resident_pop_1 的结构，如图 7-15 所示。

数据仓库 Hive 应用实战

图 7-15　查看分区表 mysql_ods_resident_pop_1 的结构

由上述结果可知，通过 sqoop import 命令迁移导入数据后，自动在 Hive 的 ods_site 数据仓库中创建分区表 mysql_ods_resident_pop_1。

第 3 步：查看分区表 mysql_ods_resident_pop_1 中的数据，如图 7-16 所示。

图 7-16　查看分区表 mysql_ods_resident_pop_1 中的数据

由上述结果可知，MySQL 的 363 条数据均已迁移导入 Hive 的分区表中。

2）将 MySQL 表数据子集导入 Hive 分区表中

将 MySQL 的 mysql_ods_site 数据库的 mysql_ods_resident_pop_201805 表中的前 3 条数据迁移到 Hive 的 ods_site 数据仓库的分区表 mysql_ods_resident_pop_2 的 month=201806 的分区字段中，第 4~6 条数据迁移到 Hive 的 ods_site 数据仓库的分区表 mysql_ods_resident_pop_2 的 month= 201807 的分区字段中。

第 1 步：执行以下数据迁移命令，将前 3 条数据导入表分区 month=201806 中。

```
$ sqoop import \
--connect jdbc:mysql://192.168.16.10:3306/mysql_ods_site \
--username root \
-P \
--query 'SELECT * FROM mysql_ods_resident_pop_201805 WHERE $CONDITIONS LIMIT 0,3' \
--target-dir /project/warehouse/intelligent_site/ods_site.db/mysql_ods_resident_pop_2/month=201806 \
--num-mappers 1 \
--hive-database ods_site \
--hive-table mysql_ods_resident_pop_2 \
--hive-partition-key month \
--hive-partition-value 201806 \
```

```
--create-hive-table \
--hive-import
```

第2步：执行以下数据迁移命令，将第4～6条数据导入表分区 month=201807 中。

```
$ sqoop import \
--connect jdbc:mysql://192.168.16.10:3306/mysql_ods_site \
--username root \
-P \
--query 'SELECT * FROM mysql_ods_resident_pop_201805 WHERE $CONDITIONS LIMIT 3,3' \
--target-dir /project/warehouse/intelligent_site/ods_site.db/mysql_ods_resident_pop_2/month=201807 \
--num-mappers 1 \
--hive-database ods_site \
--hive-table mysql_ods_resident_pop_2 \
--hive-partition-key month \
--hive-partition-value 201807 \
--hive-import
```

第3步：查看分区表 mysql_ods_resident_pop_2 中的分区，如图 7-17 所示。

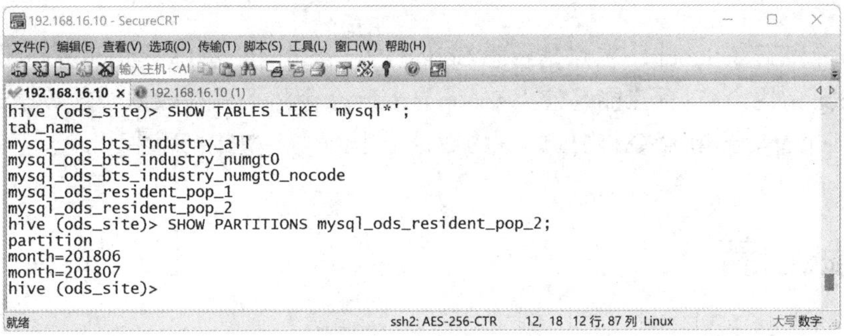

图 7-17　查看分区表 mysql_ods_resident_pop_2 中的分区

由上述结果可知，执行完 sqoop import 命令将数据导入分区表之后，在 Hive 中自动创建了 mysql_ods_resident_pop_2 表，并且在该表中创建了两个分区，分别为 month=201806 和 month=201807。

第4步：查看分区表 mysql_ods_resident_pop_2 中的数据，如图 7-18 所示。

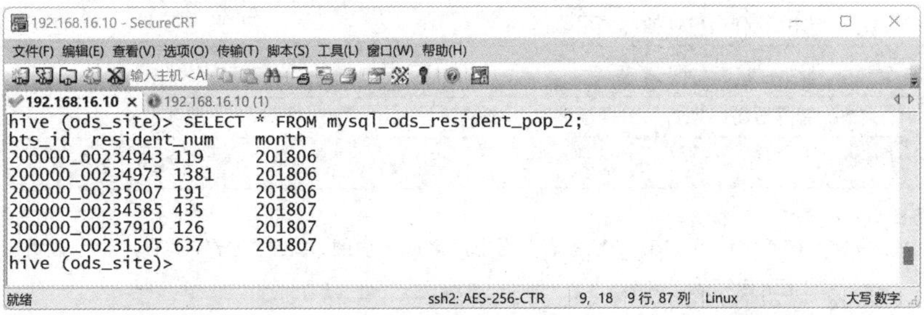

图 7-18　查看分区表 mysql_ods_resident_pop_2 中的数据

任务小结

通过学习本任务，读者不仅能掌握 Sqoop 的常用命令，还能熟练掌握 Hive 和 MySQL

之间的数据迁移操作。需要注意的是，数据从 Hive 迁移到 MySQL 中之前，必须在 MySQL 中提前创建好目标表，并且该表的结构应与 Hive 中对应表的元数据结构一致。通过本模块的"实践创新"部分的"大数据智慧旅游"项目独立完成将 Hive 的数据导入 MySQL 中，读者可以在独立实践探索中创新并磨炼出精益求精的技能。

 模块总结

通过学习本模块，读者不仅可以部署和配置 Sqoop，还可以使用 Sqoop 迁移数据。本模块包括的知识点和技能点如下。

（1）Sqoop 介绍：Sqoop 是用于在 Hadoop 和关系型数据库服务器之间传递数据的工具，最主要的功能是数据的导入和导出。

（2）Sqoop 架构：重点是能理解 Sqoop 的工作流程。Sqoop 接收到客户端的 shell 命令或 Java API 命令之后，可以通过任务翻译器将命令转换为对应的 MapReduce 任务，从而实现数据迁移。

（3）部署和配置 Sqoop：重点是熟悉 Sqoop 的部署流程，能够独立部署和配置 Sqoop。

（4）Sqoop 常用命令：重点能是使用 sqoop import 命令将关系型数据库的数据导入 Hadoop 中，能使用 sqoop export 命令将 Hadoop 的数据导出到关系型数据库中。

 实践创新

实践工单 7　迁移导出"大数据智慧旅游"项目中的数据

班级：＿＿＿＿＿　　姓名：＿＿＿＿＿　　实践用时：＿＿＿＿＿

一、实践描述

在本次实践过程中要认真研读附录 C 和附录 D，由此厘清项目整体思路。

前面已经完成"大数据智慧旅游"项目的数据分析统计，本次实践过程需要将分析得到的数据应用 Sqoop 迁移到 MySQL 中存储，以便在后续的可视化操作中更便捷地调用数据。

二、实践目标

能够独立将"大数据智慧旅游"项目的数据迁移到 MySQL 中。

三、实践内容

✎在 MySQL 中创建表

1. 在 MySQL 中创建 M_CUST_KEYWORDS_DAY 表，用于存储 Hive 中的 CUST_KEYWORDS_DAY 表数据。
   □ 完成　　　　□ 未完成，困难＿＿＿＿＿＿＿＿＿＿＿＿＿＿＿＿＿＿＿

2. 在 MySQL 中创建 M_KEYWORDS_SEEK_DAY 表，用于存储 Hive 中的 KEYWORDS_SEEK_DAY 表数据。
   □ 完成　　　　□ 未完成，困难＿＿＿＿＿＿＿＿＿＿＿＿＿＿＿＿＿＿＿

3. 在 MySQL 中创建 M_D_KEYWORDS_DAY_N 表，用于存储 Hive 中的 D_KEYWORDS_DAY_N 表数据。
   □ 完成　　　　□ 未完成，困难＿＿＿＿＿＿＿＿＿＿＿＿＿＿＿＿＿＿＿

✎将 Hive 的数据导出到 MySQL 中

1. 应用 Sqoop 将 Hive 的 CUST_KEYWORDS_DAY 表数据导出到 MySQL 的 M_CUST_KEYWORDS_DAY 表中，并验证数

据正确性。

　　□ 完成　　　　　　□ 未完成，困难_____

2．应用 Sqoop 将 Hive 的 KEYWORDS_SEEK_DAY 表数据导出到 MySQL 的 M_KEYWORDS_SEEK_DAY 表中，并验证数据正确性。

　　□ 完成　　　　　　□ 未完成，困难_____

3．应用 Sqoop 将 Hive 的 D_KEYWORDS_DAY_N 表数据导出到 MySQL 的 M_D_KEYWORDS_DAY_N 表中，并验证数据正确性。

　　□ 完成　　　　　　□ 未完成，困难_____

四、出错记录

请将你在实践过程中出现的错误及其解决方法记录在下表中。

序号	出现的错误	错误提示	解决方法
1			
2			

五、实践评价

请对你的实践做出星级评价。

□ ★★★★★　　　　□ ★★★★　　　　□ ★★★　　　　□ ★★　　　　□ ★

检测反馈

一、连线题

Sqoop　　　　　　　　　　　导入

import　　　　　　　　　　　导出

export　　　　　　　　　　　Hive 表

--table　　　　　　　　　　　导入 Hive 中

--connect　　　　　　　　　　数据迁移工具

--username　　　　　　　　　用户名

-P　　　　　　　　　　　　　密码

--num-mappers　　　　　　　源数据表

--hive-import　　　　　　　　创建 Hive 数据表

--create-hive-table　　　　　Map 任务的个数

--hive-table　　　　　　　　　连接的关系型数据库

二、填空题

1．如果使用 Sqoop 将 MySQL 表数据导入 Hive 中，那么需要在 sqoop-env.sh 文件中配置_____。

2．Sqoop 主要用于在_____和关系型数据库之间传递数据。

3．Sqoop 底层利用_____技术以批处理方式加快了数据传输速度，并且具有较好的容错性功能。

4．在部署 Sqoop 时，需要在 sqoop-env.sh 文件中添加_____环境。

5．在 Sqoop 的命令中，导入操作为_____，导出操作为 export。

三、判断题

1．Sqoop 是关系型数据库与 Hadoop 之间的数据桥梁，这个桥梁的重要组件是 Sqoop 连接器。　　　　　　　　　　　　　　　　　　　　　　　　　　（　　）

2．Sqoop 可以先将命令转换为对应的 MapReduce 程序，再将关系型数据库和 Hadoop 中的数据进行相互转换，从而完成数据迁移。　　　　　　　　　　　　（　　）

3．Sqoop 2 兼容 Sqoop 1，因此可以直接部署新版本的 Sqoop。　　　　（　　）

4．Sqoop 的使用需要依赖 Java 环境和 Hadoop 环境。　　　　　　　（　　）

5．当使用 Sqoop 导入数据时，可以通过--m 设置并行数，最终会在 HDFS 中产生 m 个文件。　　　　　　　　　　　　　　　　　　　　　　　　　　　（　　）

四、单选题

1．下列语句描述错误的是（　　　）。

    A．可以通过 COMMAND 方式、Java API 方式调用 Sqoop

    B．Sqoop 底层会将 Sqoop 命令转换为 MapReduce 任务，并通过 Sqoop 连接器执行数据的导入和导出操作

    C．Sqoop 是独立的数据迁移工具，可以在任何系统上执行

    D．如果在 Hadoop 分布式集群环境下，那么连接 MySQL 服务器参数不能是 localhost 或 127.0.0.1

2．不属于 Sqoop 命令的是（　　　）。

    A．import   B．if

    C．export   D．eval

3．用于指定数据库连接的是（　　　）。

    A．--connect   B．--username

    C．--connector   D．--conn

4．用于指定数据库用户名的是（　　　）。

    A．--connect   B．--user

    C．--name   D．--username

5．用于数据导入 MySQL 时指定源数据库用户名的是（　　　）。

    A．--mysql-table   B．--mysql table

    C．--hive table   D．--table

五、思考题

2022 年 6 月 17 日，据外媒报道，TikTok 已完成将美国用户的数据信息迁移到甲骨文（Oracle）公司的服务器上，同时字节跳动无法访问这些数据。据悉，此举是为了保证美国监

管方的数据安全。TikTok 还成立了专门的美国数据安全团队 USDS，该团队由数百人组成，包括内容审核人员、工程师、用户、产品运营的成员。另外，该团队自主运作，不受 TikTok 的控制或监督。

1．请了解该事件更加详细的内容。

2．为什么美国要执行本次数据迁移工作？

3．在数据迁移过程中，应该如何保证数据的安全？

项目模块8

调优数据仓库性能

数据仓库 Hive 是 Hadoop 生态系统中的重要组件，使用 Hive 进行统计分析时要特别注意效率。影响 Hive 效率的因素有很多，包括数据倾斜、HiveQL 语句使用不当、I/O 过多、Mapper 或 Reducer 分配不合理等。使用 Hive 进行统计分析时，如果不进行优化，那么每次查询可能需要花费大量的时间，甚至可能无法查询到结果。

数据仓库调优是比较大的专题，需要结合实际的业务，以及数据的类型、分布、质量状况等考虑如何进行系统性的优化。Hive 的执行需要依赖底层的 MapReduce 程序，因此对 Hadoop 作业的优化或 MapReduce 任务的调整是提高 Hive 性能的基础。在大数据应用项目的开发设计、应用分析和管理决策实施过程中，在创建好一个专业的大数据仓库之后，需要对其进行优化，以便更加高效地存储、分析和管理数据仓库中的内容。

本模块以"学生信息系统"项目和"大数据智慧旅游"项目为实操载体，介绍"调优 Hive 参数"、"调优 Hive 存储"和"调优 HiveQL 语句"3 个任务，帮助读者掌握数据仓库性能调优的方法。

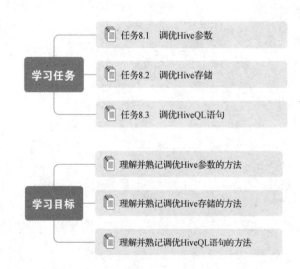

微课

任务 8.1　调优 Hive 参数

对于 Hive 来说，初始配置和调优后的配置在性能方面的差距非常明显，而调优 Hive 参数是提升 Hive 性能的重要方式之一。

本任务以"学生信息系统"项目为实操载体，帮助读者理解 Hive 参数调优的作用，熟练调优 Hive 参数提升 Hive 性能，以及熟记调优参数项和参数值等。

调优 Hive 参数包含很多方面，当使用 Hive 处理小数据集时，启动分布式计算方式效率低，可以配置 Hive 本地模式，缩短处理时间。为了防止用户执行那些可能产生意想不到的不好的效果的查询，Hive 提供了严格模式和非严格模式。当使用动态分区时，可能会产生数据倾斜问题，可以配置动态分区参数，以尽量降低数据倾斜，但通常如非必要不建议开启动态分区。当执行 Hive 命令涉及多个任务时，为了缩短执行时间，可以配置并行执行。当执行简单查询，不想启用 MapReduce 任务时，可以配置 Fetch 抓取。当使用 Hive 处理多个小数据文件时，会启动多个 Map 任务，造成资源浪费，所以可以配置合并文件。

下面以"学生信息系统"项目为实操载体，依次介绍配置本地模式、配置严格模式、配置动态分区、配置并行执行、配置 Fetch 抓取和配置合并文件等操作，最终帮助读者熟练掌握调优 Hive 参数的方法。

8.1.1　配置本地模式

在大多数情况下，Hadoop Job 必须使用分布式执行的方式来处理大数据集，但是当要处理的数据很小时，使用分布式执行方式处理数据会增加开销，因为完全分布式模式的启动时间较长，甚至比数据处理时间都长。Hive 可以通过设置属性将数据处理作业自动转换为本地模式，即使用单台机器处理所有的任务，这对于小数据集处理而言可以明显缩短执行时间。本地模式相关的属性如表 8-1 所示。

表 8-1　本地模式相关的属性

属性	参数描述	默认值
hive.exec.mode.local.auto	设置是否开启 Hive 的本地模式	FALSE
hive.exec.mode.local.auto.inputbytes.max	设置 Job 输入数据的最大值	134 217 728
hive.exec.mode.local.auto.input.files.max	设置 Job 输入文件个数的最大值	4

需要注意的是，Job 必须满足以下 3 个条件才能在本地模式下运行。第一，Job 的总输入大小必须小于 hive.exec.mode.local.auto.inputbytes.max 属性的值；第二，Job 的 Map 总个数必须小于 hive.exec.mode.local.auto.input.files.max 属性的值；第三，Job 的 Reduce 总个数必须为 0 或 1。

若使用 Hive 客户端临时配置本地模式，则命令如下所示。

```
set hive.exec.mode.local.auto=TRUE;
```

若需要永久配置本地模式，则需要在 Hive 配置文件中添加如下配置内容。

```
<property>
    <name>hive.exec.mode.local.auto</name>
    <value>TRUE</value>
</property>
```

【例 8-1】 分别配置非本地模式和本地模式，并在 studentdb 数据库中查询 student 表的行数。

在非本地模式下查询 student 表的行数，代码如下所示。

```
set hive.exec.mode.local.auto=FALSE;
SELECT COUNT(*) FROM studentdb.student;
```

运行结果如图 8-1 所示。

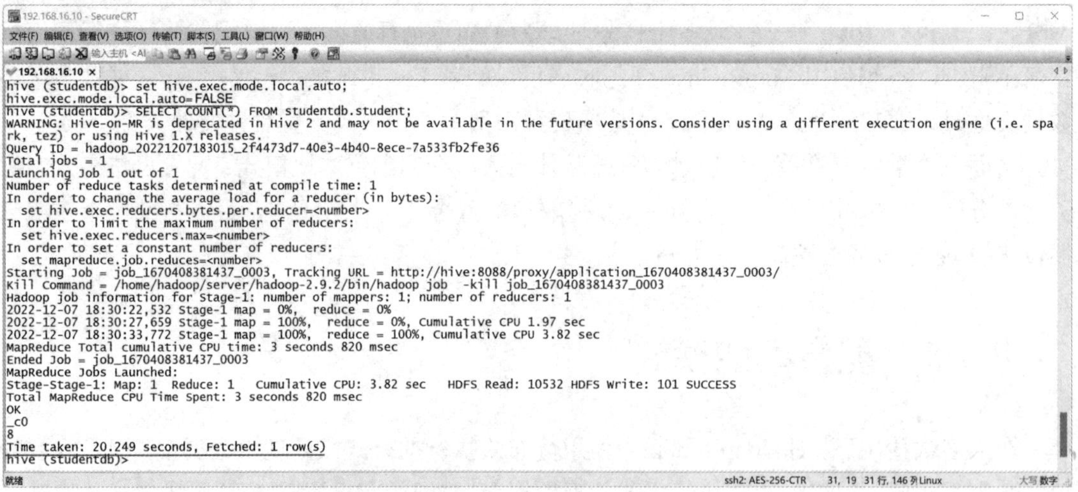

图 8-1 在非本地模式下执行 COUNT(*)函数的时间

在本地模式下查询 student 表的行数，代码如下所示。

```
set hive.exec.mode.local.auto=TRUE;
SELECT COUNT(*) FROM studentdb.student;
```

运行结果如图 8-2 所示。

由运行结果可知，在两种模式下执行相同的语句，二者的执行时间大约相差 19 秒。

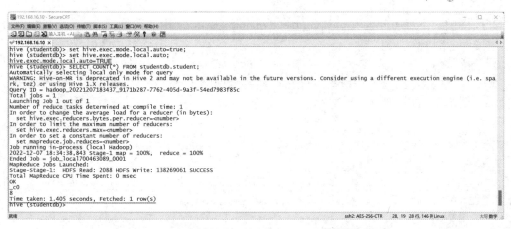

图 8-2　在本地模式下执行 COUNT(*)函数的时间

8.1.2　配置严格模式

Hive 中有严格模式（由参数项 hive.mapred.mode 控制，默认处于非严格模式下）。

在严格模式下，主要体现在以下几方面的限制：第一，对分区表的查询必须指定分区字段；第二，查询语句中的 ORDER BY 子句必须指定 LIMIT；第三，禁止执行笛卡儿积多表连接查询。

若使用 Hive 客户端临时配置严格模式，则命令如下所示。

```
set hive.mapred.mode=strict;
```

若需要永久配置严格模式，则需要在 Hive 配置文件中添加如下配置内容。

```
<property>
    <name>hive.mapred.mode</name>
    <value>strict</value>
</property>
```

关闭严格模式的命令如下所示。

```
set hive.mapred.mode=nonstrict;
```

【例 8-2】　分别配置非严格模式和严格模式，并在 studentdb 数据库中查询分区表 phy_course_dynamic_partition 包含的数据。

在默认的非严格模式下查询分区表 phy_course_dynamic_partition 中的数据。

```
SELECT * FROM studentdb.phy_course_dynamic_partition;
```

运行结果如图 8-3 所示。

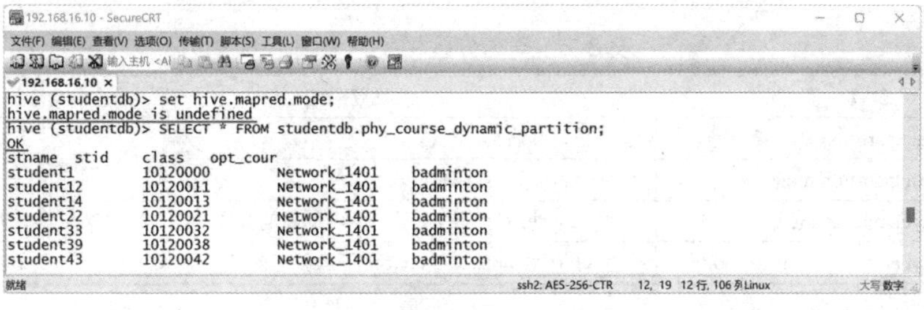

图 8-3　在非严格模式下查询分区表

在严格模式下查询分区表 phy_course_dynamic_partition 中的数据。

```
set hive.mapred.mode=strict;
SELECT * FROM studentdb.phy_course_dynamic_partition;
SELECT * FROM studentdb.phy_course_dynamic_partition WHERE opt_cour='volleyball';
```

运行结果如图 8-4 所示。

图 8-4　在严格模式下查询分区表

由运行结果可知，当开启严格模式时对分区表的查询是有限制的，必须指定具体的分区字段才能查询成功。

8.1.3　配置动态分区

首先，在动态分区中插入数据时，会产生大量小文件，Map 数据会增加，并且 NameNode 也需要存储更多的元数据信息，检索更多的小文件。

然后，可能引发数据倾斜问题。例如，A 表和 B 表的分区列一致，当将 A 表的数据导入 B 表中时，A 表中的分区很多，需要复制、粘贴修改很多次 SQL 语句才能将数据插入 B 表中，效率比较低。如果程序员选择使用动态分区将数据插入 B 表中以减少自身工作量，当导入数据极多，Reduce 个数很少时，就会产生严重的数据倾斜。因此，基于以上原因，若非必须，建议少用动态分区，或者直接关闭动态分区。

动态分区相关的参数如表 8-2 所示。

表 8-2　动态分区相关的参数

参数	参数描述	默认值
hive.exec.dynamic.partition	设置是否开启动态分区	FALSE
hive.exec.dynamic.partition.mode	设置是否允许分区列全部为动态分区	strict
hive.exec.max.dynamic.partitions	设置一个动态分区创建语句可以创建的最大动态分区个数	1000
hive.exec.max.dynamic.partitions.pernode	设置每个 Mapper 或 Reducer 可以创建的最大动态分区个数	100

8.1.4　配置并行执行

Hive 在执行复杂的 HiveQL 语句时会涉及多个任务,在默认情况下按顺序执行每个任务,如果每个任务没有前后依赖关系,那么可以通过并发执行的方式同时执行多个任务,从而缩短 HiveQL 语句的执行时间。可以将 hive.exec.parallel 参数的值设置为 TRUE,开启 Hive 并行执行。

并行执行相关的参数如表 8-3 所示。

表 8-3　并行执行相关的参数

参数	参数描述	默认值
hive.exec.parallel	设置是否开启并行执行	FALSE
hive.exec.parallel.thread.number	设置并行执行的最大值	8

若使用 Hive 客户端临时配置并行执行,则命令如下所示。

```
set hive.exec.parallel=TRUE;
```

若需要永久配置并行执行,则需要在 Hive 配置文件中添加如下配置内容。

```
<property>
    <name>hive.exec.parallel</name>
    <value>TRUE</value>
</property>
```

8.1.5　配置 Fetch 抓取

Hive 中对某些简单查询不必使用 MapReduce 计算,因为启用 MapReduce Job 需要花费更长的时间和更大的系统开销。Fetch 抓取相关的参数如表 8-4 所示。

表 8-4　Fetch 抓取相关的参数

参数	参数描述	默认值
hive.fetch.task.conversion	设置是否开启 Fetch 抓取,有以下 3 个取值。 ● none:表示关闭 Fetch task 优化。 ● minimal:表示在 SELECT *、使用分区列过滤、带有 LIMIT 的语句中执行 Fetch task 优化。 ● more:基于 minimal,但功能更加强大,除了 SELECT *,还可以单独选择列,filter 不再局限于分区字段,也支持列别名	more

若使用 Hive 客户端临时配置 Fetch 抓取,则命令如下所示。

```
set hive.fetch.task.conversion=more;
```

若需要永久配置 Fetch 抓取,则需要在 Hive 配置文件中添加如下配置内容。

```
< property>
    <name> hive.fetch.task.conversion< / name>
    <value>more</value>
</property>
```

【例 8-3】在 Fetch 抓取模式和非 Fetch 抓取模式下,分别在 studentdb 数据库中查询 student 表的前两行的 stname 数据。

在非 Fetch 抓取模式下查询 student 表中前两行的 stname 数据，代码如下所示。

```
set hive.fetch.task.conversion=none;
SELECT stname FROM student LIMIT 2;
```

运行结果如图 8-5 所示。

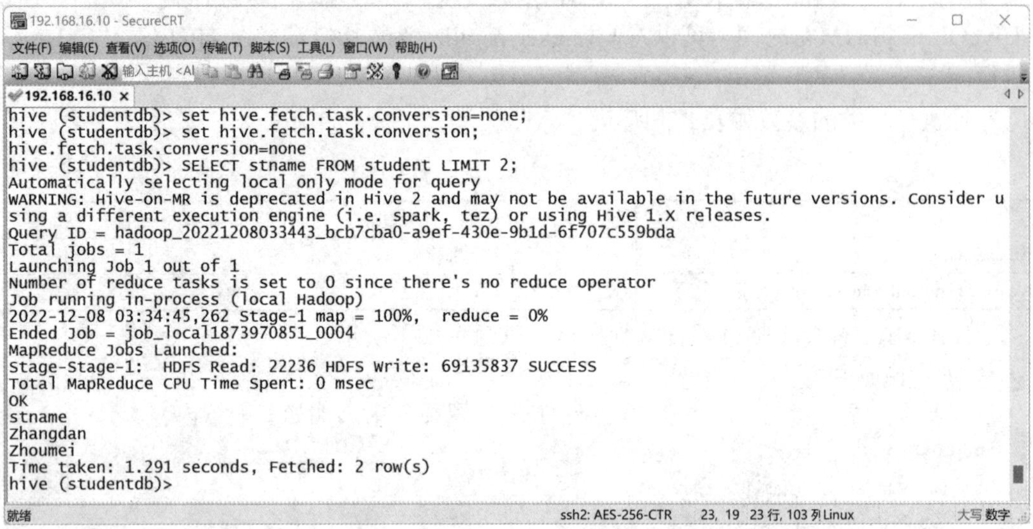

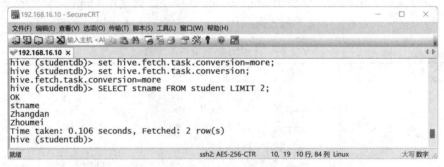

图 8-5　在非 Fetch 抓取模式下执行字段查找和 LIMIT 查找

在 Fetch 抓取模式下查询 student 表中前两行的 stname 数据，代码如下所示。

```
set hive.fetch.task.conversion=more;
SELECT stname FROM student LIMIT 2;
```

运行结果如图 8-6 所示。

图 8-6　在 Fetch 抓取模式下执行字段查找和 LIMIT 查找

由运行结果可知，当 hive.fetch.task.conversion 参数为非 none 值时，简单查询不会启动 MapReduce 计算，查询时间更短，系统开销更小。

8.1.6　配置合并文件

在执行包含 MapReduce 任务的 HiveQL 语句时，每个数据文件都会交给一个 Map 处理，如果存在多个小数据文件，那么每个小数据文件都将启动一个 Map，造成不必要的资源浪费，因此在 Map 执行前应该将小数据文件进行合并，并将合并后的数据文件根据分片规则进行切分。在 Hive 中可以通过参数 hive.input.format 设置 Map 执行前合并小文件。合并文件相关的参数如表 8-5 所示。

表 8-5　合并文件相关的参数

参数	参数描述	默认值
hive.input.format	设置是否在 Map 执行前合并小文件	org.apache.hadoop.hive.ql.io.CombineHiveInputFormat
hive.merge.mapfiles	设置是否合并 map-only 端输出文件	TRUE
hive.merge.mapredfiles	设置是否合并 map-reduce 端输出文件	FALSE
hive.merge.size.per.task	设置合并文件的大小	256×1000×1000

与上述其他调优配置一样，可以使用 Hive 客户端临时配置合并文件相关的参数，或者通过 Hive 配置文件永久配置。

任务小结

通过学习本任务，读者不仅可以理解 Hive 参数调优的作用，还可以了解配置本地模式、配置严格模式、配置动态分区、配置并行执行、配置 Fetch 抓取和配置合并文件的调优方法。通过本模块的"实践创新"部分的"大数据智慧旅游"项目独立运用 Hive 参数调优，读者可以在独立实践探索中创新并磨炼出精益求精的技能。

任务 8.2　调优 Hive 存储

任务分析

任务 8.1 根据 Hive 的参数设置对 Hive 进行优化。Hive 运行在大数据平台 Hadoop 集群之上，而 Hadoop 集群最主要的性能瓶颈是磁盘 I/O，因此还可以从数据文件存储、数据压缩方面对 Hive 进行优化。

本任务主要介绍为何能从存储及压缩方面调优 Hive 性能，各文件存储格式的区别及各压缩算法的区别。

任务实施

调优 Hive 存储主要包括两方面：一方面是调优文件存储，不同的文件存储格式占用的存储空间不同，TextFile 是 Hive 默认的文件存储格式，在实际生产环境中可以采用 ORCFile 方式压缩存储；另一方面是调优数据压缩，不同压缩算法的压缩率和压缩/解压缩速度不同，通过配置中间数据压缩方式和最终数据压缩方式可以提高 Hive 性能。

下面依次介绍调优文件存储和调优数据压缩等操作，帮助读者掌握 Hive 存储的调优方法。

8.2.1　调优文件存储

Hive 底层数据以文件的形式存储在 Hadoop 的 HDFS 中，不同的文件存储格式不但占用的存储空间的大小有所不同，而且 HiveQL 语句的执行性能也有所不同，因此根据实际应用场景选择合适的文件存储格式就变得尤为重要。Hive 数据表支持多种类型的文件存储格式存储数据文件。Hive 常用的文件存储格式如表 8-6 所示。

表 8-6　Hive 常用的文件存储格式

文件存储格式	存储方式	自身支持压缩	支持分片	加载数据的方式
TextFile	行式存储	否	否	LOAD 和 INSERT
SequenceFile	列式存储	是	是	INSERT
ORCFile	行列存储	是	是	INSERT

TextFile 是 Hive 默认的文件存储格式。SequenceFile 将数据存储为序列化的键-值对形式，其中值为原始数据，键为生成的内容。SequenceFile 自身支持两种压缩，分别为 RECORD 和 BLOCK，其中 RECORD 表示只对值进行压缩，BLOCK 表示键和值都会被压缩。ORCFile 是 RCFile 的优化版本，支持两种压缩，分别为 zlib 和 Snappy。zlib 的压缩率比较高，常用于数据仓库的运营层；Snappy 压缩和解压缩的速度比较快，常用于数据仓库的 DWD 层。

在实际生产环境中，通常使用 ORCFile 与 Snappy 相结合或 ORCFile 与 zlib 相结合的方式设置 Hive 表的存储及压缩格式。若需要节省存储空间，对 HiveQL 语句执行速度不做太高要求，则使用 ORCFile 与 zlib 相结合的方式。若需要 HiveQL 语句执行效率高效，对存储空间不做要求，则使用 ORCFile 与 Snappy 相结合的方式。例如，在创建 Hive 时指定存储格式为 ORCFile，压缩格式为 Snappy，具体命令如下所示。

```
CREATE TABLE studentdb.class(
    cname STRING COMMENT '班级名称',
    cID STRING COMMENT '班级编号',
    major STRING COMMENT '专业')
ROW FORMAT DELIMITED
FIELDS TERMINATED BY '\t'
LINES TERMINATED BY '\n'
STORED AS ORC
TBLPROPERTIES('orc.compress'='SNAPPY');
```

在上述命令中，STORED AS 子句配置 class 表的存储格式为 ORC（ORCFile）；TBLPROPERTIES 子句配置 class 表的属性 orc.compress（ORC 压缩格式）为 Snappy。

8.2.2　调优数据压缩

1. 压缩原因

Hive Job 最终被转换成 MapReduce 任务来执行。MapReduce Job 属于 I/O 密集型，即 MapReduce 的性能瓶颈主要在于网络 I/O 和磁盘 I/O。尤其是在数据 Shuffle（混洗）的过程中，减少数据量的传输会极大地提升 MapReduce 任务的性能。采用数据压缩是减少数据量的有效方式，虽然压缩会消耗 CPU 资源，但是在 Hadoop 集群中，性能瓶颈不是 CPU 所承担的计算压力，压缩可以充分利用空闲的 CPU。

2. 常用压缩算法的区别

Hive 支持的压缩算法包括 gzip、LZO、Snappy 和 bzip2，CDH 版本默认采用的是 Snappy。Hadoop 常用的压缩算法如表 8-7 所示。

表 8-7　Hadoop 常用的压缩算法

压缩算法	支持拆分	Hive 自带	压缩率	压缩/解压缩速度
gzip	否	是	很高	比较快
LZO	是	是	比较高	很快
Snappy	否	是	比较高	很快
bzip2	是	否	最高	慢

由表 8-7 可知，每种压缩算法都在压缩/解压缩速度和压缩率之间进行了权衡。bzip2 的压缩率最高，但是 CPU 消耗也最高。gzip 的压缩率次之。因此，如果需要提高磁盘空间利用率且减小 I/O 开销，那么可以选择 bzip2 和 gzip。LZO 和 Snappy 的压缩率要低于 bzip2 和 gzip，但是它们压缩/解压缩的速度更快。对于经常被读取的数据，可以选择 Snappy 和 LZO。另一个需要考虑的因素是压缩后的文件是否可以按记录边界进行切分，因为是否可以切分直接关系到 MapReduce 任务并行度的高低，每个切分会被发送到单独的 Map 进程中。bzip2 和 LZO 提供块（BLOCK）级别的压缩，每个块中都包含完整的记录信息，如果对任务的并行度有较高要求，那么可以选择 bzip2 和 LZO。

各种压缩算法对应的类如表 8-8 所示。

表 8-8　各种压缩算法对应的类

压缩算法	类
gzip	org.apache.hadoop.io.compress.GzipCodec
LZO	org.apache.hadoop.io.compress.lzo.LzoCodec
Snappy	org.apache.hadoop.io.compress.SnappyCodec
bzip2	org.apache.hadoop.io.compress.Bzip2Codec

3. 配置压缩

Hive 提供了两种配置压缩方式，分别为中间数据压缩和最终数据压缩。

1）中间数据压缩

中间数据压缩，即 Hive 的中间数据压缩功能，也就是在 MapReduce 任务的 Shuffle 阶段对 Map 端产生的中间结果数据进行压缩。中间数据压缩相关的参数如表 8-9 所示。

表 8-9　中间数据压缩相关的参数

参数	参数描述	默认值
hive.exec.compress.intermediate	设置是否开启中间数据压缩	FALSE
mapred.map.output.compression.codec	设置中间数据压缩算法	org.apache.hadoop.io.compress.DefaultCodec

需要注意的是，在 Shuffle 阶段应选择 CPU 开销小的算法。

【例 8-4】　临时开启 Hive 中间数据压缩，并将压缩算法设置为结合了低 CPU 和高压缩执行效率的 Snappy 压缩算法。

```
set hive.exec.compress.intermediate=TRUE;
set mapred.map.output.compression.codec=org.apache.hadoop.io.compress.SnappyCodec;
```

2）最终数据压缩

最终数据压缩，顾名思义，就是控制最终输出的内容是否压缩。最终数据压缩相关的参数如表 8-10 所示。

表 8-10　最终数据压缩相关的参数

参数	参数描述	默认值
hive.exec.compress.output	设置是否开启最终数据压缩	FALSE
mapred.output.compression.codec	设置最终数据压缩算法	org.apache.hadoop.io.compress.DefaultCodec

需要注意的是，最终数据压缩的参数项通常在交互式环境下被临时设置，不建议在 Hive 配置文件中全局设置。

【例 8-5】　临时开启 Hive 最终数据压缩，设置压缩算法为 Snappy。

```
set hive.exec.compress.output=TRUE;
set mapred.output.compression.codec=org.apache.hadoop.io.compress.SnappyCodec;
```

 任务小结

通过学习本任务，读者不仅能理解调优 Hive 存储的方法，还能调优文件存储、调优数据压缩。通过本模块的"实践创新"部分的"大数据智慧旅游"项目独立使用调优 Hive 数据存储方法，读者可以在独立实践探索中创新并磨炼出精益求精的技能。

任务 8.3　调优 HiveQL 语句

任务分析

任务 8.2 从 Hive 存储方面对 Hive 进行优化。Hive 主要通过将 HiveQL 语句转换成 MapReduce 任务对存储在 HDFS 上的结构化数据进行访问和计算，因此，可以从 HiveQL 语句方面对 Hive 进行优化。

本任务主要介绍列裁剪、分区裁剪、MapJoin 和 Group By 的调优原理，并根据实际问题运用到 HiveQL 语句中。

任务实施

调优 HiveQL 语句是提升 Hive 性能的重要方式之一。当任务只需要读取某些列时，可以通过配置列裁剪节省读取开销；当任务只涉及某个或几个分区时，可以配置分区裁剪来提高效率；当任务需要多表连接查询时，可以配置 MapJoin 优化性能；当任务中某个 Key 的数据量过大时会发生数据倾斜，可以配置 GROUP BY 先在 Map 中进行部分聚合。表的

设计也是影响 Hive 性能的重要因素，因此在建表时，优先创建分区表，少用动态分区，并拆分宽表。

下面依次介绍配置列裁剪、配置分区裁剪、配置 MapJoin、配置 GROUP BY 和调优表设计等操作，以帮助读者熟练掌握调优 HiveQL 语句的方法。

8.3.1　配置列裁剪

在利用 HiveQL 语句查询数据时，有的任务需要获取表中所有的数据，有的任务只需要读取某些列的数据。当只需要读取部分列时，可以通过列裁剪节省读取开销、中间表存储开销及数据整合开销。列裁剪相关的参数如表 8-11 所示。

表 8-11　列裁剪的相关参数

参数	参数描述	默认值
hive.optimize.cp	设置是否开启 Hive 的列裁剪	TRUE

若使用 Hive 客户端临时配置列裁剪，则命令如下所示。

```
set hive.optimize.cp=TRUE;
```

若需要永久配置列裁剪，则需要在 Hive 配置文件中添加如下配置内容。

```
<property>
    <name>hive.optimize.cp</name>
    <value>TRUE</value>
</property>
```

在开启列裁剪之后，使用 SELECT stname FROM studentdb.student 语句查询时，在列裁剪作用下 Hive 会忽略其他 5 列，只读取查询逻辑中真实需要的 stname 列。

8.3.2　配置分区裁剪

在 Hive 中，可以根据多个维度对表进行分区，并且分区可以嵌套。当需要对目标表的某个区域内的数据进行分析但不需要涉及其他区域时，可以使用分区裁剪，将目标区域以条件的形式放在 HiveQL 语句中。分区裁剪相关的参数如表 8-12 所示。

表 8-12　分区裁剪相关的参数

参数	参数描述	默认值
hive.optimize.pruner	设置是否开启 Hive 的分区裁剪	TRUE

若使用 Hive 客户端临时配置分区裁剪，则命令如下所示。

```
set hive.optimize.pruner=TRUE;
```

若需要永久配置分区裁剪，则需要在 Hive 配置文件中添加如下配置内容。

```
<property>
    <name>hive.optimize.pruner</name>
    <value>TRUE</value>
</property>
```

8.3.3　配置 MapJoin

Hive 支持 JOIN 多表连接查询，如内连接、左外连接、右外连接、全外连接和半连接等。JOIN 操作的基本原则是，将小表或子查询放在 JOIN 操作符的左边，因为在执行 JOIN 操作的 Reduce 阶段，JOIN 操作符左边的表会被加载到内存中。此外，将小表放在 JOIN 操作符的左边可以减少发生内存溢出错误的概率。

如果一个表足够小，就可以使用 MapJoin 将其整体读入内存中。JOIN 操作会在 Map 阶段完成，即在 Map 阶段会直接将另一个表的数据和内存中表的数据进行匹配，而不需要经过 Shuffle 阶段，这在一定程度上可以节省资源，提高 JOIN 操作的效率。MapJoin 优化相关的参数如表 8-13 所示。

表 8-13　MapJoin 优化相关的参数

参数	参数描述	默认值
hive.auto.convert.join	设置是否自动开启 MapJoin 优化	TRUE
hive.mapjoin.smalltable.filesize	设置 MapJoin 优化的表大小，若表大小小于该设置值，则表被加载到内存中	25 000 000

若使用 Hive 客户端临时配置启用 MapJoin 优化，则命令如下所示。

```
set hive.auto.convert.join=TRUE;
```

若需要永久配置启用 MapJoin 优化，则需要在 Hive 配置文件中添加如下配置内容。

```
<property>
    <name>hive.auto.convert.join</name>
    <value>TRUE</value>
</property>
```

8.3.4　配置 GROUP BY

在默认情况下，Map 阶段相同 Key 的数据分发给同一个 Reduce，当某个 Key 数据量过大时就会发生数据倾斜。在执行 GROUP BY 操作时，并不是所有的聚合操作都只能在 Reduce 中完成，很多聚合操作可以先在 Map 端进行部分聚合，再在 Reduce 端得出最终结果。聚合优化相关的参数如表 8-14 所示。

表 8-14　聚合优化相关的参数

参数	参数描述	默认值
hive.map.aggr	设置是否在 Map 端进行聚合	TRUE
hive.groupby.mapaggr.checkinterval	设置在 Map 端进行聚合的条目数	100 000
hive.groupby.skewindata	设置有数据倾斜时是否进行负载均衡	FALSE

若使用 Hive 客户端临时配置启用聚合优化，则命令如下所示。

```
set hive.map.aggr=TRUE;
```

若需要永久配置聚合优化，则需要在 Hive 配置文件中添加如下配置内容。

```
<property>
    <name>hive.map.aggr</name>
```

```
    <value>TRUE</value>
</property>
```

8.3.5　调优表设计

1. 优先创建分区表

在创建表时，优先考虑创建为分区表，因为分区表可以将数据以一种符合逻辑的方式进行组织存储，使查询只需要扫描表中需要的一部分数据，以提高查询速度。

2. 少用动态分区

首先，在动态分区中插入数据时，会产生大量小文件，Map 数据会增加，并且 NameNode 也需要存储更多元数据信息，检索更多小文件。其次，动态分区可能会引发数据倾斜问题。例如，A 表和 B 表的分区列一致，若将 A 表的数据导入 B 表中，但 A 表的分区很多，则需要复制、粘贴并修改很多次 HiveQL 语句才能将数据插入 B 表中，效率比较低。如果程序员选择使用动态分区将数据插入 B 表中，以减少自身工作量，那么 Hadoop 会生成虚假的 Reduce 个数、真实的 Reduce 个数，也就是处理数据的 Reduce 节点数和分区数一致，其他的 Reduce 节点都是空跑。如果导入的数据量极大，Reduce 个数很少，就会产生严重的数据倾斜问题。因此，如非必须，建议少用动态分区，或者直接关闭动态分区。

3. 拆分宽表

对宽表进行分析时，只需要使用宽表中的部分字段，就可以拆分表生成子表，过滤无效数据，减少输入的数据量，或者合并数据，最终减少分析的数据量。

任务小结

通过学习本任务，读者不仅能理解调优 HiveQL 语句的方法，还能了解配置列裁剪、配置分区裁剪、配置 MapJoin、配置 GROUP BY 和调优表设计等内容。通过本模块的"实践创新"部分中的"大数据智慧旅游"项目，独立使用调优 HiveQL 语句的方法，读者可以在独立实践探索中创新并磨炼出精益求精的技能。

模块总结

通过学习本模块，读者可以掌握 Hive 参数、Hive 存储和 HiveQL 3 种常见 Hive 数据仓库性能调优的方法。本模块包括的知识点和技能点如下。

（1）配置本地模式。当要处理的数据量很小时，使用分布式执行会增加开销，设置 hive.exec.mode.local.auto=TRUE 可以开启 Hive 的本地模式，缩短小数据集处理时间。

（2）配置严格模式。当 hive.mapred.mode=strict 时，Hive 处于严格模式。在该模式下 Hive 查询受到限制：第一，对分区表的查询必须指定分区字段；第二，查询语句中的 ORDER BY

必须指定 LIMIT；第三，禁止执行笛卡儿积多表连接查询。

（3）配置动态分区。动态分区需要慎重使用，因为很容易引发数据倾斜问题。建议少用动态分区，或者直接关闭动态分区，设置 set hive.exec.dynamic.partition=FALSE 可以关闭动态分区。

（4）调优文件存储。Hive 数据表支持多种类型的文件存储格式存储数据文件，如 TextFile、SequenceFile 和 ORCFile，TextFile 是 Hive 默认的文件存储格式。

（5）调优数据压缩。Hive 支持的压缩算法包括 gzip、Snappy、LZO 和 bzip2。Hive 提供了两种配置压缩方式，分别为中间数据压缩和最终数据压缩。

（6）调优 HiveQL 语句。调优 HiveQL 语句的主要方式是配置列裁剪、配置分区裁剪、配置 MapJoin、配置 GROUP BY 和调优表设计。

（7）配置 MapJoin。Hive 支持 JOIN 多表连接查询，JOIN 操作的基本原则是，将小表或子查询放在 JOIN 操作符的左边。

 实践创新

实践工单 8　优化"大数据智慧旅游"项目的数据仓库		
班级：_____　　　姓名：_____　　　实践用时：_____		
一、实践描述		
在本次实践过程中要认真研读附录 C 和附录 D，由此厘清项目的整体思路，给出正确的数据仓库优化方案并实施。		
二、实践目标		
本次实践要求独立完成"大数据智慧旅游"项目中的数据仓库优化，能熟练调优 Hive 参数、调优 Hive 存储和调优 HiveQL 语句。		
三、操作步骤		
1. 优化 Hive Job。		
（1）设置本地模式：	□ 完成	□ 未完成，困难_____
（2）设置 JVM 重用：	□ 完成	□ 未完成，困难_____
（3）设置并行执行：	□ 完成	□ 未完成，困难_____
（4）设置合并小文件：	□ 完成	□ 未完成，困难_____
2. 优化表。		
（1）优化表名称：_____		
（2）是否创建对应分区表：　　□ 是，分区表名称_____		□ 否
（3）是否使用静态分区将数据装载到"学生信息"分区表中：		
□ 完成　　　　□ 未完成，困难_____		
3. 优化 HiveQL 语句。		
（1）设置列剪裁优化：	□ 完成	□ 未完成，困难_____
（2）设置分区剪裁优化：	□ 完成	□ 未完成，困难_____
（3）设置 MapJoin 优化：	□ 完成	□ 未完成，困难_____
（4）设置 GROUP BY 优化：	□ 完成	□ 未完成，困难_____
四、出错记录		
请将你在任务实践过程中出现的错误及其解决方法记录在下表中。		

序号	出现的错误	错误提示	解决方法
1			
2			

请对你的实践做出星级评价。

☐ ★★★★★　　　☐ ★★★★　　　☐ ★★★　　　☐ ★★　　　☐ ★

 # 检测反馈

一、连线题

hive.exec.mode.local.auto	本地模式优化
hive.exec.mode.local.auto.inputbytes.max	严格模式优化
hive.exec.mode.local.auto	动态分区优化
hive.mapred.mode	Limit 限制优化
hive.exec.dynamic.partition	Fetch 抓取优化
hive.exec.dynamic.partition.mode	Hive Job 调优
hive.exec.max.dynamic.partitions.pernode	表设计优化
hive.exec.max.dynamic.partitions	列裁剪调优
mapred.job.reuse.jvm.num.tasks	MapJoin 调优

二、填空题

1．文件存储格式 ORCFile 的使用方式是_____。

2．Hive 默认的文件存储格式是_____。

3．ORCFile 自身支持两种压缩，分别是_____和_____。

4．参数 hive.exec.parallel 用于配置_____。

5．设置是否开启最终数据压缩的参数是_____。

三、判断题

1．笛卡儿积连接只能使用一个 Reduce 处理。　　　　　　　　　　　（　　　）

2．ORCFile 文件存储格式可以通过 LOAD 语句加载数据。　　　　　（　　　）

3．参数 mapred.map.tasks 主要用于减少 Map 的个数。　　　　　　（　　　）

4．Hive 提供了两种配置压缩方式，分别为中间数据压缩和最终数据压缩。（　　　）

5．Tez 是 Apache 开源的支持有向无环图（Directed Acyclic Graph，DAG）作业的计算框架。使用 Tez 可以极大地提升 DAG 作业的性能。　　　　　　　　　　（　　　）

四、单选题

1．下列选项中用于配置 MapReduce 压缩的是（　　　）。

　　A．mapreduce.map.input.compress

   B．hive.exec.compress.intermediate

   C．mapreduce.fileoutputformat.compress.codec

   D．mapreduce.output.fileoutputformat.type

 2．架构调优采用的是（   ）框架。

   A．Hadoop   B．Sqoop

   C．Tez   D．MapReduce

 3．开启严格模式的参数是（   ）。

   A．hive.mapred.mode   B．hive.exec.compress.intermediate

   C．hive.mapred   D．hive.mapred.strict

 4．（   ）用于设置是否自动使用 MapJoin 优化，默认值为 TRUE。

   A．hive.mapjoin.smalltable.filesize   B．hive.mapred.mode

   C．hive.exec.compress.intermediate   D．hive.auto.convert.join

 5．下列各项中不属于 Hive Job 调优方式的是（   ）。

   A．JVM 重用调优   B．并行执行调优

   C．合并小文件调优   D．开启分桶

五、思考题

2013 年发布了 Hive 0.10.0（第一个版本），2021 年 6 月发布了 Hive 2.3.9，在这段时间内陆陆续续发布了几十个版本。Hive 版本一览表如表 8-15 所示。

表 8-15   Hive 版本一览表

时间	版本
2021 年 6 月	release 2.3.9 available
2021 年 1 月	release 2.3.8 available
2020 年 4 月	release 2.3.7 available
2019 年 8 月	release 3.1.2 available
2019 年 8 月	release 2.3.6 available
2019 年 5 月	release 2.3.5 available
2018 年 11 月	release 2.3.4 available
2018 年 11 月	release 3.1.1 available
2018 年 7 月	release 3.1.0 available
2018 年 5 月	release 3.0.0 available
2018 年 4 月	release 2.3.3 available

 1．Hive 在 2021 年发布的两个版本有什么不同？

 2．Hive 为什么在不断发布新的版本？

 3．请举例说说你常用的软件的更新速度和体验感。

 4．通过学习 Hive 版本更新你收获了什么？

项目模块 9

数据仓库应用实战

随着人工智能大数据信息技术的飞速发展，信息量迅猛增长，各行各业在经营过程中累积了多种类型的数据信息，因此需要通过大数据技术将其变成极有使用价值的财产。各大运营商天然具有海量的数据资源。运用大数据技术构建用户数据分析平台，挖掘用户特征，提供精准营销、用户流失预警、客户挽留等服务，对运营商而言是大数据时代的重大机遇和挑战。"联通运营商大数据分析"项目围绕联通运营商数据展开分析，采用大数据平台数据仓库工具 Hive，按照数据分析流程进行数据仓库设计、原始表创建、数据加载、数据预处理和数据分析。

本模块以"联通运营商大数据分析"项目为载体，主要介绍"设计数据仓库"、"导入数据到联通运营商数据仓库中"、"清洗联通运营商数据"和"统计分析联通运营商数据" 4 个任务，帮助读者理解和掌握数据仓库开发及应用。

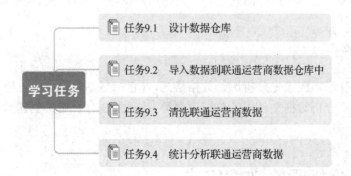

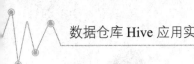

了解项目架构，能够描述项目的开发流程

了解原始数据结构，能够描述数据表字段的含义

理解数据仓库Hive的实际应用，熟悉大数据项目的建设思路及数据加工过程

学习目标

掌握数据仓库设计的方法，能灵活运用HiveQL语句创建数据仓库、表并导入数据到表中

掌握数据转换操作，能灵活运用HiveQL语句对源数据进行转换、合并操作

掌握数据分析操作，能灵活运用HiveQL语句实现数据分析统计

任务 9.1　设计数据仓库

任务分析

数据仓库旨在帮助企业快速、有效地从大量数据中分析出有价值的信息，以利于决策的拟定及快速回应外部变化，帮助企业构建商业智能系统应用。使用数据仓库 Hive 可以查询和分析存储在分布式存储系统中的大规模数据集。

本任务以"联通运营商大数据分析"项目为实操载体，帮助读者完成创建数据仓库、创建用户基础信息表、创建用户产品属性表、创建用户使用信息表和创建宽表等学习目标。

任务实施

要设计数据仓库，应该先分析原始数据格式，（包括规划数据存储位置、规划数据文件对应的表名，以及分析数据文件中的数据类型等）；再根据分析结果创建数据仓库，最后依次创建数据表。

9.1.1　分析原始数据格式

联通运营商数据中的通话时长、出账费用、流量使用、产品到期这几个指标的数据保存在 4 个数据表中，因此需要根据联通运营商数据文件，先创建"联通运营商大数据分析"项目的数据仓库、用户产品信息表、用户基础信息表、用户产品属性表、用户使用信息表和宽表等，再完成数据仓库的设计和数据表的创建。"联通

微课

运营商大数据分析"项目的数据表规划如表 9-1 所示。

表 9-1　"联通运营商大数据分析"项目的数据表规划

文件名	文件内容	表名	备注
list1_test.txt	用户产品信息表	user_product_info	
list2_test1.txt	用户基础信息表	user_info_basic	
list2_test2.txt	用户产品属性表	user_product_attr	
list3_test.txt	用户使用信息表	user_info	
/	/	user_churn_total	宽表，经过各种加工汇总，得到信息汇总表

分析原始数据，确定数据表字段名，如表 9-2 所示。list1_test.txt 文件中的数据示例如下。

```
1001009   00   53102371   3G03   2017-12-01 14:59:55   2050-12-31 00:00:00   201801
1001010   00   53102371   3G03   2017-03-11 10:55:17   2050-12-31 00:00:00   201801
1001012   00   53102371   3G03   2017-08-01 00:00:00   2050-12-31 00:00:00   201801
......
```

表 9-2　用户产品信息表

字段	字段类型	字段描述	口径概要说明
d_userid	STRING	用户唯一标识	电信公司内部用于区分用户的唯一编码
product_mode	STRING	产品模式	分为主产品（如 106 元套餐）、附属产品（如 10 元"300M 流量包"）
product_id	STRING	产品编码	产品是指用户选择的资费标准，如 106 元套餐
brand_code	STRING	品牌编码	品牌，如如意通、新势力、世界风
start_date	STRING	产品生效时间	产品生效时间
end_date	STRING	产品到期时间	产品到期时间
month_id	STRING	账期-月	用户使用电信业务后会产生语音通话等数据，根据统计频率的不同，账期分为月、日等不同粒度。由于统计的是用户已发生的数据，因此通常滞后一个账期

用户基础信息表如表 9-3 所示。list2_test1.txt 文件中的数据示例如下。

```
100092540   AAAAAA   143   社会实体渠道   201801
100092720   AAAAAA   153   社会实体渠道   201801
100092940   AAAAAA   146   社会实体渠道   201801
......
```

表 9-3　用户基础信息表

字段	字段类型	字段描述	口径概要说明
d_userid	STRING	用户唯一标识	电信公司内部用于区分用户的唯一编码
service_type	STRING	业务类型	2G/3G/4G，是指用户使用的最高的网络类型
pay_mode	STRING	付费模式	分为后付费和预付费两种
cert_age	INT	用户年龄	用户年龄
chnl_type	STRING	发展渠道	联通在发展新用户时的发展渠道
month_id	STRING	账期-月	用户使用业务后会产生语音通话等数据，根据统计频率的不同，账期分为月、日等不同粒度。由于统计的是用户已发生的数据，因此通常滞后一个账期

用户产品属性表如表 9-4 所示。list2_test2.txt 文件中的数据示例如下。

```
1000925  NULL  无  单卡  201801
1000927  NULL  无  单卡  201801
......
1002754  NULL  智慧沃家组合优化版  单卡  201801
1002756  NULL  主副卡  单卡  201801
......
```

表 9-4　用户产品属性表

字段	字段类型	字段描述	口径概要说明
d_userid	STRING	用户唯一标识	
product_class_desc	STRING	产品类别	产品分类，如标准化套餐、不同省份制定的个性化套餐、互联网类套餐等
comp_type	STRING	融合产品类型	融合产品是指用户既有移动号码又有宽带
activity_type	STRING	活动类型	用户办理主产品时参加的活动，如存费送机、购机送费等
month_id	STRING	账期-月	用户使用业务后会产生语音通话等数据，根据统计频率的不同，账期分为月、日等不同粒度。由于统计的是用户已发生的数据，因此通常滞后一个账期

用户使用信息表如表 9-5 所示。数据示例 list3_test.txt 如下。

```
1000925  165  349  30  22.34  -182.69  -5.95  1  1  24  80.57  64  0  0  0  0  0  201801
1000927  141  0  18  -4.6  0  0  0  0  18  63.75  14  0  0  0  0  0  201801
1000929  163  2  18  40.14  .13  4.12  0  0  23  51.72  2  0  0  0  0  0  201801
......
```

表 9-5　用户使用信息表

字段	字段类型	字段描述	口径概要说明
d_userid	STRING	用户唯一标识	
mou	DECIMAL(30,2)	户均通话时长	用户每月平均通话时长
dou	DECIMAL(30,2)	户均上网流量	用户每月平均上网流量
arpu	DECIMAL(30,2)	月均出账费-元	用户每月平均消费金额
mou_var	DECIMAL(30,2)	月通话时长-方差	方差：月平均值的期望值
dou_var	DECIMAL(30,2)	月上网流量-方差	方差：月平均值的期望值
arpu_var	DECIMAL(30,2)	月出账费-方差	方差：月平均值的期望值
sms	INT	短信使用条数	用户月度短信使用条数
flux_4g	DECIMAL(30,2)	4G 流量使用量	使用 4G 网络产生的流量使用量
call_ring	INT	呼叫圈个数	与该用户产生通话行为的主要用户的个数
unicom_score	DECIMAL(30,2)	用户分值	系统内部评定分值
innet_months	INT	在网月份数	用户从开始使用该号码至持续到现在的月份数
is_card	STRING	是否为单卡	该移动网络用户相同证件下是否有宽带业务,若有宽带业务则为融合,若无宽带业务则为单卡
is_group	STRING	是否为集客	集客是指以集团组织或法人单位与电信公司办理业务协议等
is_lv	STRING	是否为低价值用户	低价值：出账费用小于一定额度，语音/流量/短信使用量很少
is_trans	STRING	是否转网	是指 2G 用户或 3G 用户转为 4G 用户
is_acct_lost	STRING	是否流失	本例的目标字段。0 表示未流失，1 表示流失

续表

字段	字段类型	字段描述	口径概要说明
month_id	STRING	账期-月	用户使用业务后会产生语音通话等数据，根据统计频率的不同，账期分为月、日等不同粒度。由于统计的是用户已发生的数据，因此通常滞后一个账期

注：本任务的数据是基于运营商的真实数据做脱敏处理得到的。

9.1.2　创建数据仓库及数据表

先使用 Hive 构建原始数据的数据仓库，再进入 Hive 客户端创建数据仓库 user_churn，操作命令如下。

```
CREATE DATABASE IF NOT EXISTS user_churn;
```

查看 Hive 中所有的数据仓库并使用 user_churn 数据仓库，如图 9-1 所示。

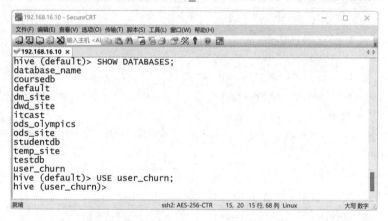

图 9-1　查看 Hive 中所有的数据仓库并使用 user_churn 数据仓库

创建 Hive 外部表存储原始数据，如用户产品信息表 user_product_info、用户基础信息表 user_info_basic、用户产品属性表 user_product_attr、用户使用信息表 user_info、中间表 user_churn_temp 和宽表 user_churn_total。

（1）创建用户产品信息表 user_product_info。

```
CREATE TABLE user_product_info(
    d_userid STRING COMMENT '用户唯一标识',
    product_mode STRING COMMENT '产品模式',
    product_id STRING COMMENT '产品编码',
    brand_code STRING COMMENT '品牌编码',
    start_date STRING COMMENT '产品生效时间',
    end_date STRING COMMENT '产品到期时间',
    month_id STRING COMMENT '账期-月')
ROW FORMAT DELIMITED
FIELDS TERMINATED BY '\u0001'
NULL DEFINED AS ''
STORED AS TEXTFILE;
```

（2）创建用户基础信息表 user_info_basic。

```
CREATE TABLE user_info_basic(
    d_userid STRING COMMENT '用户唯一标识',
    service_type STRING COMMENT '业务类型',
    pay_mode STRING COMMENT '付费模式',
    cert_age INT COMMENT '用户年龄',
    chnl_type STRING COMMENT '发展渠道',
    month_id STRING COMMENT '账期-月')
ROW FORMAT DELIMITED
FIELDS TERMINATED BY '\u0001'
NULL DEFINED AS ''
STORED AS TEXTFILE;
```

（3）创建用户产品属性表 user_product_attr。

```
CREATE TABLE user_product_attr(
    d_userid STRING COMMENT '用户唯一标识',
    product_class_desc STRING COMMENT '产品类别',
    comp_type STRING COMMENT '融合产品类型',
    activity_type STRING COMMENT '活动类型',
    month_id STRING COMMENT '账期-月')
ROW FORMAT DELIMITED
FIELDS TERMINATED BY '\u0001'
NULL DEFINED AS ''
STORED AS TEXTFILE;
```

（4）创建用户使用信息表 user_info。

```
CREATE TABLE user_info(
    d_userid STRING COMMENT '用户唯一标识',
    mou DECIMAL(30,2) COMMENT '户均通话时长',
    dou DECIMAL(30,2) COMMENT '户均上网流量',
    arpu DECIMAL(30,2) COMMENT '月均出账费-元',
    mou_var DECIMAL(30,2) COMMENT '月通话时长-方差',
    dou_var DECIMAL(30,2) COMMENT '月上网流量-方差',
    arpu_var DECIMAL(30,2) COMMENT '月出账费-方差',
    sms INT COMMENT '短信使用条数',
    flux_4g DECIMAL(30,2) COMMENT '4G 流量使用量',
    call_ring INT COMMENT '呼叫圈个数',
    unicom_score DECIMAL(30,2) COMMENT '用户分值',
    innet_months INT COMMENT '在网月份数',
    is_card STRING COMMENT '是否为单卡',
    is_group STRING COMMENT '是否为集客',
    is_lv STRING COMMENT '是否为低价值用户',
```

```
        is_trans STRING COMMENT '是否转网',
        is_acct_lost STRING COMMENT '是否流失',
        month_id STRING COMMENT '账期-月')
ROW FORMAT DELIMITED
FIELDS TERMINATED BY '\u0001'
null defined as ''
STORED AS TEXTFILE;
```

（5）创建宽表 user_churn_total，通常把经过各种加工汇总得到的信息汇总表称为宽表。

```
CREATE TABLE user_churn_total(
        d_userid STRING COMMENT '用户唯一标识',
        product_id STRING COMMENT '产品编码',
        brand_code STRING COMMENT '品牌编码',
        service_type STRING COMMENT '业务类型',
        product_class_desc STRING COMMENT '产品类别',
        pay_mode STRING COMMENT '付费模式',
        cert_age INT COMMENT '用户年龄',
        chnl_type STRING COMMENT '发展渠道',
        comp_type STRING COMMENT '融合产品类型',
        activity_type STRING COMMENT '活动类型',
        mou DECIMAL(30,2) COMMENT '户均通话时长',
        dou DECIMAL(30,2) COMMENT '户均上网流量',
        arpu DECIMAL(30,2) COMMENT '月均出账费-元',
        mou_var DECIMAL(30,2) COMMENT '月通话时长-方差',
        dou_var DECIMAL(30,2) COMMENT '月上网流量-方差',
        arpu_var DECIMAL(30,2) COMMENT '月出账费-方差',
        sms INT COMMENT '短信使用条数',
        flux_4g DECIMAL(30,2) COMMENT '4G 流量使用量',
        call_ring INT COMMENT '呼叫圈个数',
        unicom_score DECIMAL(30,2) COMMENT '用户分值',
        innet_months INT COMMENT '在网月份数',
        is_card STRING COMMENT '是否为单卡',
        is_group STRING COMMENT '是否为集客',
        is_lv STRING COMMENT '是否为低价值用户',
        is_trans STRING COMMENT '是否转网',
        is_acct_lost STRING COMMENT '是否流失',
        rest_months STRING COMMENT '到期剩余月份数')
PARTITIONED BY (month_id STRING COMMENT'账期-月')
ROW FORMAT DELIMITED
FIELDS TERMINATED BY '\u0001'
NULL DEFINED AS ''
STORED AS TEXTFILE;
```

在完成建表之后，查看 user_churn 数据仓库中的所有表，如图 9-2 所示。

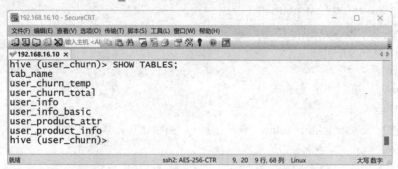

图 9-2　查看 user_churn 数据仓库中的所有表

 任务小结

　　通过学习本任务，读者能设计规划并创建好数据仓库。如果根据已有的数据创建数据表，那么在建表时，需要分析原始数据结构，确定数据表字段的定义和数据类型。在完成表的创建之后，使用 SHOW TABLES 语句查看数据仓库中的所有表，验证表是否创建成功。还可以使用 DESC 语句查看表结构，验证字段名、字段类型等表信息是否正确。以"联通运营商大数据分析"项目为实操载体反复演练创建数据仓库、创建数据表等操作，读者可以在独立实践探索中创新并磨炼出精益求精的技能。

任务 9.2　导入数据到联通运营商数据仓库中

任务分析

　　任务 9.1 已经介绍了数据仓库和数据表的创建，但是新创建的数据仓库和数据表都是空的，需要将实际业务数据导入对应的表中，导入完成后数据将存储在分布式文件系统 HDFS 中。本任务以"联通运营商大数据分析"项目为实操载体，帮助读者完成导入数据、验证导入结果的学习目标。

任务实施

　　根据如表 9-1 所示的"联通运营商大数据分析"项目的数据表规划，需要先将文件 list1_test.txt、list2_test1.txt、list2_test2.txt 和 list3_test.txt 包含的数据分别导入 user_product_info 表、user_info_basic 表、user_product_attr 表和 user_info 表中，再验证导入结果。

　　在执行 HiveQL 语句之前，需要将现有文件 list1_test.txt、list2_test1.txt、list2_test2.txt 和 list3_test.txt 保存到本地目录下，使用 SecureFX 工具将 list1_test.txt 等 4 个文件上传到本地目录/hivepro 下。

　　接下来对上传的数据进行验证，查看数据文件夹下的文件 list1_test.txt、list2_test1.txt、list2_test2.txt 和 list3_test.txt。

```
[root@hive hivepro]# cd /hivepro

[root@hive hivepro]# ls

list1_test.txt    list2_test1.txt    list2_test2.txt    list3_test.txt
```

查看文件的前 10 行。

```
[root@hive hivepro]# cat list1_test.txt |head -n 3

100100900531023713G032017-12-01 14:59:552050-12-31 00:00:00201801

100101000531023713G032017-03-11 10:55:172050-12-31 00:00:00201801

100101200531023713G032017-08-01 00:00:002050-12-31 00:00:00201801
```

统计数据记录条数。

```
[root@hive hivepro]# wc -l list1_test.txt list2_test1.txt list3_test.txt list2_test2.txt

  312796 list1_test.txt

  312790 list2_test1.txt

  312790 list3_test.txt

  312790 list2_test2.txt

 1251166 总用量
```

9.2.1　导入数据

向表中导入对应的数据。

```
LOAD DATA LOCAL INPATH '/hivepro/list1_test.txt' OVERWRITE INTO TABLE user_product_info;

LOAD DATA LOCAL INPATH '/hivepro/list2_test1.txt' OVERWRITE INTO TABLE user_info_basic;

LOAD DATA LOCAL INPATH '/hivepro/list2_test2.txt' OVERWRITE INTO TABLE user_product_attr;

LOAD DATA LOCAL INPATH '/hivepro/list3_test.txt' OVERWRITE INTO TABLE user_info;
```

9.2.2　验证导入结果

　　（1）验证 user_product_info 表中的数据。查看 user_product_info 表中的前 3 条数据和数据总条数，如图 9-3 所示。

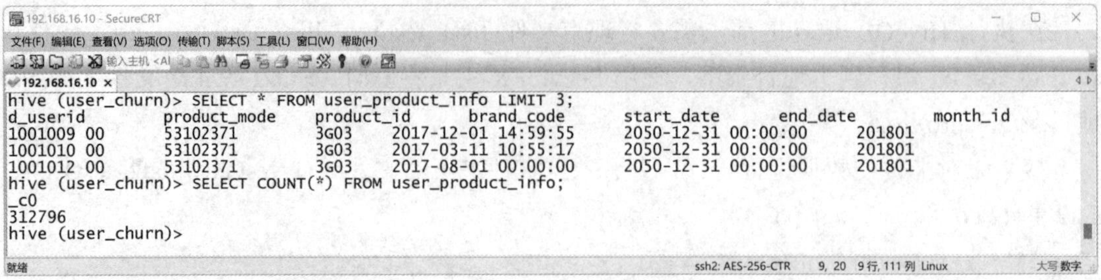

```
hive (user_churn)> SELECT * FROM user_product_info LIMIT 3;
d_userid          product_mode     product_id       brand_code        start_date         end_date          month_id
1001009 00        53102371         3G03     2017-12-01 14:59:55       2050-12-31 00:00:00      201801
1001010 00        53102371         3G03     2017-03-11 10:55:17       2050-12-31 00:00:00      201801
1001012 00        53102371         3G03     2017-08-01 00:00:00       2050-12-31 00:00:00      201801
hive (user_churn)> SELECT COUNT(*) FROM user_product_info;
_c0
312796
hive (user_churn)>
```

图 9-3　验证 user_product_info 表中的数据

（2）验证 user_info_basic 表中的数据。查看 user_info_basic 表中的前 3 条数据和数据总条数，如图 9-4 所示。

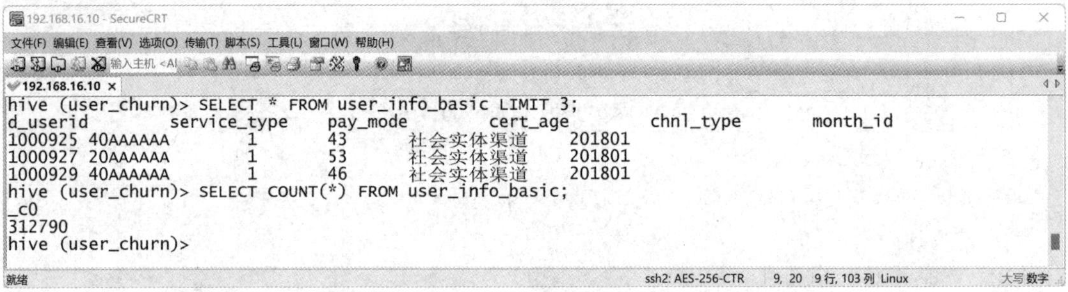

```
hive (user_churn)> SELECT * FROM user_info_basic LIMIT 3;
d_userid          service_type     pay_mode         cert_age          chnl_type         month_id
1000925 40AAAAAA        1          43       社会实体渠道      201801
1000927 20AAAAAA        1          53       社会实体渠道      201801
1000929 40AAAAAA        1          46       社会实体渠道      201801
hive (user_churn)> SELECT COUNT(*) FROM user_info_basic;
_c0
312790
hive (user_churn)>
```

图 9-4　验证 user_info_basic 表中的数据

（3）验证 user_product_attr 表中的数据。查看 user_product_attr 表中的前 3 条数据和数据总条数，如图 9-5 所示。

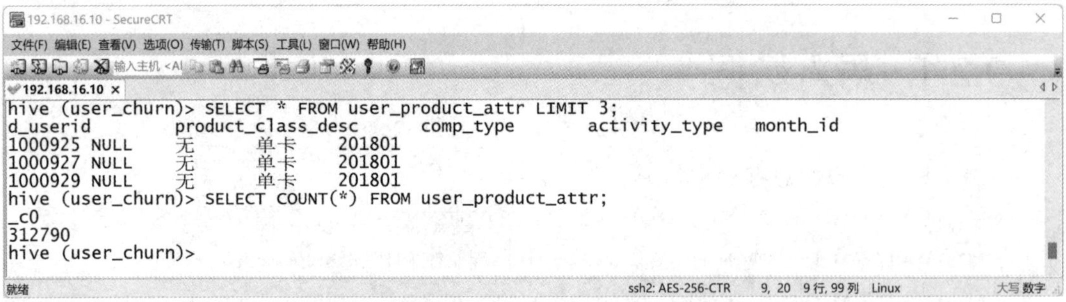

```
hive (user_churn)> SELECT * FROM user_product_attr LIMIT 3;
d_userid          product_class_desc      comp_type         activity_type     month_id
1000925 NULL      无       单卡     201801
1000927 NULL      无       单卡     201801
1000929 NULL      无       单卡     201801
hive (user_churn)> SELECT COUNT(*) FROM user_product_attr;
_c0
312790
hive (user_churn)>
```

图 9-5　验证 user_product_attr 表中的数据

（4）验证 user_info 表中的数据。查看 user_info 表中的前 3 条数据和数据总条数，如图 9-6 所示。

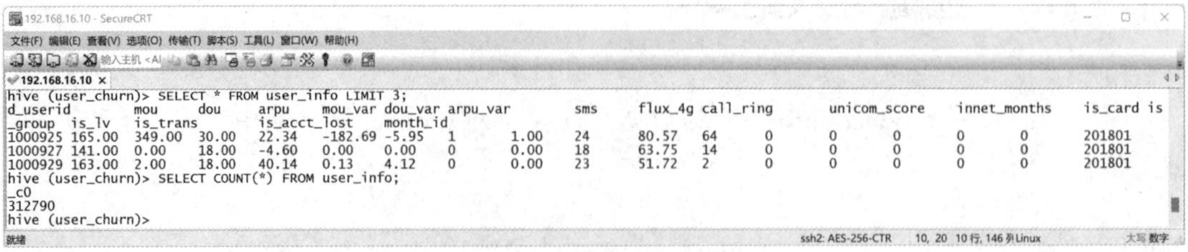

```
hive (user_churn)> SELECT * FROM user_info LIMIT 3;
d_userid        mou     dou     arpu    mou_var dou_var arpu_var        sms     flux_4g call_ring       unicom_score    innet_months    is_card is
_group  is_lv   is_trans        is_acct_lost    month_id
1000925 165.00  349.00  30.00   22.34   -182.69 -5.95   1       1.00    24      80.57   64      0       0       0       0       0       201801
1000927 141.00  0.00    18.00   -4.60   0.00    0.00    0       0.00    18      63.75   14      0       0       0       0       0       201801
1000929 163.00  2.00    18.00   40.14   0.13    4.12    0       0.00    23      51.72   2       0       0       0       0       0       201801
hive (user_churn)> SELECT COUNT(*) FROM user_info;
_c0
312790
hive (user_churn)>
```

图 9-6　验证 user_info 表中的数据

通过学习本任务，读者不仅可以根据已有数据和表完成数据的导入操作，还可以使用 SELECT 语句查询表中的前 3 条数据和数据总条数，并验证数据是否正确导入。以"联通运营商大数据分析"项目为实操载体反复演练数据导入操作，读者可以在独立实践探索中创新并磨炼出精益求精的技能。

任务 9.3　清洗联通运营商数据

任务分析

前面已经完成了数据的导入操作，在对数据进行统计分析之前需要对原始数据进行必要的清洗、集成和转换等，目的在于删除重复信息，纠正存在的错误，处理无效值和缺失值。

本任务以"联通运营商大数据分析"项目为实操载体，帮助读者完成联通运营商数据预处理（包括删除重复数据、处理缺失值、衍生新指标、删除无效字段和归集数据）的学习目标。

任务实施

处理联通运营商数据的具体步骤如下：一是删除重复数据，先核查每个表中的重复数据，再根据核查情况删除无效数据；二是处理缺失值，同样需要先核查每个表中的缺失值，再根据核查情况执行删除或填充操作；三是衍生新指标，原数据表中统计分析不方便直接使用的字段，可以衍生新字段方便后续统计分析；四是删除无效字段；五是归集数据，将多个表合并到一个宽表中，以便后续进行分析。

9.3.1　删除重复数据

1. 数据核查

核查是否有重复数据，将 user_product_info 表按账期与号码分组，查询每个分组中数据个数大于或等于 2 个的数据，如图 9-7 所示。

```
hive (user_churn)> SELECT a.*
                 > FROM (
                 > SELECT month_id, d_userid, count(1) cnt
                 > FROM user_product_info
                 > GROUP BY month_id, d_userid) a
                 > WHERE a.cnt>= 2
                 > LIMIT 5;
month_id      d_userid        cnt
201801  1001009 2
201801  1001010 2
201801  1001012 2
201801  1001014 2
201801  1001016 2
hive (user_churn)>
```

图 9-7　核查 user_product_info 表中的重复数据

2. 功能分析

查看和分析重复数据的情况。利用上面查询到的重复数据 d_userid（用户唯一标识），查询所有重复数据的每个字段，并按照 d_userid 正序排列，如图 9-8 所示。

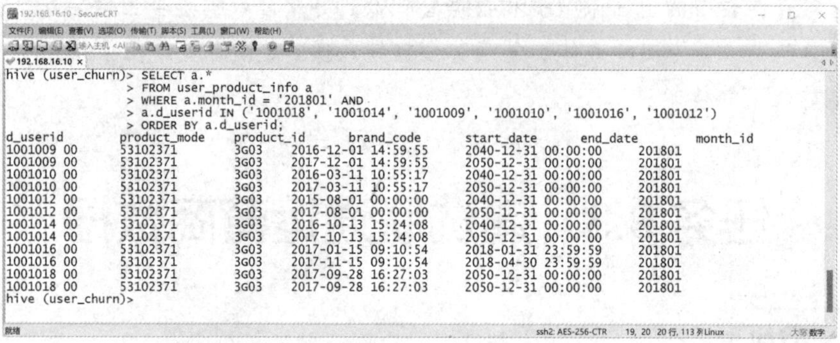

图 9-8　user_product_info 表中重复数据的详细情况

重复数据主要是产品到期时间（end_date）不同，根据业务可知，应该选择最晚到期的记录，按 end_date 倒序排列，保留到期时间最大的记录。

3. 程序开发

将 user_product_info 表中的数据按 end_date 倒序排列，保留顺序号为 1 的记录重新插入 user_product_info 表中。

```
INSERT OVERWRITE TABLE user_product_info
SELECT a.d_userid,
       product_mode,
       product_id,
       brand_code,
       start_date,
       end_date,
       month_id
FROM (SELECT t.*,
ROW_NUMBER() OVER(PARTITION BY t.d_userid, t.month_id
ORDER BY t.end_date desc) rn
FROM user_product_info t) a
WHERE a.rn = 1;
```

在去除重复数据之后，就可以验证去重结果，如图 9-9 所示。

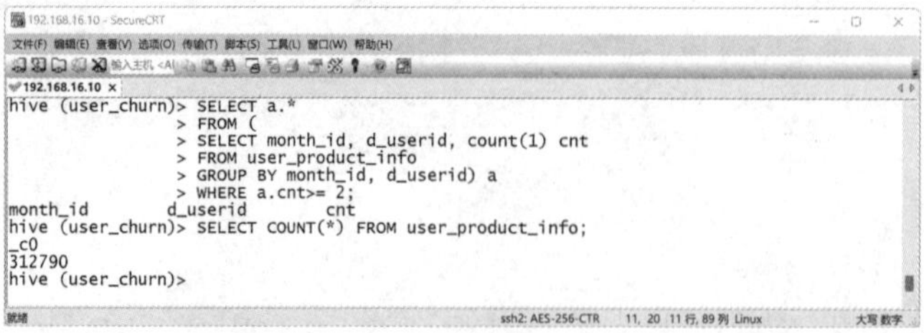

图 9-9　user_product_info 表中去重后的数据核查

user_info_basic 表、user_product_attr 表和 user_info 表中无重复数据，无须处理。

9.3.2　处理缺失值

1．数据核查

使用 HiveQL 语句统计缺失值，查询 user_product_info 表中所有字段等于 NULL 或为空的个数并展示，如图 9-10 所示。

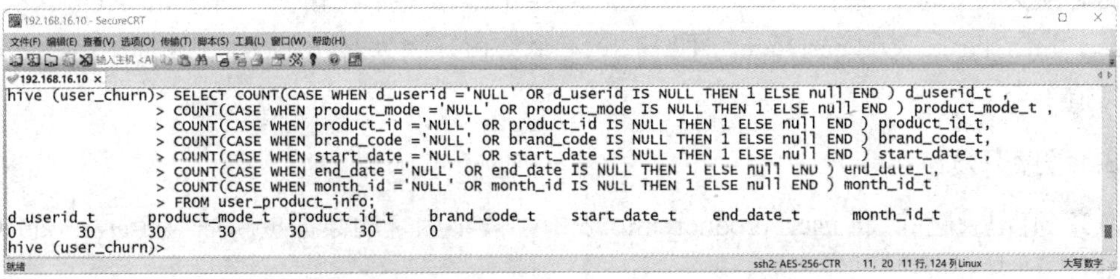

图 9-10　user_product_info 表的缺失值

同理，可以查询其他 3 个表中的缺失值，如图 9-11～图 9-13 所示。

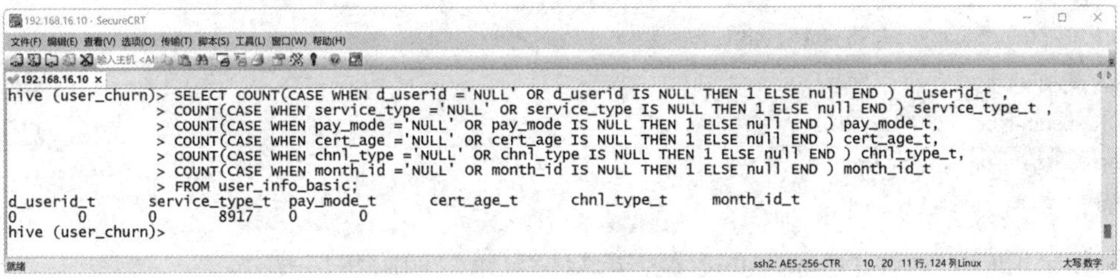

图 9-11　user_info_basic 表的缺失值

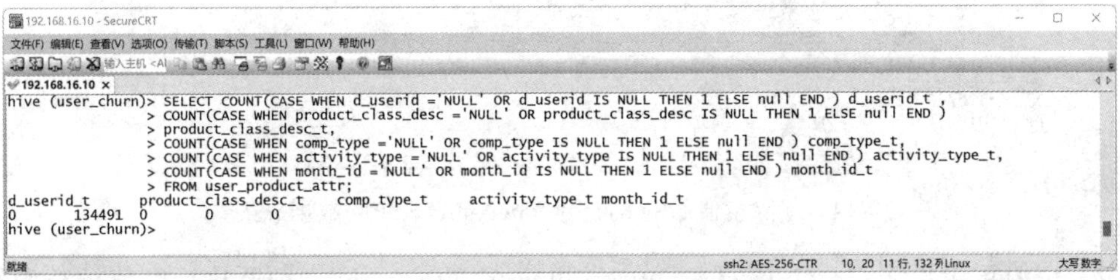

图 9-12　user_product_attr 表的缺失值

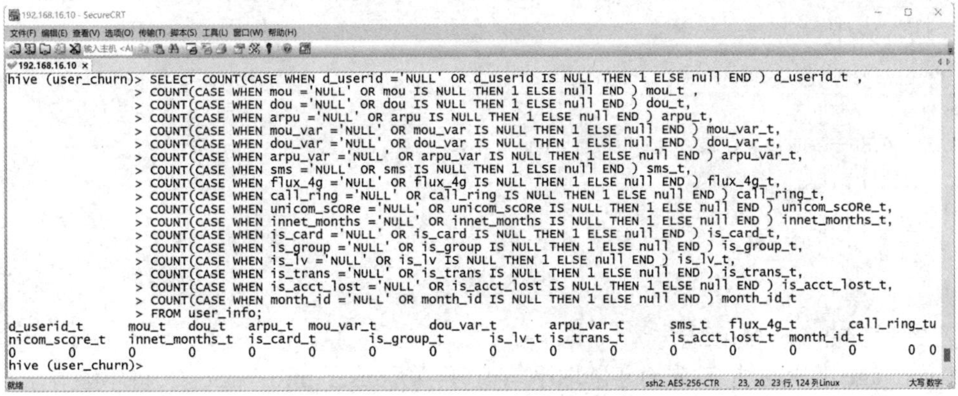

图 9-13　user_info 表的缺失值

2．功能分析

user_product_info 表的 product_mode 字段、product_id 字段、brand_code 字段、start_date 字段和 end_date 字段有 30 个空值，记录比较少，删除几乎不会影响数据信息，因此可做删除处理。

user_product_attr 表的 product_class_desc 字段有 134 461 个空值，空值比较多，删除会导致信息损失，由于是字符型字段，因此可用某个不常用字符填充，如"missing"。

user_info_basic 表的 cert_age 字段有 8914 个空值，因为是年龄字段，根据业务经验，可用平均值填充。

3．程序开发

（1）空值记录删除：将 user_product_info 表中字段不为空的数据重新插入 user_product_info 表中。

```
INSERT OVERWRITE TABLE user_product_info
SELECT a.*
FROM user_product_info a
WHERE (a.product_mode IS NOT NULL)
OR (a.product_id IS NOT NULL)
OR (a.brand_code IS NOT NULL)
OR (a.start_date IS NOT NULL)
OR (a.end_date IS NOT NULL);
```

删除空值后的 user_product_info 表中的数据总条数如图 9-14 所示。

图 9-14　删除空值后的 user_product_info 表中的数据总条数

（2）空值记录填充：user_product_attr 表和 user_info_basic 表都要执行空值填充操作。

- product_class_desc 字段的填充：将等于 NULL 或为空的记录替换为"missing"重新插入表中。

```
INSERT OVERWRITE TABLE user_product_attr
SELECT d_userid,
CASE WHEN product_class_desc='NULL' OR product_class_desc IS NULL THEN 'missing'
ELSE product_class_desc END,
    comp_type,
    activity_type,
    month_id
FROM user_product_attr a;
```

- cert_age 字段的填充：先对年龄取平均值，再关联 user_info_basic 表，将年龄等于 NULL 或为空的记录替换为平均值重新插入 user_info_basic 表中。

```
INSERT OVERWRITE TABLE user_info_basic
SELECT d_userid,
    service_type, pay_mode,
    CASE
    WHEN cert_age = 'NULL' OR cert_age IS NULL THEN
    b.avg_age
    ELSE
    cert_age
    END,
    chnl_type, month_id
FROM user_info_basic a
JOIN (SELECT ROUND(AVG(cert_age), 0) avg_age
FROM user_info_basic) b;
```

9.3.3　衍生新指标

1．功能分析

产品的开始时间（start_date）和结束时间（end_date）都是时点数据，分析时很少直接使用，通常用于衍生其他字段，如用 end_date 与账期做差值，衍生出"到期剩余月份数"指标，删除 start_date 和 end_date，并生成新表 user_product_info_new。

2．程序开发

通过 CAST 语句创建新表 user_product_info_new。

```
CREATE TABLE user_product_info_new AS
    SELECT d_userid, product_mode, product_id, brand_code,
    FLOOR(months_between(end_date_re, month_id_re)) rest_months,
    month_id
    FROM (SELECT t1.*, SUBSTR(end_date, 1, 10) end_date_re,
    FROM_UNIXTIME(UNIX_TIMESTAMP(CONCAT(month_id, '01'), 'yyyymmdd'),
    'yyyy-mm-dd') month_id_re
    FROM user_product_info t1) a;
```

新表 user_product_info_new 中的数据如图 9-15 所示。

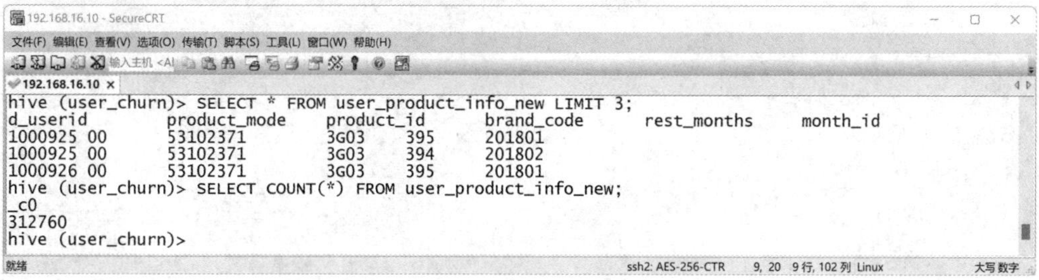

图 9-15　新表 user_product_info_new 中的数据

9.3.4 删除无效字段

1. 功能分析

有些属性字段值的变化特别小，或者只有一个值，这样的字段对分析是没有实际意义的。假如 is_group（是否为集客）字段的值都是 1，那么这样的字段可以删除。经核查，product_mode 字段只有一个值，查询结果如图 9-16 所示。

```
192.168.16.10 - SecureCRT                                    —  □  ×
文件(F) 编辑(E) 查看(V) 选项(O) 传输(T) 脚本(S) 工具(L) 窗口(W) 帮助(H)

192.168.16.10 ×
hive (user_churn)> SELECT COUNT(*) FROM user_product_info_new;
_c0
312760
hive (user_churn)> SELECT product_mode, COUNT(1)
                 > FROM user_product_info
                 > GROUP BY product_mode;
product_mode     _c1
00       312760
hive (user_churn)>

就绪                              ssh2: AES-256-CTR    9, 20  9行, 76 列   Linux        大写 数字
```

图 9-16   user_product_info 表中 product_mode 字段的值

2. 程序开发

对于字段的删除，通常很少在原表上进行操作，而是在使用的时候直接放弃选择这个字段，所以 product_mode 等字段在数据归集成宽表时直接弃用。

9.3.5 归集数据

1. 功能分析

先将 user_info_basic 表与 user_product_attr 表合并为中间表 user_churn_temp，再将中间表 user_churn_temp、user_product_info 表和 user_info 表合并到同一个宽表中，以便后续分析。

2. 程序开发

（1）将 user_info_basic 表与 user_product_attr 表按照用户唯一标识关联合并为中间表 user_churn_temp，并且限定账期为"201801"。

```
CREATE TABLE user_churn_temp AS
SELECT a1.d_userid,
    a1.service_type,
    a2.product_class_desc,
    a1.pay_mode,
    a1.cert_age,
    a1.chnl_type,
    a2.comp_type,
    a2.activity_type,
    a2.month_id
FROM (SELECT * FROM user_info_basic a1
```

WHERE a1.month_id = '201801') a1

INNER JOIN (SELECT * FROM user_product_attr a2

WHERE a2.month_id = '201801') a2

ON a1.d_userid = a2.d_userid;

查询 user_churn_temp 表中的数据，如图 9-17 所示。

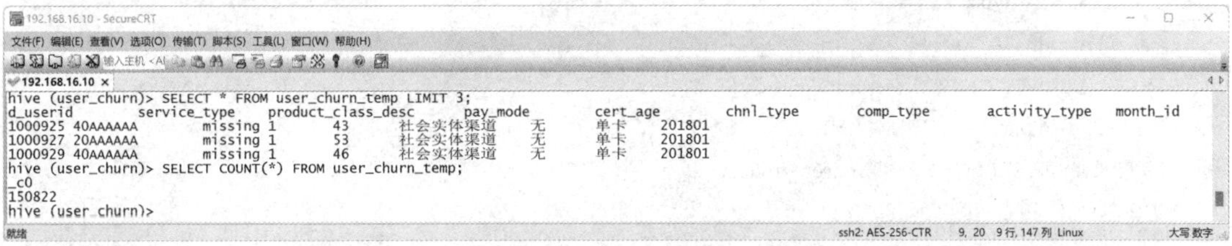

图 9-17　user_churn_temp 表中的数据

（2）将中间表 user_churn_temp、user_product_info 表和 user_info 表按照用户唯一标识关联合并成宽表 user_churn_total，并将账期为"201801"的数据插入"201801"分区中。

INSERT OVERWRITE TABLE user_churn_total partition(month_id='201801')

SELECT t1.d_userid, product_id, brand_code, service_type, product_class_desc,

　　pay_mode, cert_age, chnl_type, comp_type, activity_type, mou, dou, arpu, mou_var,

　　dou_var, arpu_var, sms, flux_4g, call_ring, unicom_score, innet_months, is_card,

　　is_group, is_lv, is_trans, is_acct_lost, rest_months

FROM (SELECT * FROM user_product_info_new t1

WHERE t1.month_id = '201801') t1

INNER JOIN (SELECT * FROM user_churn_temp t2

WHERE t2.month_id = '201801') t2

ON t1.d_userid = t2.d_userid

INNER JOIN (SELECT * FROM user_info t3

WHERE t3.month_id = '201801') t3

ON t2.d_userid = t3.d_userid;

查询宽表 user_churn_total 中的前 3 条数据和数据总条数，如图 9-18 所示。

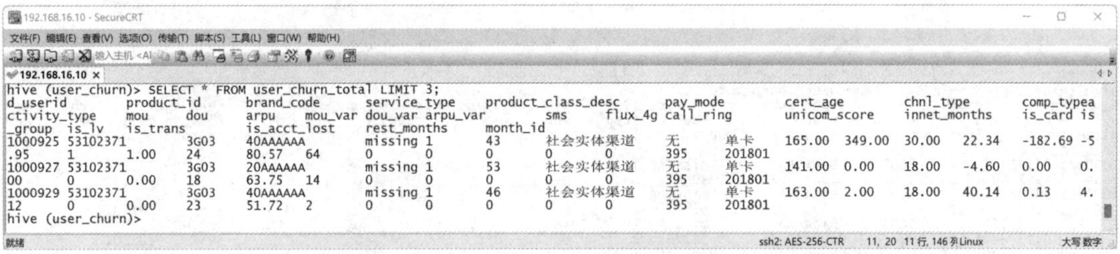

图 9-18　宽表 user_churn_total 中的前 3 条数据和数据总条数

（3）生成中间表，对账期为"201802"的数据重复上面的步骤，将 month_id = '201801' 改为 month_id = '201802'即可。

CREATE TABLE user_churn_temp2 AS

SELECT a1.d_userid,

　　a1.service_type,

```
        a2.product_class_desc,
        a1.pay_mode,
        a1.cert_age,
        a1.chnl_type,
        a2.comp_type,
        a2.activity_type,
        a2.month_id
FROM (SELECT * FROM user_info_basic a1
WHERE a1.month_id = '201802') a1
INNER JOIN (SELECT * FROM user_product_attr a2
WHERE a2.month_id = '201802') a2
ON a1.d_userid = a2.d_userid;
```

（4）将数据插入宽表 user_churn_total 中，并将账期为"201802"的数据插入"201802"
分区中。

```
INSERT OVERWRITE TABLE user_churn_total partition( month_id='201802')
SELECT t1.d_userid, product_id, brand_code, service_type, product_class_desc,
        pay_mode, cert_age, chnl_type, comp_type, activity_type, mou, dou, arpu, mou_var,
        dou_var, arpu_var, sms, flux_4g, call_ring, unicom_score, innet_months, is_card,
        is_group, is_lv, is_trans, is_acct_lost, rest_months
FROM (SELECT * FROM user_product_info_new t1
WHERE t1.month_id = '201802') t1
INNER JOIN (SELECT * FROM user_churn_temp2 t2
WHERE t2.month_id = '201802') t2
ON t1.d_userid = t2.d_userid
INNER JOIN (SELECT * FROM user_info t3
WHERE t3.month_id = '201802') t3
ON t2.d_userid = t3.d_userid;
```

验证 user_churn_total 表中的数据，如图 9-19 所示。

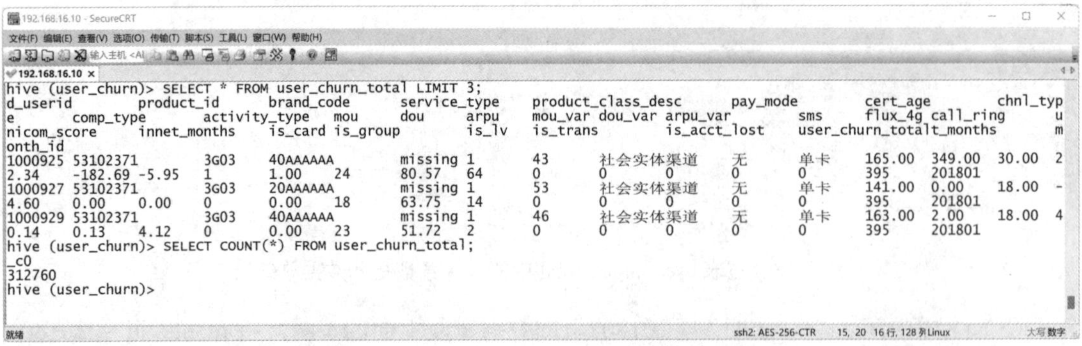

图 9-19　验证 user_churn_total 表中的数据

通过删除重复值、处理缺失值、衍生新指标、删除无效字段和归集数据等操作，联通运
营商数据重新存储在 Hive 数据仓库中，接下来对处理后的数据进行统计分析。

任务小结

通过学习本任务，读者能够完成数据预处理，包括删除重复数据、处理缺失值、衍生新指标、删除无效字段和归集数据等操作。在数据预处理过程中，需要先核查数据，再明确功能目标，最后编写程序代码。之后，以"联通运营商大数据分析"项目为实操载体反复演练数据去重、处理缺失值、转换和归并等操作，读者可以在独立实践探索中创新并磨炼出精益求精的技能。

任务 9.4　统计分析联通运营商数据

任务分析

任务 9.3 已经完成联通运营商数据的预处理，包括删除重复数据、处理缺失值、衍生新指标、删除无效字段和归集数据等。本任务以"联通运营商大数据分析"项目为实操载体，帮助读者完成统计用户的年龄情况、统计用户的发展渠道、统计不同活动类型的用户数量和统计用户使用短信情况等学习目标。

任务实施

Hive 采用 HiveQL 查询语句对这些海量数据进行自动化的管理和计算，使操作 Hive 就像操作关系型数据库一样，实际上，这些海量数据以分布式方式存储在 Hadoop 平台的 HDFS 中。

9.4.1　统计用户的年龄情况

1. 统计用户的平均年龄

用户年龄保存在 cert_age 字段中，使用聚合函数 AVG 可以获取用户的平均年龄。

```
SELECT AVG(cert_age) FROM user_churn_total;
```

运行结果如图 9-20 所示。

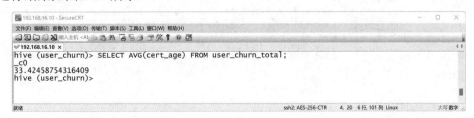

图 9-20　统计用户的平均年龄

由上述结果可知，联通运营商用户的平均年龄在 33 岁左右。

2. 统计不同年龄段的用户数量

分别统计 0～18 岁（不包含 18 岁）、18～30 岁（包含 18 岁，不包含 30 岁）、30～40 岁（包含 30 岁，不包含 40 岁）、40～50 岁（包含 40 岁，不包含 50 岁）和 50 岁及以上各年龄段的用户数量，需要先对 cert_age 字段进行判断，再求和。

```
SELECT SUM(IF(cert_age>0 AND cert_age<18,1,0)),
SUM(IF(cert_age>=18 AND cert_age<30,1,0)),
SUM(IF(cert_age>=30 AND cert_age<40,1,0)),
SUM(IF(cert_age>=40 AND cert_age<50,1,0)),
SUM(IF(cert_age>=50,1,0)) FROM user_churn_total;
```

运行结果如图 9-21 所示。

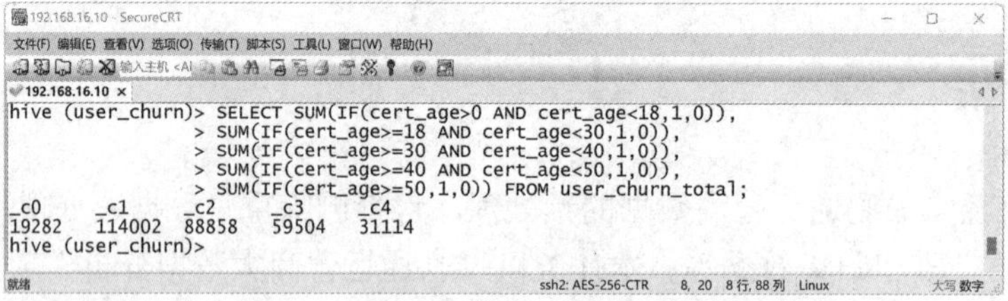

图 9-21　统计不同年龄段的用户数量

由上述结果可知，18 岁以下的用户有 19 282 个，虽然人数比其他年龄段的少，但是也可以看出大量未成年人已经有了自己的手机等通信工具；18～30 岁的用户最多，因为这个年龄段的用户大部分在上学或已参加工作，是使用手机等通信工具最活跃的用户；30～40 岁的用户有 88 858 个，这个年龄段的用户基本都参加工作，出于工作业务需求，有的用户可能会有 2 个及以上的账号；40～50 岁和 50 岁及以上年龄段的用户依次减少。

9.4.2　统计用户的发展渠道

统计不同渠道的用户数量，用户渠道存储在 chnl_type 字段中，所以需要先对用户渠道进行分组，再使用聚合函数 COUNT 计算条数。

```
SELECT chnl_type,COUNT(*)
FROM user_churn_total GROUP BY chnl_type ;
```

运行结果如图 9-22 所示。

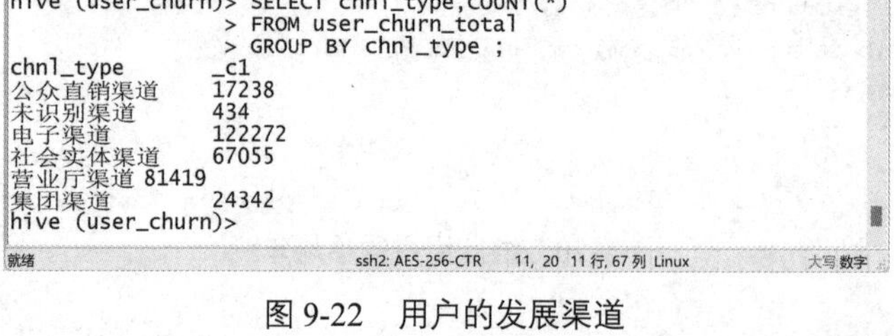

图 9-22　用户的发展渠道

由上述结果可知，来自电子渠道的用户数量远远高于其他渠道，其他渠道的用户数量由大到小依次是营业厅渠道、社会实体渠道、集团渠道和公众直销渠道。

9.4.3 统计不同活动类型的用户数量

活动类型存储在 activity_type 字段中，要统计不同活动类型的用户数量，需要先对活动类型分组，再使用聚合函数 COUNT 计算条数。

```
SELECT activity_type,COUNT(*)
FROM user_churn_total
GROUP BY activity_type ;
```

运行结果如图 9-23 所示。

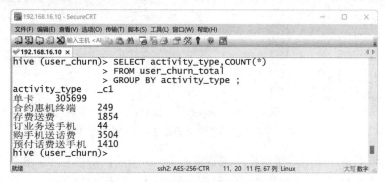

图 9-23　不同活动类型的用户数量

由上述结果可知，绝大部分用户办理主产品时只参加"单卡"活动，其次是"购手机送话费"和"存费送费"。

9.4.4 统计用户使用短信情况

1. 统计用户平均短信使用条数

短信使用条数存储在 sms 字段中，要统计用户平均短信使用条数，可以直接使用聚合函数 AVG 求平均使用条数。

```
SELECT AVG(sms) FROM user_churn_total;
```

运行结果如图 9-24 所示，用户平均使用的短信约为 6 条。

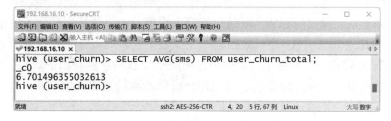

图 9-24　用户平均短信使用条数

2. 统计用户短信使用条数最多的 10 个用户的信息

统计用户短信使用条数最多的 10 个用户的信息，应该先查询用户编号、年龄和短信使用条数，再使用短信条数倒序排序，最后使用 LIMIT 语句限定返回前 10 行数据。

```
SELECT d_userid,cert_age,sms
FROM user_churn_total
ORDER BY sms desc LIMIT 10;
```

运行结果如图 9-25 所示。

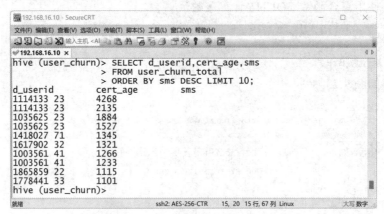

图 9-25 短信使用条数最多的 10 个用户的信息

由上述结果可知，在用户短信使用条数最多的 10 个用户的信息中，排在第一位的用户短信使用条数是 4268 条，排在第二位的用户短信使用条数是 2135 条。

✐ 任务小结

通过学习本任务，读者能够完成各项数据指标的分析，包括统计用户的年龄情况、统计用户的发展渠道、统计不同活动类型的用户数量和统计用户使用短信的情况等。在统计分析过程中，读者需要熟练使用 SELECT 语句、LIMIT 语句、WHREE 语句、GROUP BY 子句、排序语句，以及聚合函数、条件函数等。之后，以"联通运营商大数据分析"项目为实操载体反复演练 HiveQL 语句，读者可以在独立实践探索中创新并磨炼出精益求精的技能。

模块总结

通过学习本模块，读者可以以"联通运营商大数据分析"项目为载体了解企业大数据的开发流程，并通过大数据平台 Hive 数据仓库完成数据仓库的设计、原始表的创建、数据加载、数据预处理和数据分析等操作。本模块包括的知识点和技能点如下。

（1）设计数据仓库：重点是能通过观察和分析原始数据来规划数据表，以及创建数据仓库和数据表。

（2）导入数据：重点是能根据数据表规划正确地将数据导入数据仓库中，能使用 HiveQL 语句查看表的前几行数据和表中数据总条数，验证数据是否成功导入。

（3）处理数据：重点是能删除重复数据、处理缺失值、衍生新指标、删除无效字段和归集数据，需要根据业务需求来处理数据。

（4）统计分析：重点是能使用 HiveQL 语句完成不同的分析指标，能使用 Hive 聚合函数、条件函数、GROUP BY 子句和 LIMIT 子句等完成数据统计分析。

 # 实践创新

实践工单 9　统计分析联通运营商数据

班级：＿＿＿＿＿　　姓名：＿＿＿＿＿　　实践用时：＿＿＿＿＿

一、实践描述

前面介绍了"联通运营商大数据分析"项目的整个流程，如设计数据仓库、导入联通运营商数据、清洗联通运营商数据和统计分析联通运营商数据。在本次实践过程中，需要对联通运营商数据分析指标进行扩展，设计更多的分析统计指标并实施。

二、实践目标

本次实践要求独立完成"联通运营商大数据分析"项目的数据统计分析。

三、操作步骤

1. 统计分析户均上网流量。
（1）统计用户上网最高流量：　　　　　　□ 完成　　　　　□ 未完成，困难＿＿＿＿
（2）统计用户上网平均流量：　　　　　　□ 完成　　　　　□ 未完成，困难＿＿＿＿
（3）分析用户上网流量和年龄的关系：　　□ 完成　　　　　□ 未完成，困难＿＿＿＿
（4）分析用户上网流量和用户每月平均消费金额的关系：□ 完成　　□ 未完成，困难＿＿＿＿

2. 统计分析用户月均出账费。
（1）统计所有用户平均月均出账费：　　　□ 完成　　　　　□ 未完成，困难＿＿＿＿
（2）统计最高月均出账费：　　　　　　　□ 完成　　　　　□ 未完成，困难＿＿＿＿
（3）统计最低月均出账费：　　　　　　　□ 完成　　　　　□ 未完成，困难＿＿＿＿
（4）分析月均出账费和通话时长的关系：　□ 完成　　　　　□ 未完成，困难＿＿＿＿

3. 统计分析月通话时长。
（1）统计月通话时长较多的用户信息：　　□ 完成　　　　　□ 未完成，困难＿＿＿＿
（2）分析月通过时长和活动类型的关系：　□ 完成　　　　　□ 未完成，困难＿＿＿＿

四、出错记录

请将你在实践过程中出现的错误及其解决方法记录在下表中。

序号	出现的错误	错误提示	解决方法
1			
2			

五、实践评价

请对你的实践做出星级评价。

□ ★★★★★　　□ ★★★★　　□ ★★★　　□ ★★　　□ ★

检测反馈

一、填空题

1．在 Hive 中查询数据仓库信息时，用于显示属性的关键字是_____。

2．在 Hive 中删除数据仓库时，将数据仓库中的表一同删除需要指定的关键字是_____。

3．Hive 数据表主要分为_____和外部表。

4．在加载文件的语法格式中添加关键字_____，表示向数据表中加载本地系统的文件。

5．在加载文件的语法格式中添加关键字_____，表示加载文件时会覆盖数据表中已经存在的数据。

二、多选题

1．下列关于加载文件的描述正确的是（   ）。

    A．可以加载 HDFS 的文件

    B．单次加载文件的操作只能加载单个文件

    C．无法覆盖数据表中已存在的数据

    D．加载文件时指定的路径可以是目录

2．下列关于创建数据仓库语法格式的描述正确的是（   ）。

    A．CREATE SCHEMA 和 CREATE DATABASE 的含义相同

    B．关键字 COMMENT 为必选，用于指定数据仓库描述信息

    C．IF NOT EXISTS 子句为可选，用于判断创建的数据仓库是否存在

    D．关键字 LOCATION 为必选，用于指定数据仓库在 HDFS 中的存储位置

3．下列关于 CREATE TABLE 语句的语法格式的描述正确的是（   ）。

    A．TEMPORARY 用于创建临时表

    B．PARTITIONED BY 用于创建分区表

    C．CLUSTERED BY 用于创建分桶表

    D．STORED AS 用于指定序列化对象

4．下列关于加载文件时文件和数据表的内容描述正确的是（   ）。

    A．文件分隔符与数据表的字段分隔符一致

    B．文件换行符与数据表的行分隔符一致

    C．文件的字段数量与数据表的字段数量一致

    D．文件中每个字段的顺序与数据表中字段的顺序一致

5．下列关于分组操作的描述错误的是（   ）。

    A．GROUP BY 子句的执行顺序在 SELECT 语句之后

    B．GROUP BY 子句中不能使用 SELECT 语句中列的别名

C．SELECT 语句中的每个列都必须在 GROUP BY 子句中给出

D．分组操作不会触发 MapReduce 任务

三、简答题

1．简述 Hive 项目开发的一般流程。

2．Hive 适用于哪些场景的项目开发？

3．使用 Hive 可以对原始数据做哪些清洗工作？

4．举例说明将文件数据导入 Hive 表中需要注意的事项。

5．简述数据仓库和数据库的区别。

6．简述数据仓库 Hive 和 Hadoop 之间的联系。

四、思考题

我国高度重视大数据在推进经济社会发展中的地位和作用。2014 年，大数据首次写入《政府工作报告》，大数据逐渐成为各级政府关注的热点，政府数据开放共享、数据流通与交易、利用大数据保障和改善民生等深入人心。此后国家相关部门出台了一系列政策，鼓励大数据产业发展。2021 年 7 月，工业和信息化部发布《新型数据中心发展三年行动计划（2021—2023 年）》，提出"到 2023 年底，全国数据中心机架规模年均增速保持在 20%左右，平均利用率力争提升到 60%以上，总算力超过 200 EFLOPS，高性能算力占比达到 10%"。

1．了解《新型数据中心发展三年行动计划（2021—2023 年）》的详细内容。

2．谈一谈你对大数据专业的前景的看法。

3．大数据的高速发展对人们的日常生活产生了什么影响？

"大数据智慧旅游"产品的背景

1. 旅游行业的背景

1）什么是旅游

"旅"是旅行、外出，即为了实现某个目的而在空间上从甲地到乙地的行进过程；"游"是外出游览、观光、娱乐，即为了达到这些目的所做的旅行。二者合起来就是旅游。所以，旅行偏重行，旅游不但有"行"，而且有观光、娱乐的含义。

2）古代旅游

迁徙：人们出于谋生的目的，或者出于自然原因（如气候、天灾等对生存环境的破坏）或人为原因（如战争）而被迫离开定居地，在新的定居点定居下来，不再回到原来的定居点。

在古代，人们出于迁徙以外的任何目的，离开自己的常住地到异地短暂停留并按原计划返回常住地，基本限定在社会有闲阶层中，以自消遣娱乐和享受人生价值的需要为主，规模较小。

3）近代旅游

在近代，旅游开始普及到中产阶层。1841 年，托马斯·库克组织了团体游，此次活动是划分古代旅游和现代旅游的标志。

1841 年 7 月 5 日，托马斯·库克利用火车组织了 570 人，从莱斯特出发，到洛赫伯勒参加戒酒大会，当日往返，全程 24 英里（1 英里≈1609 米），经托马斯·库克联系，往返车票每人 1 先令（1 先令=12 便士）。

4）现代旅游

现代旅游指第二次世界大战后迅速普及于世界各地的社会化旅游活动，社会大众广泛参与其中。

2. 近年国内旅游的发展

2019 年，国内旅游人数 60.06 亿人次，比上年增长 8.4%，国内旅游收入 5.73 万亿元，比上年增长 11.7%。我国人均出游已达 4.3 次。旅游直接就业 2825 万人，旅游直接和间接就业 7987 万人。

文化和旅游部发布统计信息，根据国内旅游抽样调查统计结果，2022 年，国内旅游总人次 25.30 亿，比上年同期减少 7.16 亿，同比下降 22.1%。其中，城镇居民国内旅游人次 19.28 亿，同比下降 17.7%；农村居民国内旅游人次 6.01 亿，同比下降 33.5%。分季度看，其中一季度国内旅游人次 8.30 亿，同比下降 19.0%；二季度国内旅游人次 6.25 亿，同比下降 26.2%；三季度国内旅游人次 6.39 亿，同比下降 21.9%；四季度国内旅游人次 4.36 亿,同比下降 21.7%。国内旅游收入（旅游总消费）2.04 万亿元，比上年减少 0.87 万亿元，同比下降 30.0%。其中，城镇居民出游消费 1.69 万亿元，同比下降 28.6%；农村居民出游消费 0.36 万亿元，同比下降 35.8%。

文化和旅游部发布统计信息，根据国内旅游抽样调查统计结果，2023 年上半年，国内旅游总人次 23.84 亿，比上年同期增加 9.29 亿，同比增长 63.9%。其中，城镇居民国内旅游人次 18.59 亿，同比增长 70.4%；农村居民国内旅游人次 5.25 亿，同比增长 44.2%。分季度看：2023 年第一季度，国内旅游总人次 12.16 亿，同比增长 46.5%。2023 年第二季度，国内旅游总人次 11.68 亿，同比增长 86.9%。2023 年上半年，国内旅游收入（旅游总花费）2.30 万亿元，比上年增加 1.12 万亿元，增长 95.9%。其中，城镇居民出游花费 1.98 万亿元，同比增长 108.9%；农村居民出游花费 0.32 万亿元，同比增长 41.5%。

从手拎帆布包到手握 App，旅游的发展大致分为以下几个阶段（见附图 A-1）。

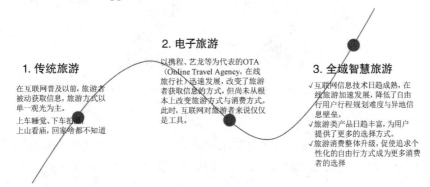

附图 A-1　旅游的发展阶段

下面从信息获取、旅行方式、消费方式和涉旅企业 4 个方面对传统旅游、电子旅游及全域智慧旅游进行剖析（见附图 A-2）。

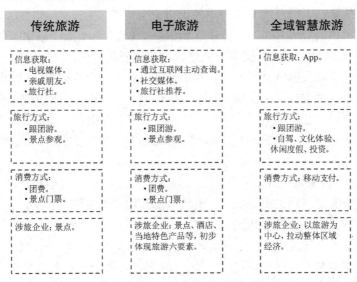

附图 A-2　传统旅游、电子旅游及全域智慧旅游的区别

3. 全域智慧旅游

1）智慧旅游

智慧旅游，也被称为智能旅游，就是利用云计算、物联网等新技术，通过互联网/移动互联网和便携的终端上网设备，主动感知旅游资源、旅游经济、旅游活动和旅游者等方面的信息（见附图 A-3），及时发布，让人们能够及时了解这些信息，及时安排和调整工作与旅游计划，从而达到对各类旅游信息的智能感知、方便利用的效果。

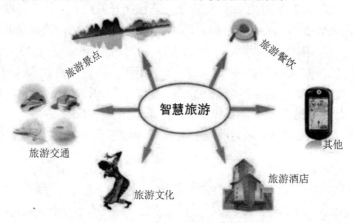

附图 A-3　智慧旅游

2）全域旅游

全域旅游是指在一定区域内，以大众休闲旅游为背景，以产业观光旅游为依托，通过对区域内经济社会资源（尤其是旅游资源）、产业经营、生态环境、公共服务、体制机制、政策法规和文明素质等进行全方位、系统化的优化提升，实现区域资源有机整合、产业融合发展、社会共建共享，以旅游业带动和促进经济社会协调发展的一种新的区域协调发展理念与模式。

全域旅游追求的不再是旅游人次的增长，而是旅游质量的提升，旅游对人们生活品质提升的意义，以及旅游在人们新财富革命中的价值。

2015 年，国家旅游局发布了《关于开展"国家全域旅游示范区"创建工作的通知》。2016 年 2 月，国家旅游局公布了首批国家全域旅游示范区创建名录。2016 年，在全国旅游工作会议上，国家旅游局局长提出，要推动我国旅游从"景点旅游"向"全域旅游"转变。发展全域旅游的核心是从原来孤立的点向全社会、多领域、综合性的方向迈进，让旅游的理念融入经济社会发展全局。2017 年 3 月 5 日，国务院总理李克强在《政府工作报告》中提出，完善旅游设施和服务，大力发展乡村、休闲、全域旅游。"全域旅游"首次被写入政府工作报告。

2016 年 9 月，国家旅游局公布了第二批国家全域旅游示范区创建名录，在全域旅游示范区内先行先试国家信息化相关政策，以全域旅游开创旅游发展新格局。在此趋势之下，各地也掀起了一股发展全域旅游的热潮。

贵州省：提出"全景式规划、全季节体验、全社会参与、全产业发展、全方位服务、全区域管理"的全域旅游发展路径，以"山地旅游+多产业融合"的理念发展全域山地旅游。

四川省：全部 5A 级景区实时监控系统接入省级旅游应急综合管理平台；旅游综合执法

机制取得突破,松潘县建立了"1+3"旅游市场综合监管模式。

海南省:全国唯一的省级全域旅游创建单位。海南省提出,将全省当作一个景区来打造,以旅游业为优势产业,统筹区域资源,推动经济社会发展,2018 年上半年,海南省 81 个旅游重点项目完成投资 182.43 亿元。

青海省:创新性地提出了"自驾游+"的发展理念,将自驾游与露营、温泉度假、自行车运动、美食、科学考察等相结合,"十三五"期间打造了 100 个自驾车、房车营地。

新疆维吾尔自治区:积极推进"旅游+航空",引进中航集团、海航集团等开发航空旅游产品,推动"爱飞客"俱乐部落户阿勒泰地区,目前已有 5 条低空游体验航线、获批 2 个飞行训练空域。

黄山市: 把"旅游+"作为"十三五"期间发展的两条主线之一。

(1)"旅游+农业"方面:开发徽州民宿、民俗体验、主题庄园、赏花晒秋、摄影采风、研学旅行等。

(2)"旅游+文化"方面:发掘徽州文化内涵,巩固提升《徽韵》和《宏村阿菊》等演艺节目。

(3)"旅游+工业"方面:开发徽州四雕、徽墨歙砚等特色旅游商品。

(4)"旅游+体育"方面:加快黄山国际徒步探险基地建设。

← "大数据智慧旅游" 项目的背景

1. 行业需求现状

目前，市场上大多数的旅游产品面向的是终端游客的服务，各地政府为了吸引游客举办了各种宣传活动，但都缺乏最直观的分析和预测。

客源从哪里来？哪里最受欢迎？向谁宣传？游客关注的是什么？

景区的管理员需要知道目前景区是否拥挤，景区哪里人最多，导游是哪些人，导游在哪里。

涉旅企业想知道游客在哪里，怎样让游客知道其产品，游客喜欢什么。

旅游者想知道哪里玩最方便，哪里的东西值得买。

以上都是潜在的大数据应用需求。需要有一款产品可以面向"政府、景区、商企"并兼顾个人，充分考虑用户的需求，开发与之贴切的数据产品和运营策略。

2. 项目建设意义

随着互联网时代的来临，大数据得到了广泛关注。

大数据包含互联网、医疗设备、视频监控、移动设备、智能设备、非传统 IT 设备等产生的海量结构化或非结构化数据，这些数据源源不断地渗入现代企业日常管理和运作的方方面面。

大数据的特点是数据量巨大、处理速度快、价值密度低、数据结构复杂，因此运用现有的技术手段较难处理。尽管如此，近年来数据挖掘在营销、电子商务等领域广泛开展，并且取得了一定的成效。

旅游消费者行为是指其为获取、使用、处置旅游商品或服务所采取的各种行动，包括先于且决定这些行动的决策过程。通过对数据进行关联分析发现关联规则在消费者行为分析中最具有挖掘性，因为需要将旅游商品特征和网络用户通过某种特定的方法联系在一起，发现两者能够相互影响的因素。通过对用户的使用习惯或消费习惯和网络习惯进行关联分析，可以对用户进行划分，进而为该用户群提供适合他们的旅游产品或服务，激发用户的潜在需求，促使用户消费，这更加符合"以消费者为中心"的理念。

3. 项目建设目标

将运营商、政府部门（旅游局）、景区、企业（旅行社、酒店）等多方数据进行整合，通过分析旅游行业吃、住、行、游、购、娱、商、学、养、闲 10 个方面的需求，实现有代表性、启发性的旅游应用。

项目建设目标包括以下 3 点。

（1）提升支撑效率，实现快速开通。

建立旅游产品体系，建立快速开通门户。技术人员在导入景区、基站、关键词等基础数据后，通过菜单选择方式实现数据产品灵活销售、快速开通。

（2）扩充产品数据源。

数据源包括运营商数据和旅游行业相关数据：通过互联网获取旅游相关的数据和实时天气数据，从各级旅游主管部门获取旅游相关从业者、旅游大巴、酒店餐饮等信息，通过银联获取游客的消费信息，通过公安部门获取车辆及交通信息等，实现旅游行业全域数据的展示。

（3）建立算法模型库。

建立算法模型库，具备数据模型管理能力。完善旅游指数、客流量、游客轨迹算法，开发客流预测算法。使旅游数据更精细、更精准、更可信、更有用。同时，根据数据的积累，结合实际情况及时完善和修改算法模型，提升旅游产品分析、预测的准确性。

4. 项目建设远景目标

推出旅游大数据 App。为了向社会和公众提供旅游大数据 App，可以显示旅游指数、客流来源、景区热力等数据，增加旅游大数据用户规模，拓宽旅游大数据的运营渠道。

关于此项目建设远景目标，学习者可以联合移动软件开发人员开发实现。

"大数据智慧旅游"项目的
数据处理流程

"大数据智慧旅游"项目的数据处理流程如附图 C-1 所示。

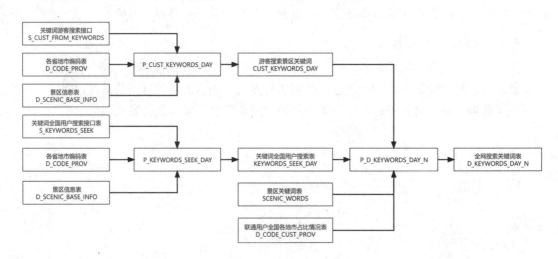

附图 C-1　数据处理流程

1. 获取游客搜索景区关键词表 CUST_KEYWORDS_DAY 数据

（1）通过关键词游客搜索接口表 S_CUST_FROM_KEYWORDS 与景区信息表 D_SCENIC_BASE_INFO，获取全国用户对景区的关键词搜索数据。

（2）将关键词游客搜索接口表 S_CUST_FROM_KEYWORDS 与各省地市编码表 D_CODE_PROV 进行关联，将获取的游客对景区的关键词搜索数据中的各地市编码转换为中文，将数据插入游客搜索景区关键词表 CUST_KEYWORDS_DAY 中。

2. 获取关键词全国用户搜索表 KEYWORDS_SEEK_DAY 数据

（1）将关键词全国用户搜索接口表 S_KEYWORDS_SEEK 与景区信息表 D_SCENIC_BASE_INFO 进行关联，获取全国用户对景区的关键词搜索数据。

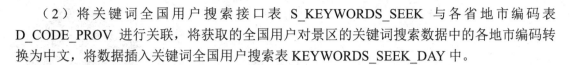

（2）将关键词全国用户搜索接口表 S_KEYWORDS_SEEK 与各省地市编码表 D_CODE_PROV 进行关联，将获取的全国用户对景区的关键词搜索数据中的各地市编码转换为中文，将数据插入关键词全国用户搜索表 KEYWORDS_SEEK_DAY 中。

3. 获取全网搜索关键词表 D_KEYWORDS_DAY_N

（1）合并关键词全国用户搜索表 KEYWORDS_SEEK_DAY 与游客搜索景区关键词表 CUST_KEYWORDS_DAY 中的数据，获得全部的用户关键词搜索信息数据。

（2）将景区关键词表 SCENIC_WORDS 与全部的用户关键词搜索信息数据进行关联，获取想要关注的用户搜索关键词数据。

（3）将上述获得的想要关注的用户搜索关键词数据与联通用户全国各地市占比情况表进行关联，通过各地区占比推算全国用户搜索关键词数据，并将数据插入全网搜索关键词表 D_KEYWORDS_DAY_N 中。

"大数据智慧旅游"项目的
逻辑模型设计

需要为"大数据智慧旅游"项目设计 9 个数据表,实体关系图如附图 D-1 所示。

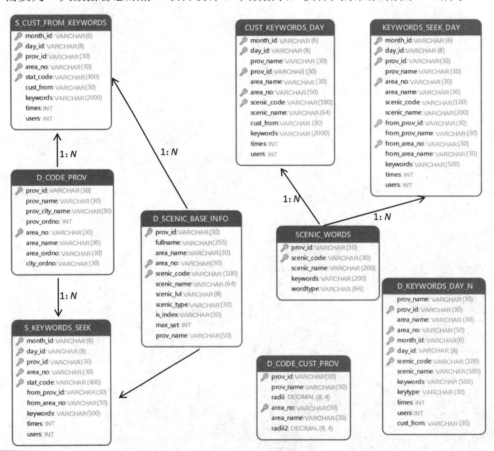

附图 D-1　实体关系图

9 个数据表中定义的字段名如附表 D-1~附表 D-9 所示。

附表 D-1　景区关键词表 SCENIC_WORDS

字段名称	字段类型	字段描述
prov_id	VARCHAR(30)	省份 ID
scenic_code	VARCHAR(30)	景区编码
scenic_name	VARCHAR(200)	景区名称
keywords	VARCHAR(200)	关键词
wordtype	VARCHAR(64)	关键词类型（1=景区，2=餐饮，3=住宿，4=出行，5=购物，6=娱乐，7=商，8=学，9=养，10=闲）

附表 D-2　联通用户全国各地市占比情况表 D_CODE_CUST_PROV

字段名称	字段类型	字段描述
prov_id	VARCHAR(30)	省份 ID
prov_name	VARCHAR(30)	省份名称
radii	DECIMAL(8,4)	省份联通用户占比
area_no	VARCHAR(30)	地市编号
area_name	VARCHAR(30)	地市名称
radii2	DECIMAL(8,4)	地市联通用户占比

附表 D-3　关键词全国用户搜索接口表 S_KEYWORDS_SEEK

字段名称	字段类型	字段描述
month_id	VARCHAR(6)	月份
day_id	VARCHAR(8)	日期
prov_id	VARCHAR(30)	所在省份编码
area_no	VARCHAR(30)	所在地市编码
stat_code	VARCHAR(400)	景区编码
from_prov_id	VARCHAR(30)	客流来源省 ID
from_area_no	VARCHAR(30)	客流来源地市 ID
keywords	VARCHAR(500)	关键词
times	INT	搜索次数
users	INT	用户数

附表 D-4　关键词游客搜索接口表 S_CUST_FROM_KEYWORDS

字段名称	字段类型	字段描述
month_id	VARCHAR(6)	月份
day_id	VARCHAR(8)	日期
prov_id	VARCHAR(30)	所在省份编码
area_no	VARCHAR(30)	所在地市编码
stat_code	VARCHAR(400)	景区编码
cust_from	VARCHAR(30)	省内外分类
keywords	VARCHAR(2000)	关键词
times	INT	搜索次数
users	INT	用户数

附表 D-5　景区信息表 D_SCENIC_BASE_INFO

字段名称	字段类型	字段描述
prov_id	VARCHAR(30)	所在省份编码
fullname	VARCHAR(255)	旅游景区名称
area_name	VARCHAR(30)	所在地市
area_no	VARCHAR(30)	所在地市编码
scenic_code	VARCHAR(100)	景区编码
scenic_name	VARCHAR(64)	景区简称
scenic_lvl	VARCHAR(8)	质量等级
scenic_type	VARCHAR(30)	景区统计类似（1=实体景区，2=旅游圈集合，3=县域集合，4=地市非景区集合）
is_index	VARCHAR(30)	是否计算景区旅游指数
max_sat	INT	瞬间最大承载量
prov_name	VARCHAR(50)	所在省份

附表 D-6　各省地市编码表 D_CODE_PROV

字段名称	字段类型	字段描述
prov_id	VARCHAR(30)	省份 ID
prov_name	VARCHAR(30)	省份名称
prov_city_name	VARCHAR(30)	省会城市名称
prov_ordno	INT	序号
area_no	VARCHAR(30)	地市编号
area_name	VARCHAR(30)	地市名称
area_ordno	VARCHAR(30)	地市排序
city_ordno	VARCHAR(30)	1=一线城市，2=二线城市，3=其他城市

附表 D-7　游客搜索景区关键词表 CUST_KEYWORDS_DAY

字段名称	字段类型	字段描述
month_id	VARCHAR(6)	月份
day_id	VARCHAR(8)	日期
prov_name	VARCHAR(30)	所在省份
prov_id	VARCHAR(30)	所在省份编码
area_name	VARCHAR(30)	所在地市
area_no	VARCHAR(50)	景区归属地市编码
scenic_code	VARCHAR(100)	景区编码
scenic_name	VARCHAR(64)	景区简称
cust_from	VARCHAR(30)	省内外分类
keywords	VARCHAR(2000)	关键词
times	INT	搜索次数
users	INT	用户数

附表 D-8　关键词全国用户搜索表 KEYWORDS_SEEK_DAY

字段名称	字段类型	字段描述
month_id	VARCHAR(6)	月份
day_id	VARCHAR(8)	日期
prov_id	VARCHAR(30)	所在省份编码
prov_name	VARCHAR(30)	所在省份
area_no	VARCHAR(30)	所在地市编码
area_name	VARCHAR(30)	所在地市
scenic_code	VARCHAR(100)	景区编码
scenic_name	VARCHAR(200)	景区简称
from_prov_id	VARCHAR(30)	搜索来源省 ID
from_prov_name	VARCHAR(30)	搜索来源省
from_area_no	VARCHAR(30)	搜索来源地市 ID
from_area_name	VARCHAR(30)	搜索来源地市
keywords	VARCHAR(500)	关键词
times	INT	搜索次数
users	INT	用户数

附表 D-9　全网搜索关键词表 D_KEYWORDS_DAY_N

字段名称	字段类型	字段描述
prov_name	VARCHAR(30)	所在省份
prov_id	VARCHAR(30)	所在省份编码
area_name	VARCHAR(30)	所在地市
area_no	VARCHAR(50)	景区归属地市编码
month_id	VARCHAR(6)	月份
day_id	VARCHAR(8)	日期
scenic_code	VARCHAR(100)	景区编码
scenic_name	VARCHAR(500)	景区简称
keywords	VARCHAR(500)	关键词
keytype	VARCHAR(30)	关键词分类（1=景区，2=餐饮，3=住宿，4=出行，5=购物，6=娱乐，7=商，8=学，9=养，10=闲）
times	INT	搜索次数
users	INT	用户数
cust_from	VARCHAR(30)	省内外分类：01=省内，02=省外

"大数据智慧旅游"数据表与源数据文件对应信息表如附表 D-10 所示。

附表 D-10　"大数据智慧旅游"数据表与源数据文件对应信息表

表名	文件名	文件内容	备注
S_CUST_FROM_KEYWORDS	S_CUST_FROM_KEYWORDS.txt	关键词游客搜索接口表	分区表
D_SCENIC_BASE_INFO	D_SCENIC_BASE_INFO.txt	景区信息表	非分区表
D_CODE_PROV	D_CODE_PROV.txt	各省地市编码表	非分区表
S_KEYWORDS_SEEK	S_KEYWORDS_SEEK.txt	关键词全国用户搜索接口表	分区表
D_CODE_CUST_PROV	D_CODE_CUST_PROV.txt	联通用户全国各地市占比情况表	非分区表

续表

表名	文件名	文件内容	备注
SCENIC_WORDS	SCENIC_WORDS.txt	景区关键词码表	非分区表
KEYWORDS_SEEK_DAY	生成表	关键词全国用户搜索表	分区表
CUST_KEYWORDS_DAY	生成表	游客搜索景区关键词表	分区表
D_KEYWORDS_DAY_N	结果表	全网搜索关键词表	非分区表